高职高专"十三五"规划教材

# 机械设计及应用技术

主　编　郭　扬

副主编　谌　惟　罗剑锋

U0310355

中国铁道出版社有限公司

CHINA RAILWAY PUBLISHING HOUSE CO., LTD.

## 内 容 简 介

本书根据教育部制定的《高职高专教育机械类专业人才培养目标及规格》要求,组织有企业工作实践经验的"双师型"教师编写而成。本书强调"知识与技能融合,理论与实践一体",突出教学内容实用性,强调创新思维。

本书共 13 章,主要内容包括平面机构的运动简图及其自由度、平面连杆机构、凸轮机构及间歇运动机构、螺纹连接及螺旋机构、带传动和链传动、齿轮传动、轮系、轴和轴毂连接、轴承、联轴器与离合器、机械平衡与调速、机械创新设计理论及方法。为便于学生加深理解,本书配有大量图示和表格。

本书适合作为高等职业院校机电一体化技术、机械制造与自动化、数控技术、模具设计与制造、汽车设计与制造等相关专业的技术基础课教材,也可作为工程技术人员的参考书。

**图书在版编目(CIP)数据**

机械设计及应用技术/郭扬主编. —北京:中国
铁道出版社,2018.9(2022.12重印)
高职高专"十三五"规划教材
ISBN 978-7-113-24715-7

Ⅰ.①机… Ⅱ.①郭… Ⅲ.①机械设计-高等职业
教育-教材 Ⅳ.①TH122

中国版本图书馆 CIP 数据核字(2018)第 200359 号

书 名:机械设计及应用技术
作 者:郭 扬

策 划:李志国          编辑部电话:(010) 83529867
责任编辑:许 璐
编辑助理:初 祎
封面设计:刘 颖
责任校对:张玉华
责任印制:樊启鹏

出版发行:中国铁道出版社有限公司 (100054,北京市西城区右安门西街 8 号)
网 址:http://www.tdpress.com/51eds/
印 刷:三河市航远印刷有限公司
版 次:2018 年 9 月第 1 版   2022 年 12 月第 4 次印刷
开 本:787 mm×1 092 mm  1/16  印张:18.75  字数:456 千
书 号:ISBN 978-7-113-24715-7
定 价:45.00 元

# 前　　言

本书根据教育部制定的《高职高专教育机械类专业人才培养目标及规格》要求,组织有企业工作实践经验的"双师型"教师,结合当前高等职业院校办学实际情况编写而成,可供机电类及相关专业使用。

本书在编写过程严格执行教学标准的要求,体现以下特色:

1. 科学定位,遵循"应用为目的"的原则,突出教学内容实用性,突出工程应用,强调创新思维。

2. 为便于学生阅读理解,本书配有大量图示和表格,充分体现了"加强针对性,注重实用性,拓宽知识面"的原则,展现出理论知识实用为主、够用为度的特色。

3. 以掌握技能为主,理解理论知识为辅。未编入较为深奥的理论知识,简化原理知识,增加实训内容,降低学习难度。

4. 丰富实训内容,为教学改革和实训教学提供了便利,为近机电类专业提供工程经验的借鉴。

本书共13章,分别为总论、平面机构的运动简图及其自由度、平面连杆机构、凸轮机构及间歇运动机构、螺纹连接及螺旋机构、带传动和链传动、齿轮传动、轮系、轴和轴毂连接、轴承、联轴器与离合器,另外,根据学科发展要求增加了机械平衡与调速、机械创新设计理论及方法的有关内容,极大丰富了课程内容。

本书由贵州工业职业技术学院郭扬任主编,谌惟、罗剑锋任副主编,颜圣耘、苑春迎参与编写。各章编写分工如下:郭扬编写第1、2、12、13章,谌惟编写第3、4、5章,罗剑锋编写第7、8章,颜圣耘编写第6、9章,苑春迎编写第10、11章及实训内容。

本书在编写过程中参考了大量的文献资料,在此向文献资料的作者致以诚挚的谢意。由于编写时间及编者水平有限,书中难免有错误和不妥之处,恳请广大读者批评指正。

编　者

2018 年 6 月

# 目　　录

# 第1章 总 论

## 本章知识导读

**【知识目标】**

1. 了解本课程的研究对象和主要内容;

2. 具备机械零件设计中所必备的基础知识,包括机械设计基本要求和基本步骤、机械零件常用材料及钢的热处理、机械零件的失效形式;

3. 了解现代设计理论及方法。

**【能力目标】**

1. 能正确描述机械、机器、机构、构件、零件的概念;

2. 能初步分析机械零件的失效形式;

3. 深刻认识本课程在实际生产中的地位,掌握正确的学习方法。

**【重点、难点】**

1. 机器与机构的特征;

2. 机械零件的失效形式。

人类在长期的生产实践中创造了机器,并使其不断发展形成当今多种多样的类型。随着人类社会的不断进步,机器经历了从杠杆、斜面、滑轮等简单机械到起重机、汽车、拖拉机、内燃机及机器人等复杂机器的发展过程。现今的机械工程已是人类实现工业化的主导力量,不仅创造了科学技术的发展与进步,还开启了技术革新不断涌现的崭新时代。日常生活中,我们随处可以见到各种机械,它们在尽可能地代替或减轻人力劳动。机器的发展程度已成为衡量一个国家工业水平的重要标志之一。

## 1.1 "机械设计及应用技术"课程研究的对象和内容

### 1.1.1 机器的组成及特征

**1. 机器与机构**

在日常生活中随处可以见到各种各样的机器,如拖拉机、洗衣机、缝纫机、内燃机、复印机、金属切削机床等。机器是一种人为实物组合的具有确定机械运动的装置,用来完成一定的工作过程,以代替或减轻人类的劳动。机器的种类很多,根据用途不同,机器分为以下几种:

(1)动力机器——用于实现能量转换,如内燃机、电动机、蒸汽机、发电机、空气压缩机等;

(2)加工机器——用于完成有用的机械加工或搬运物品,如机床、织布机、汽车、起重机、输送机等;

(3)信息机器——用于完成信息的传递和变换,如复印机、打印机、传真机、照相机、计算机等。

虽然机器的种类繁多,构造、用途和功能也各不相同,但其具体共同的基本特征是:

(1)都是人为的各个实物(构件)组合体;

(2)各个运动实物之间具有确定的相对运动;

(3)能代替或减轻人类劳动,完成有用功或能量的转换。

凡是具备上述(1)、(2)两个基本特征的实物组合称为机构。

机器能实现能量的转换或代替人的劳动去做有用功,而机构则没有这个功能。但是仅仅从结构和运动的观点来看,机器与机构并无区别,它们都是构件的组合,各构件之间具有确定的相对运动。因此,通常人们把机器与机构统称为机械。

如图 1-1 所示为单缸内燃机,主要由缸体 1、活塞 2、连杆 3、曲轴 4、齿轮 5 和 6、凸轮轴 7、进气门顶杆 8、排气门顶杆 9、进气门 10、排气门 11 组成。当燃气在气缸内推动活塞作往复直线移动时,活塞通过连杆使曲轴作连续转动,经进气—压缩—爆燃—排气的循环过程,将燃气热能不断地转换为机械能。可以看出,其各构件之间的运动是确定的。

机器从功能的角度上来看,一台完整的机器主要由动力部分、传动部分、控制部分和执行部分组成,其关系如图 1-2 所示,机器的组成及作用如表 1-1 所示。

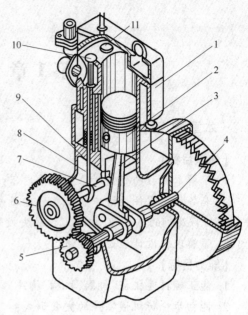

图 1-1　单缸内燃机

1—缸体;2—活塞;3—连杆;4—曲轴;5、6—齿轮;
7—凸轮轴;8—进气门顶杆;9—排气门顶杆;
10—进气门;11—排气门

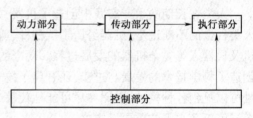

图 1-2　机器的组成

表 1-1　机器的组成及作用

| 名称 | 组　成 | 作　用 |
| --- | --- | --- |
| 动力部分 | 机器的动力来源 | 为机器提供动力,常用电动机、内燃机作为动力源 |
| 传动部分 | 介于原动部分、执行部分之间 | 把原动部分的运动或动力传递给执行部分 |
| 执行部分 | 处于机械传动路线终端 | 是完成工作任务的部分 |
| 控制部分 | 各种控制机构(如内燃机中的凸轮机构)、控制离合器、控制器、电动机开关等 | 实现或终止各自预定的功能 |

动力部分是机器的动力源,如电动机、内燃机、液压马达等;传动部分是把动力部分的运动和动力传递给执行系统的中间装置,如变速箱、离合器、传动轴等;控制部分是使原动部分、传动部分和执行部分彼此协调运行,并准确、可靠地完成整机功能的装置;执行部分是直接完成

机器预期功能的装置。

**2. 构件与零件**

构件是组成机构且具有确定相对运动的运动单元。零件是组成构件的制造单元,是机器中不可拆的最基本制造单元体。构件可以由一个或多个零件组成。图 1-1 所示单缸内燃机的曲轴即为一个零件,而连杆则有多个零件组合而成。因此,构件可以是相互固连在一起的零件组合体。

零件按作用分为两类,一类是通用零件,即各种机器中经常使用的零件,如螺栓、齿轮、轴承、弹簧、皮带等。另一类是专用零件,即只在一些特定的机器中使用的零件,如曲轴、阀、活塞、叶片、飞轮等。

机器与机构的区别在于机构只是一个构件系统,而机器除构件系统之外,还包含电气、液压等其他装置。机构只用于传动运动和力,而机器除传递运动和力之外,还具有变换或传递能量、物料、信息的功能。

## 1.1.2　本课程性质与研究对象

本课程是一门研究常用机构、通用零件和部件,以及一般机器的基本设计理论和方法的课程,是培养学生具有一定机械设计能力的技术基础课程,介于基础课程和专业课程之间,有承上启下的作用。本课程综合了机械制图、CAD、金工实习、构件强度校核与材料选用等课程的基础理论和基本知识,且偏重于工程实践应用。

鉴于此,学习本课程要注重实践环节,学习过程注重培训工程意识,注重理论与实际的结合,为相关专业课程的学习奠定必要的基础。

本课程研究对象为机械中的常用机构,一般工作条件下和常用参数范围内的通用零部件,研究其工作原理、结构特点、运动和动力性能、基本设计理论、计算方法,以及一些零部件的选用和维护。

## 1.2　机械设计的基本要求和一般步骤

## 1.2.1　机械设计的基本要求

**1. 满足使用要求**

机械产品的设计应能实现预定的功能(如机器执行部分的运动形式、运动速度、运动精度、平稳性等)和某些特殊要求(如自锁、连锁、保险装置等);应在规定的工作条件和工作期限内能可靠地运行,达到功能要求而不发生各种损坏和失效;应操作简便、可靠、安全。

一般机器的预定功能要求包括:运动性能、动力性能、基本技术指标及外形结构等。

**2. 满足经济性要求**

经济性是一项综合性指标,要求在设计和制造上周期短、成本低;在使用上生产率高、工作效率高,能源和材料消耗少,维护和管理费用低。

**3. 满足工艺性要求**

机械的工艺性是指在不影响机械工作性能的前提下,使机械结构简单、加工容易、装拆方便、维护简便。

**4. 满足其他要求**

机械设计中要尽量采用标准化、通用化、系列化的参数和零部件,以节省费用,降低维修工作量,有利于保证质量;要注意造型设计,使机械产品不仅性能好、尺寸小、价格廉,而且外形美观大方,富有时代特点;要尽可能降低噪声,尽可能减轻对环境的污染等。

总之,必须根据所要设计机器的实际情况,分清应满足要求的主次程度,且尽量做到结构上可靠、工艺上可能、经济上合理,切忌简单照搬或乱提要求。

## 1.2.2 机械设计的一般步骤

机械设计没有一成不变的程序,应根据具体情况而定,确定所要设计机器的功能和有关指标,研究分析其实现的可能性,然后确定设计课题,制定产品设计任务书。

**1. 提出和制定产品设计任务书**

首先应根据用户的需要与要求,确定所要设计机器的功能和有关指标,研究分析其实现的可能性,然后确定设计课题,制定产品设计任务书。

**2. 总体设计**

根据设计任务书进行调查研究,了解国内外有关的技术经济信息。分析有关产品,参阅有关技术资料,并充分了解用户意见、制造厂的技术设备及工艺能力等。在此基础上确定实现预定功能的机器工作原理,拟定出总体设计方案,进行运动和动力分析,从工作原理上论证设计任务的可行性,必要时对某些技术经济指标作适当调整,然后绘制机构简图,同时可进行液压、电气控制系统的方案设计。

**3. 技术设计**

在总体方案设计的基础上,确定机器各部分的结构尺寸,绘制总装配图、部件装配图和零件图。为此,必须对所有零件(标准件除外)进行结构设计,并对主要零件的工作能力进行计算,完成机械零件设计。

机械零件设计是本课程研究的主要内容之一,其设计步骤如下:

(1)根据机器零件的使用要求,选择零件的类型与结构;

(2)根据机器的工作要求,分析零件的工作情况,确定作用在零件上的载荷;

(3)根据零件的工作条件,考虑材料的性能、供应情况、经济因素等,合理选择零件的材料;

(4)根据零件可能出现的失效形式,确定技术准则,并确定零件的主要尺寸;

(5)根据零件的主要尺寸和工艺性、标准化等要求进行零件的结构设计;

(6)绘制零件工作图,制定技术要求,进行润滑设计。

以上内容可以在绘制装配图、部件装配图及零件图的过程中交叉、反复进行,然后编写设计说明书、制造工艺的技术文件、外购明细表等。

**4. 样机的试制和鉴定**

设计的机器是否能满足预定功能要求,需要进行样机的试制和鉴定。样机制造完成后,可以通过试生产运行,进行性能测试,然后便可组织鉴定,进行全面的技术评价。

**5. 产品的正式投产**

在样机试制与鉴定通过的基础上，才可能进行产品的正式投产。将机器的全套设计图样(总装配图、部件图、零件图、电气原理图、液压传动系统图、安装地基图、备件图等)和全套技术文件(设计任务书、设计技术说明书、试验鉴定报告、零件明细表、产品质量标准、产品检验规范、包装运输技术文件等)提交产品定型鉴定会评审。评审通过后，有关部门会下达任务，进行批量生产。

设计程序往往需要各部门配合、交叉、反复进行，这些步骤并不能分开，有些小型设计或技术改造的设计可以简化。设计就是创新，设计是一种复杂、细致和科学性很强的创造性工作，经多次修改、逐步完善，最终可设计出来技术先进、工作可靠、经济合理、外形美观的产品来。

## 1.3 现代设计理论及方法简介

20 世纪 60 年代以来，随着科学技术的迅速发展，计算机技术的广泛应用，在机械设计传统设计方法的基础上又发展了一系列新兴的设计理论和方法。现代设计方法还将随着科学技术的飞速发展而不断地完善，其将弥补传统设计方法的不足，从而有效地提高设计质量，但它并不能离开或完全取代传统设计方法。现代设计方法种类多，内容十分丰富，这里简略介绍几种在机械设计中应用较为成熟、影响较大的方法。

**1. 机械设计优化设计**

机械设计优化设计是将最优化数学理论(主要是数学规划理论)应用于机械设计领域而形成的一种设计方法。该方法先将设计问题的物理模型转化为数学模型，再选用适当的优化方法并借助计算机求解该数学模型，经过优化方案的评价与决策后，求得最佳设计方案。采用优化设计方法可以在多变量、多目标的条件下，获得高效率、高精度的设计结果，极大地提高设计质量。

**2. 机械可靠性设计**

机械可靠性设计是将概率论、数理统计、失效物理和机械学相结合而形成的一种设计方法。其主要特点是将传统设计方法中视为单值而实际上具有多值性的设计变量(如载荷、应力、强度、寿命等)如实地作为服从某部分发布规律的随机变量来对待，用概率统计方法定量设计出符合机械产品可靠性指标要求的零部件和整机的主要参数及结构尺寸。

**3. 有限元分析**

这是一种随着计算机的发展而迅速发展起来的现代设计方法，其基本思想是：把连续的介质(如零件、结构等)看作在有限个节点处联结起来的有限个小块(称为元素)，然后对每个元素通过取定的插值函数，将其内每一个点的位移(或应力)用元素节点的位移(或应力)来表示。再根据介质整体的协调关系，建立包括所有节点的这些未知量的联立方程组，最后用计算机求解，以获得所需答案。当元素足够"小"时，可以得到释放精确的解答。

**4. 机械动态设计**

机械动态设计是根据机械产品的动载工况，以及对产品提出的动态性能要求与设计准则，按动力学方法进行分析与计算、优化与试验并反复进行的一种设计方法。它是把机械产品看成是一个内部情况不明的黑箱，通过外部观察，根据其功能对黑箱与周围不同的信息联系进行分析,求出机械产品的动态特性参数,然后进一步寻求它们的机理和结构。关键是建立对象(黑箱)的动态数学模型,并求解数学模型。该设计方法可使机械产品的动态性能在设计时就得到预测和优化。

**5. 计算机辅助设计(CAD)**

计算机辅助设计是利用计算机运算快速、准确、存储量大、逻辑判断功能强等特点进行设计信息处理,并通过人机交互作用完成设计工作的一种设计方法。CAD系统能充分应用其他各种先进的现代设计方法,并且由于CAD与技术辅助制造(CAM)可结合成CAD/CAM系统(CIMS),综合进行市场预测、产品设计、生产计划、制造和销售等一系列工作,实现人力、物力、时间等各种资源的有效利用,有效地促进了现代企业生产组织、管理和实施的自动化、无人化,使企业总效率提高。

现代设计方法还有很多,如模糊优化设计、模块化设计、价值分析等。与传统设计方法相比,现代机械设计方法具有如下特点:

(1)以科学设计取代经验设计;

(2)以动态设计和分析取代静态设计和分析;

(3)以定量的设计分析取代定性的设计分析;

(4)以变量取代常量进行设计计算;

(5)以注重"人—机—料—环"大系统的设计准则,如人机工程设计准则、绿色设计准则,取代偏重于结构强度的设计准则;

(6)以优化设计取代可行性设计,以自动化设计取代人工设计,从而有效地提供设计质量。

## 1.4 机械零件的常用材料及钢的热处理概念

### 1.4.1 机械零件常用材料

机械零件常用材料有碳素结构钢、合金钢、铸铁、有色金属、非金属材料及各种复合材料。其中,碳素结构钢和铸铁应用最为广泛。

机械零件常用材料的分类和应用见表1-2。

表1-2　机械零件常用材料的分类和应用

| 材 料 分 类 | | 应用举例或说明 |
|---|---|---|
| 碳素结构钢 | 低碳钢(碳的质量分数≤0.25%) | 铆钉、螺钉、连杆、渗碳零件等 |
| | 中碳钢(碳的质量分数=0.25%~0.6%) | 齿轮、轴、蜗杆、丝杠、连接件等 |
| | 高碳钢(碳的质量分数≥0.6%) | 弹簧、工具、模具等 |
| 钢　　合金钢 | 低合金钢(合金元素质量分数≤5%) | 较重要的钢结构和构件、渗碳零件、压力容器等 |
| | 中合金钢(合金元素质量分数=5%~10%) | 飞机构件、热镦模具、冲头等 |
| | 高合金钢(合金元素质量分数≥10%) | 航空工业蜂窝结构、液体火箭壳体、核动力装置、弹簧等 |

| 材料分类 | | | 应用举例或说明 |
|---|---|---|---|
| 铸铁 | 灰铸铁（HT） | 低牌号（HT100、HT150） | 对力学性能无一定要求的零件，如端盖、底座、手轮、机床床身等 |
| | | 高牌号（HT200~HT400） | 承受中等静载的零件，如机身、底座、泵壳、齿轮、联轴器、飞轮、带轮等 |
| | 可锻铸铁（KT） | 铁素体型 | 承受低、中、高载荷和静载荷的零件，如差速器壳、犁刀、扳手、支座、弯头等 |
| | | 珠光体型 | 要求强度和耐磨性较高的零件，如曲轴、凸轮轴、齿轮、活塞环、轴套、犁刀等 |
| | 球墨铸铁（QT） | 铁素体型 | 与可锻铸铁基本相同 |
| | | 珠光体型 | |
| 铜合金 | 铸造铜合金 | 铸造黄铜 | 用于轴瓦、衬套阀体、船舶零件、耐腐蚀零件、管接头等 |
| | | 铸造青铜 | 用于轴瓦、蜗轮、丝杠螺母、叶轮。管配件等 |
| 轴承合金（巴士合金） | 锡基轴承合金 | | 用于轴承衬，其摩擦因数低、减摩性、耐磨性、抗胶合性、磨合性、耐腐蚀性、韧度、导热性均良好 |
| | 铅基轴承合金 | | 强度、韧度和耐磨性稍差，但价格较低 |
| 塑料 | 热塑性塑料（如聚乙烯、有机玻璃、尼龙等）热固性塑料（如酚醛塑料、氨基塑料等） | | 用于一般结构零件、减摩、耐磨零件，传动件、耐腐蚀件、绝缘件、密封件、透明件等 |
| 橡胶 | 通用橡胶特种橡胶 | | 用于密封件、减振、防振零件，传动带、运输带和软管，绝缘材料，轮胎、胶辊、化工衬里等 |

## 1.4.2 材料选用的原则

合理选材是机械设计中的重要环节。选择材料首先必须考虑零件在使用过程中具有良好的工作能力，同时还要考虑其加工工艺性和经济性。

**1. 满足使用性能要求**

材料的使用性能是指零件在工作条件下，材料应具有的力学性能、物理性能以及化学性能。对机械零件而言，最重要的是力学性能。

零件的使用条件有三个：①受力状况（如载荷类型、大小、形式及特点等）；②环境状况（如温度特性、湿度特性、环境介质等）；③特殊要求（如导电性、导热性、热膨胀等）。

1）零件的受力状况

当零件受拉伸或剪切这类分布均匀的静载荷时，应选用组织均匀的材料，按塑性和温度性能选择材料。载荷越大时，可以选屈服强度或抗拉强度大的材料。

当零件受弯曲、扭转这类分布不均匀的静载荷时，按综合力学性能选择材料，应保证最大应力部位有足够的强度。常选用容易通过热处理或其他方法提高强度及表面硬度的材料（如调质钢等)。

当零件受较大接触应力时,可选用容易进行表面强化的材料(如渗碳钢、渗氮钢等)。

当零件受变应力时,应选用抗疲劳强度较高的材料,常用能通过热处理等手段提高疲劳强度的材料。

对刚度要求较高的零件,应选用弹性模量较大的材料,同时还应该考虑结构、形状、尺寸等对刚度的影响。

2)零件的环境状况及特殊要求

根据零件的工作环境及特殊要求不同,除对材料的各项性能提出要求外,还应对材料的物理性能及化学性能提出要求。如当零件在滑动摩擦条件下工作时,应选用耐磨性、减摩性好的材料,故滑动轴承常选用轴承合金、锡青铜等材料。

在高温下工作的零件,常选用耐热性能好的材料,如内燃机排气阀选用耐热钢,气缸盖选用导热性好、比热容大的铸造铝合金。

在腐蚀介质中工作的零件,应选用耐腐蚀性好的材料。

**2. 有良好的加工工艺性**

零件毛坯的加工方法有许多,主要有热加工和切削加工两大类。不同材料的加工工艺性不同。

(1)热加工工艺性能。热加工工艺性能主要包括:铸造性能、锻造性能、焊接性能和热处理性能。表1-3为常用金属材料热加工工艺性能比较。

表1-3 常用金属材料热加工工艺性能比较

| 热加工工艺性能 | 常用金属材料热加工性能比较 | 备 注 |
|---|---|---|
| 铸造性能 | 可铸造性较好的金属铸造性能排序:铸造铝合金、铜合金、铸铁、铸钢 | 铸铁中,灰铸铁铸造性能最好 |
| 锻造性能 | 碳素结构钢中锻造性能排序:低碳钢、中碳钢、高碳钢 合金钢:低合金钢锻造性能接近于中碳钢,高合金钢较差 | 碳的质量分数及合金元素质量分数越高的材料,其锻造性能相对越差 |
| 焊接性能 | 低碳钢和碳的质量分数低于0.018%的合金钢有较好的焊接性能;碳的质量分数大于0.45%的碳素钢和碳的质量分数大于0.35%的合金钢焊接性能较差;铜合金和铝合金的焊接性能较差;灰铸铁的焊接性能更差 | 碳的质量分数及合金元素的质量分数越高的材料,其焊接性能越差 |
| 热处理性能 | 金属材料中,钢的热处理性能较好,合金钢的热处理性能比碳素结构钢好;铝合金的热处理要求严格;铜合金只有很少几种可通过热处理方法强化 | 选择材料时要综合考虑淬硬性、变形开裂倾向性、回火脆性等性能要求 |

(2)良好的切削加工性能。金属的切削加工性能一般用刀具耐用度为60 min时的切削速度来表示,该速度越高,则金属的切削加工性能越好。

## 1.4.3 钢的热处理

钢的热处理是将钢在固态下施以不同的加热、保温和冷却速度来控制和改变钢的组织结构,从而得到不同性能的工艺方法。热处理不仅可以改变钢的加工工艺性能,重要的是可以显著提高钢的力学性能,增加机械零件的强度,延长机械的使用寿命,所以热处理在机械制造中具有重要作用。

根据加热和冷却方法不同,热处理可进行如下分类(图1-3):

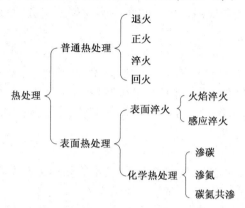

图1-3 钢的热处理分类

**1. 退火**

退火是将钢加热到一定温度,保温一段时间,然后随炉冷却的热处理方法。钢的退火是一种时间较长的热处理工艺,通过退火可以消除内应力和降低硬度,以利于切削加工,提高其塑性和韧性,改善组织,为进一步热处理做准备。

**2. 正火**

正火是将钢加热到一定温度,保温一段时间,然后在空气中冷却的热处理方法。正火的方法与退火相似,不同的是正火时钢是在空气中冷却。由于正火的冷却速度比退火快,钢的硬度和强度较高,但消除内应力不如退火彻底,所以从切削加工工艺性方面考虑,中、低碳结构钢以正火作为预先热处理比较合适。从经济方面考虑,正火钢在炉外冷却,不占用设备,生产周期短,耗热量少,生产率高,且操作方便。因此,在条件允许的情况下,应优先考虑以正火代替退火。对于普通结构的零件,正火常作为最终热处理,用以提高钢的力学性能。

**3. 淬火与回火**

淬火是将钢加热到一定温度,保温一段时间,然后在水或油中快速冷却的热处理方法。钢件淬火后,硬度急剧增加,但是钢件会产生很大的内应力和脆性。为了减小内应力和脆性,避免发生变形或开裂,以获得良好的力学性能,淬火后一般均需要回火。

回火是将淬火钢重新加热到某一低于临界点温度,保温一段时间,然后冷却下来的热处理方法。回火后钢的硬度随加热温度的升高而降低。

根据加热温度不同,回火可分为低温回火、中温回火和高温回火三种。低温回火温度范围150~250 ℃。淬火钢经低温回火后,可以减小内应力和脆性,仍能保持淬火钢的高硬度(55~62HRC)和耐磨性,故适用于各类高碳钢的工具、模具、量具、滚动轴承和渗碳或表面淬火的零件等。中温回火温度范围为250~450 ℃,回火后大致硬度范围为35~45HRC。淬火钢经中温回火后,提高了弹性,但硬度有所降低,适用于各种弹簧、弹簧夹头以及某些要求较高强度的零件,如刀杆、轴套等。高温回火温度范围为500~680 ℃,硬度范围为23~35HRC。钢在这种温度范围回火后,可能得到强度、塑性和韧性等都较好的综合力学性能。通常人们把淬火后高温回火的热处理方法称为调质处理。调质处理广泛应用于各种重要的结构零件,尤其是在交变载荷作用下的连杆、螺栓、齿轮即轴类零件等。调质不但可以作为零件的最终热处理,而且常作为某些精密零件(如丝杠、量具、模具)的预先热处理。

淬火和回火是机械制造中应用最广泛的两种热处理工艺,这两种工艺常是不可分割且紧密衔接的两道热处理工序。

**4. 表面热处理**

各种在动载荷及摩擦条件下工作的零件,如齿轮、凸轮轴、曲轴、主轴即床身导轨等,它们要求表面具有高硬度和耐磨性,而心部具有足够的塑性和韧性。为了满足这种需要,仅从材料的选择方面来解决,存在极大困难。在机械设计制造中,广泛采用表面热处理的工艺来解决,它包括表面淬火和化学热处理。

**1)表面淬火**

表面淬火是将工件表面迅速加热到淬火温度、不等热量传至中心,立即快速冷却的热处理方法。工业生产中应用最多的有火焰淬火法和感应淬火法。

火焰淬火法是用乙炔–氧或煤气–氧的混合气体燃烧的火焰喷射在零件表面上快速加热,当达到淬火温度后立即喷水或用乳化液进行冷却的方法。淬硬层深度一般为 2~6 mm。

感应淬火法是将工件放入感应器(导体线圈)中引入感应电流,使工件表面快速加热,当达到淬火温度后立即喷水冷却的方法。根据所用电流的频率不同可分为高频(100~1 000 kHz)、中频(0.5~10 kHz)和工频(50 Hz)感应淬火。频率越高,电流透入深度越浅,即渗透层越薄,高频透入深度为 1~2 mm,中频透入深度为 3~5 mm,工频透入深度为 10~15 mm。

进行表面淬火的钢材一般为中碳结构钢或中碳合金结构钢,如 40、45、40Gr、40MnB 等。

**2)化学热处理**

化学热处理是将钢件放入含有某种化学元素(如碳、氮、铝、铬、硼等)的介质中通过加热、保温和冷却的方法,使介质中的某些元素的活性原子渗入到碳钢表层,改变碳钢表面的化学组成和组织,从而使其表面具有与心部不一样的特殊性能。化学热处理后常要加上普通热处理工艺,才可以得到相应的力学性能。渗入钢中的元素不同,钢件表面性能也不同;渗碳、碳氮共渗可提高钢的耐磨性;渗氮、渗铬、渗硼可使钢件表面硬度、耐磨性、耐腐蚀性显著提高;渗硫可提高减摩性;渗硅可以提高耐酸性;渗铝可以提高耐热抗氧化性。

渗碳热处理用钢一般为低碳结构钢,如 15、20、20Gr、20GrMnTi 等。零件渗碳后采用淬火加低温回火的工艺。

渗氮用钢通常是含有 Al、Cr、Mo 等合金元素的钢,如除 38CrMoAlA 是一种典型的渗氮钢,还有 35CrMo、18CrNiW 等。钢件渗氮后,由于表面是有致密的氮化物组成的连续薄层,故不需淬火便具有高的硬度、耐磨性、耐腐蚀性和抗疲劳性能等。由于渗氮温度较低(一般为 500~570 ℃),零件变形小,因此,渗氮被普遍应用于各种高速传动的精密齿轮、高精度机床主轴、精密量具、阀门等零件的生产中。

碳氮共渗由于同时渗入碳和氮原子,故而共渗层兼有渗碳层和渗氮层的性能。其中高温碳氮共渗以渗碳为主,低温碳氮共渗以渗氮为主。目前国内用得较多的是气体碳氮共渗,它主要应用于低合金钢制造的中、重负荷齿轮。

## 1.5 机械零件的主要失效形式

机械零件由于某种原因而丧失正常工作能力称为失效。对通用的机械零件,其强度、刚度、磨损失效是主要失效形式,对于高速转动的零件还应考虑振动问题。

所谓强度,是指构件在载荷作用下,抵抗破坏或塑性变形的能力。例如,齿轮的轮齿不能破损或折断,应使其有足够的强度以保证它们能正常工作,工作过程中不受破坏。构件因强度不足而丧失正常功能称为强度失效。

所谓刚度,是指构件在载荷作用下,抵抗变形或保持弹性变形不超过允许数值的能力。

机械零件失效形式归纳起来主要失效形式如图 1-4 所示。

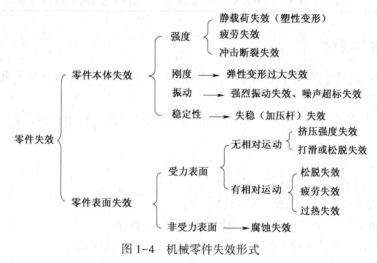

图 1-4 机械零件失效形式

机械零件在实际工作中,可能会同时发生几种失效形式,设计时应根据具体情况,确定避免同时发生失效的设计方案。

## 实训一 分析内燃机的机器与机构特征

【任务】

如图 1-1 所示为一台单缸四冲程内燃机,单缸内燃机,主要由缸体 1、活塞 2、连杆 3、曲轴 4、齿轮 5 和 6、凸轮轴 7、进气门顶杆 8、排气门顶杆 9、进气门 10、排气门 11 等组成。请试分析内燃机(机器)的工作过程和其中机构及由各机构组成机器的作用。

【任务实施】

**1. 单缸内燃机工作过程**

①活塞下行,进气阀打开,可燃气被吸入气缸;

②活塞上行,进气阀关闭,压缩可燃气;

③点火后气体燃烧膨胀,推动活塞下行,经连杆带动曲轴输出转动;

④活塞上行,排气阀打开,排出废气。

凸轮和推杆是用来启闭进气阀和排气阀的。为了保证曲轴每转过两周进、排气阀各启闭一次,在曲轴和凸轮轴之间安排了齿数比为 1:2 的齿轮副。这样当燃气推动活塞运动时,进、排气阀有规律地启闭,就把燃气燃烧的热能转换为曲轴转动的机械能,从而使内燃机产生动力。

**2. 单缸内燃机中机构的组成及其作用见表 1-4**

表 1-4　单缸内燃机中的机构

| 名称 | 组成 | 作用 |
|---|---|---|
| 曲柄滑块机构 | 活塞 2、连杆 3、曲轴 4、缸体 1 | 将活塞的往复移动转换为曲柄的连续转动 |
| 齿轮机构 | 齿轮 5、6 和缸体 1 | 改变转速的大小和转动方向 |
| 凸轮机构 | 凸轮轴 7、进、排气门顶杆 8、9 和机架 | 将凸轮的连续转动转变为推杆的往复运动 |

### 知识梳理与总结

通过本章学习,我们学会了分析单缸内燃机的组成和工作原理,也学会了机械零件的设计准则和设计步骤。

(1)机械设计及应用技术是一门重要的技术基础课,是研究机电产品的设计、开发、改革,以满足经济发展和社会需求的基础知识课程。

(2)机器的三个特征:

①都是人为的各个实物(构件)组合体;

②各个运动实物之间具有确定的相对运动;

③能代替或减轻人类劳动,完成有用功或实现能量转换。

(3)机构起着运动的传递和运动形式的转换作用。机构的特征:

①人为实体(构件)组合;

②各个运动实体之间具有确定的相对运动。

(4)零件是制造的最小单元,构件是运动的最小单元。

(5)机械零件由于某种原因丧失了正常工作能力称为失效。刚度、强度、磨损失效是通用机械零件的最主要失效形式。根据零件产生失效的形式及原因制定设计准则,并以此作为防止失效和设计计算的依据。

## 同 步 练 习

**简答题**

(1)机器、机构与机械有什么不同?

(2)选择零件材料时,应考虑哪些原则?

(3)机械零件的主要失效形式有哪些?

(4)常用热处理方法有哪些? 各有什么特点?

(5)试述汽车曲轴的热处理工艺方法。

(6)机械零件疲劳破坏与哪些因素有关?

(7)指出下列牌号的含义:Q235、45/40Cr、HT200、ZG310-570。

# 第2章 平面机构的运动简图及其自由度

## 本章知识导读

【知识目标】

1. 了解运动副的概念及分类，并能分析运动副的类型；
2. 了解运动简图画法；
3. 掌握平面机构自由度的计算方法。

【能力目标】

1. 能分析平面机构运动副的特点；
2. 能绘制典型机构的运动简图；
3. 能根据本章所学知识，分析实际生产、生活中常见机构的工作原理。

【重点、难点】

1. 机构运动简图符号和运动简图画法；
2. 自由度计算。

图 2-1 所示为颚式破碎机的传动机构，为了传递运动和力，机构中各构件之间必须以一定的方式连接起来，并且具有确定的相对运动。显然，不能产生相对运动或无规则运动的构件组合都不能成为机构。如果组成机构的所有构件都在同一个平面或相互平行的平面内运动，则称为平面机构，否则称为空间机构。目前，工程中常见的机构大多属于平面机构，故本章仅讨论平面机构。

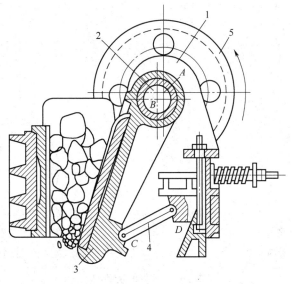

图 2-1 颚式破碎机的传动机构

1—机架；2—偏心轴；3—动颚板；4—肋板；5—带轮

## 2.1 运动副及其分类

### 2.1.1 运动副的概念

在机构中,组成机构的构件间需要用一定的方式连接起来,使构件获得所需的相对运动。固体上可能与其他固体接触的面、线或点的集合称为运动副元素。这种使两构件直接接触并能产生确定相对运动的连接称为运动副。如图 2-2 所示运动副中,都有构件 1 与构件 2 直接接触组成的有相对运动的连接。其实质是运动副元素连接的机械模型,具有某种相对运动和自由度。由于构件与构件之间接触部分的几何特点不同,在应用上也有所不同。图 2-2 所示为常见的运动副。

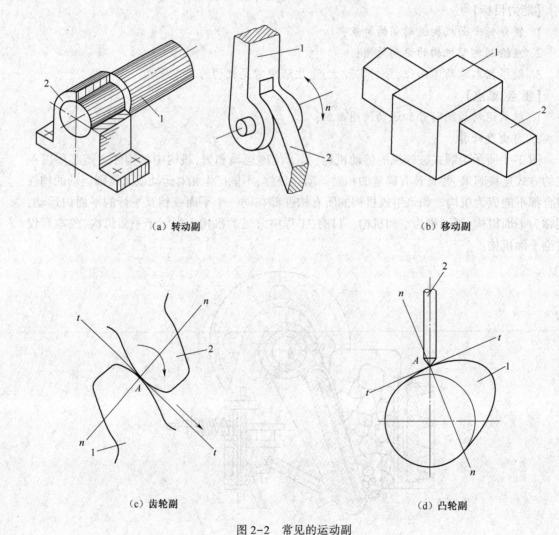

(a) 转动副　　　　　　　　　　　　　　　　　　　(b) 移动副

(c) 齿轮副　　　　　　　　　　　　　　　　　　　(d) 凸轮副

图 2-2　常见的运动副

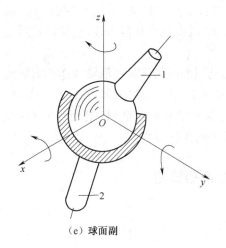

（e）球面副

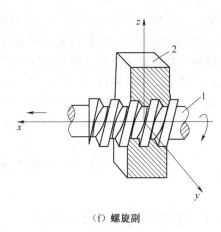

（f）螺旋副

图 2-2  常见的运动副（续）

## 2.1.2  运动副的分类

按运动副的运动性质可分为平面运动副和空间运动副。平面运动副指构成运动副的两构件之间的相对运动为平面运动的运动副；空间运动副指构成运动副的两构件之间的相对运动为空间运动。

为了便于研究，根据两构件的接触情况，将平面运动副分为低副和高副两大类。

**1. 低副**

两构件通过面接触组成的运动副称为低副。低副在受载时，单位面积上的压力较小，能承受较大的载荷，制造和维修方便，但低副是滑动摩擦，摩擦损耗大、效率低。根据它们之间的相对运动是转动还是移动，又可分为转动副和移动副。

1）转动副

转动副是指组成运动副的两构件之间只能绕某一轴线做相对转动的运动副。通常转动副的具体形式是用铰链连接，即由圆柱销和销孔构成转动副，所以转动副又称为铰链。如图 2-2（a）所示，其左图中因一个构件固定，称为固定铰链；右图的两个构件均可活动，称为活动铰链。

2）移动副

移动副是指组成运动副的两构件只能沿某一直线作相对直线移动的运动副。如图 2-2（b）所示，组成移动副的两构件可能都是运动的，也可能有一个是固定的，但两构件只能作相对直线移动。图 2-3 所示为装载机铲斗上的低副。

图 2-3  装载机铲斗上的低副

**2. 高副**

两构件以点或线接触组成的运动副称为高副。如图 2-2（c）（d）所示齿轮副、凸轮副均属高副。它们在接触处是以点和线相接触,其相对运动是绕接触点的转动和沿公切线 $t-t$ 方向的移动。由于构件间以点、线接触,所以接触处的压强较大,故高副承载能力较低,构件接触处摩擦力大,易磨损,但能传递较复杂的运动。

螺旋副和球面副都是空间运动副。螺旋副是组成运动副的两构件只能沿轴线作相对螺旋运动的运动副。因其两构件间的相对运动是空间运动,故属于空间运动副,如图 2-2(f) 所示。

运动副的维护:一是要经常在接触处填加润滑剂,二是要尽量防止磨料(磨屑等)进入或存留在运动副处,三是要经常检查运动副的磨损情况,必要时更换零件。

## 2.2 平面机构的组成及其运动简图

### 2.2.1 机构运动简图及其作用

机构中的构件虽然形状各异,尺寸不等,但从运动的角度仍然可以等同杆件。为了便于进行分析和设计,在工程上通常不考虑构件的外形、截面尺寸和运动副的实际结构,只用规定的简单线条和符号表示机构中的构件和运动副,并按一定的比例画出表示各运动副的相对位置及它们相对运动关系的图形,这种表示机构各构件之间相对运动关系的简单图形,称为机构运动简图。

机构运动简图应与它所表示的实际机构具有完全相同的运动特性。从机构运动简图可以了解机构的组成和类型,即机构中构件的类型和数目、运动副的类型和数目、构件间的连接关系、运动副的相对位置、主动件及运动特性。利用机构运动简图可以表达一部复杂机器的传动原理,可以进行机构的运动和动力分析。若只表示机构的结构及运动情况,而不按比例绘制出各运动副间的相对位置的简图称为机构示意简图。

机构中的构件可分为三类:机构中的固定构件称为机架,它的作用是支承运动构件;由外界给定运动规律的构件称为主动件或输入构件,一般主动件与机架相连;除主动件以外的全部活动件都称为从动件或输出构件。

### 2.2.2 机构运动简图的符号

#### 1. 构件的表示方法

对于轴、杆、连杆,常用一直线段表示,两端画出运动副的符号,如图 2-4(a)所示;若构件固联在一起,则涂以焊缝记号,如图 2-4(c)所示。

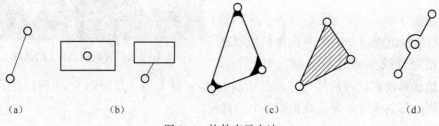

(a)　　　　(b)　　　　(c)　　　　(d)

图 2-4　构件表示方法

## 2. 运动副的表示方法

两个构件组成的转动副和移动副的表示方法分别如图 2-5 所示。如果两构件之一为机架,则在固定构件上画上斜线。

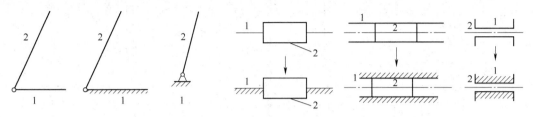

图 2-5　低副的表示方法

常用机构运动简图符号见表 2-1,表 2-2。

表 2-1　常用构件的表示方法

| 名称 | 表示方法(简图) |
|---|---|
| 杆、轴类 | ——— |
| 固定构件 | |
| 同一构件 | |
| 两副构件 | |
| 三副构件 | |

表 2-2　常用机构的运动简图符号

| 名称 | 符　号 | 名称 | 符　号 |
|---|---|---|---|
| 电动机 | | 装在支架上的电动机 | |
| 带传动 | | 链传动 | |

| 名称 | 基本符号 | 可用符号 | 名称 | 基本符号 | 可用符号 |
|---|---|---|---|---|---|
| 外啮合圆柱齿轮传动 | 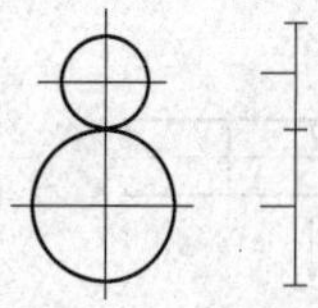 | 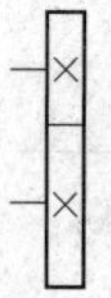 | 内啮合圆柱齿轮传动 | 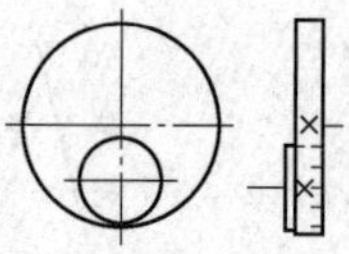 | 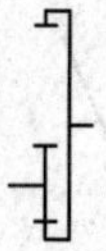 |
| 齿轮齿条传动 | 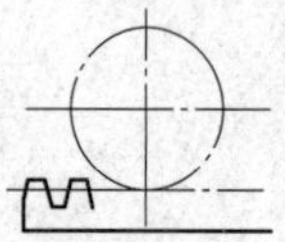 | 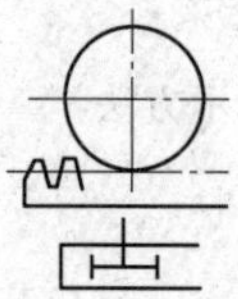 | 圆锥齿轮传动 | 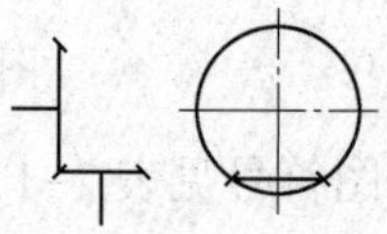 | 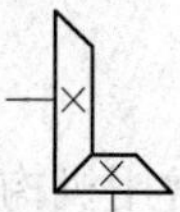 |
| 圆柱蜗杆传动 | 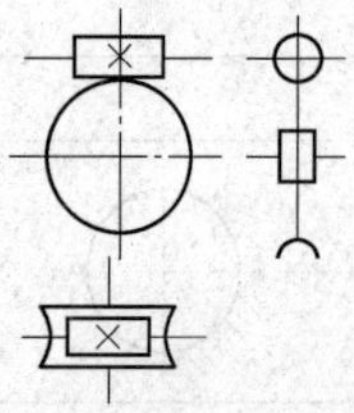 | 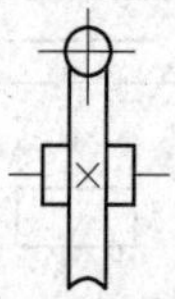 | 摩擦轮传动 | 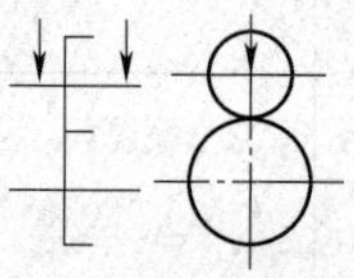 | 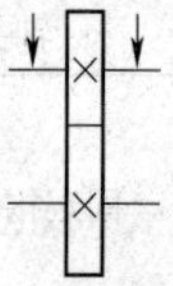 |
| 外啮合槽轮机构 | 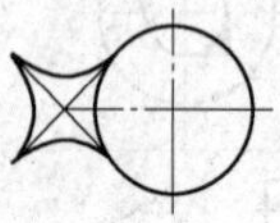 | 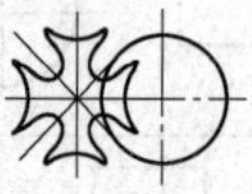 | 内啮合槽轮机构 |  |  |
| 外啮合棘轮机构 | 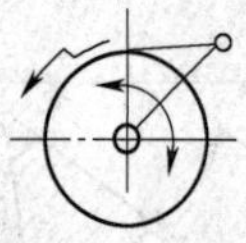 | 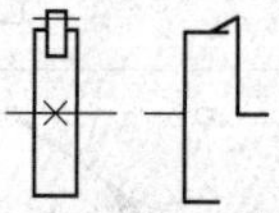 | 内啮合棘轮机构 |  | 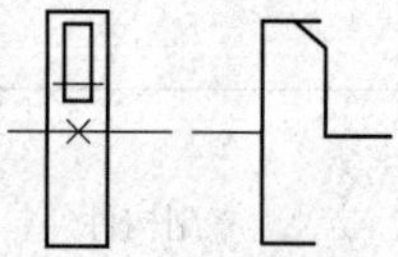 |

## 2.2.3 机构运动简图的绘制

绘制机构运动简图的步骤：

（1）分析机构运动的传递情况，找出固定件（机架）、主动件和从动件。

（2）从原动件开始，按照运动的传递顺序，分析各构件间的运动副性质，从而确定有多少构件及运动副的类型和数目。

（3）选择视图平面。为了能够清楚表明各构件间的运动关系，对于平面机构，通常选择平行于构件运动的平面作为视图平面。

（4）选取合适的比例尺 $\mu_l$，确定各运动副之间的相对位置，用简单的线条和规定的运动副符号画出机构运动简图。图中各运动副顺次标以大写英文字母，各构件标以阿拉伯数字，并将

主动件的运动方向用箭头标明。绘制机构运动简图的比例尺 $\mu_l$

$$\mu_l = \frac{实际长度(m)}{图示长度(mm)}$$

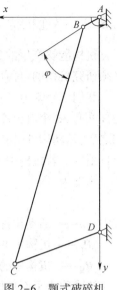

图 2-1 所示的颚式破碎机的机构简图分析如下：

颚式破碎机的主体机构由机架 1、偏心轴(又称曲轴)2、动颚板 3、肋板 4 共四个构件组成。带轮 5 与偏心轴 2 固联成一整体，它是运动和动力输入构件，即主动件，其余构件都是从动件。

破碎机工作时偏心轴绕轴线 A 转动，驱动动颚板运动，从而将矿石压碎。偏心轴与机架在 A 点构成转动副；偏心轴与动颚板也构成转动副，其轴心在 B 点；肋板分别与动颚板和机架在 C、D 两点构成转动副。此机构是由原动件偏心轴，从动板肋板、构件、机架共同构成的曲柄摇杆机构。

按图 2-1 所示量取尺寸，选取合适的比例尺，确定 A、B、C、D 四个转动副的位置，即可绘制出机构运动简图，最后标出原动件的转动方向。颚式破碎机的机构简图如图 2-6 所示。

图 2-6　颚式破碎机的机构简图

## 2.3　平面机构的自由度及机构具有确定运动的条件

### 2.3.1　自由度与约束条件

由理论力学可知，一个构件作平面运动时，具有 3 个独立运动：沿 x 轴和 y 轴的移动及绕垂直于 xOy 平面的 A 轴转动，如图 2-7 所示。构件相对于坐标系具有的独立运动的个数称为构件的自由度。所以，一个作平面运动的自由构件具有 3 个自由度。当 2 个构件组成运动副之后，它们之间的相对运动就受到限制，引入不同的约束条件减少相应的自由度数。这种对构件独立运动所加的限制称为约

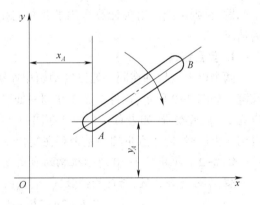

图 2-7　构件在平面坐标系中的自由度

束。自由度减少的个数等于约束的数目。运动副所引入的约束的数目与其类型有关。引入一个低副增加 2 个约束减少 2 个自由度，如图 2-2(a)所示的转动副约束了 2 个移动的自由度，只保留了 1 个相对转动的自由度；图 2-2(b)所示的移动副约束了沿 y 轴的移动和绕 x 轴的转动 2 个自由度，只保留沿 x 轴移动的自由度。引入 1 个高副，减少 1 个自由度，如图 2-2(c)、(d)所示的高副，只约束了沿接触点 A 处公法线 n-n 方向移动，保留了绕接触点的转动和沿接触处公切线 t-t 方向移动的两个自由度。

因此，在平面机构中，每个低副引入 2 个约束，使构件失去 2 个自由度；每个高副引入 1 个约束，使构件失去 1 个自由度。

### 2.3.2 平面机构自由度的计算

机构能够产生的独立运动的数目称为机构的自由度。为了使机构具有确定的相对运动,必须研究机构的自由度。

我们已经知道,每个做平面运动的构件,在自由状态时都具有 3 个自由度,那么 $n$ 个自由构件共有 $3n$ 个自由度。将这 $n$ 个运动构件和 1 个固定构件(机架)用运动副连接起来组成机构之后,运动构件受到约束,自由度减少。每个低副使构件减少 2 个自由度,每个高副减少 1 个自由度。若机构中有 $P_L$ 个低副和 $P_H$ 个高副,则共减少 $2P_L+P_H$ 个自由度。于是,平面机构的自由度为

$$F = 3n - 2P_L - P_H$$

式中　$n$——活动构件数,$n=N-1$,其中 $N$ 表示机构中包括机架在内的构件数;

　　$P_L$——机构中的低副数目;

　　$P_H$——机构中的高副数目。

该式称为平面机构自由度计算公式。

**例 2-1**　计算图 2-8 所示机构的自由度。

**解:**活动构件数 $n=3$,低副数 $P_L=4$,高副数 $P_H=0$。

$$F=3n-2P_L-P_H=3\times3-2\times4-0=1$$

计算平面机构的自由度时,需要注意和正确处理以下几个问题,否则可能会出现计算得出的机构自由度与实际不符的情况。

**1. 复合铰链**

两个以上的构件在同一处以转动副相连接时就构成复合

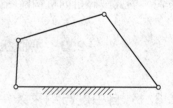

图 2-8　例 2-1 图

铰链。如图 2-9 所示,构件 1、2、3 在同一处以转动副相连接,故构成复合铰链,转动副的个数应为 2。以此类推,如果有 $n$ 个构件在同一处组成复合铰链,应含有 $(n-1)$ 个转动副。在计算机构自由度时,应注意机构中是否存在复合铰链。

**例 2-2**　计算图 2-10 所示机构的自由度。

**解:**$C$ 为复合铰链,活动构件数 $n=5$,低副数 $P_L=7$,高副数 $P_H=0$。

$$F=3n-2P_L-P_H=3\times5-2\times7-0=1$$

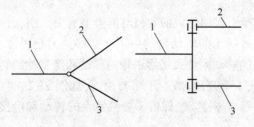

图 2-9　复合铰链

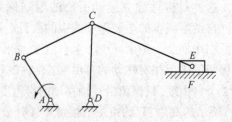

图 2-10　例 2-2 图

**2. 局部自由度**

构件中存在的与整个机构运动无关的自由度称为局部自由度。在计算机构自由度时,局

部自由度应略去不计。

如图 2-11 所示滚动轴承,为减小摩擦,在轴承的内外圈之间加入了滚动体,但是滚动体是否滚动对轴的运动毫无影响,因此滚动体的滚动属于局部自由度。

局部自由度虽然不影响机构的运动规律,但可以将滑动摩擦变为滚动摩擦,改善机构的工作状况。

**例 2-3**　计算图 2-12 机构的自由度。

**解：** 滚子的转动自由度并不影响整个机构的运动,属局部自由度,所以计算时应除去局部自由度,即把滚子和从动件看作一个构件。活动构件数 $n=2$,低副数 $P_L=2$,高副数 $P_H=1$。

$$F=3n-2P_L-P_H=3\times2-2\times2-1=1$$

图 2-11　滚动轴承　　　　　　　　　　图 2-12　例 2-3 图

**3. 虚约束**

在机构中与其他约束重复而不起限制运动作用的约束称为虚约束。在计算机构自由度时,应当除去不计。

由此可知,当机构中存在虚约束时,其消除办法是将含有虚约束的构件及其组成的运动副去掉。平面机构的虚约束常出现于下列情况中:

(1)被连接件上点的轨迹与机构上连接点的轨迹重合时,这种连接将出现虚约束,如图 2-14 所示。

(2)两个构件组成多个移动副其导路互相平行(或重合)时,只有一个移动副起约束作用,其余都是虚约束,如图 2-13 所示。

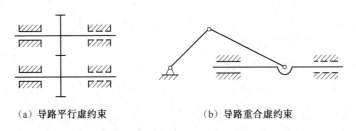

　（a）导路平行虚约束　　　　　　（b）导路重合虚约束

图 2-13　导路相互平行或重合的虚约束

(3)两个构件组成多个转动副其轴线重合时,只有一个转动副起约束作用,其余都是虚约束。例如一根轴上安装多个轴承,如图 2-14 所示。

(4)机构中对运动不起限制作用的对称部分,如图2-15所示齿轮系,只需要一个齿轮(行星轮)便可传递运动,为了提高承载能力并使机构受力均匀,也可以采用3个完全相同的行星轮对称布置。

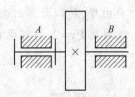

图2-14 转动轴线重合虚约束

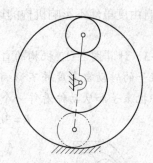

图2-15 结构对称虚约束

虚约束虽不影响机构的运动,但能增加机构的刚性,改善其受力状况,因而被广泛应用。但是虚约束对机构的几何条件要求较高。因此,对机构的制造和装配精度要求较高。

**例2-4** 计算图2-16所示机构的自由度。

**解**:应除去虚约束,即将产生虚约束的构件1及运动副除去不计。活动构件数$n=3$,低副数$P_L=4$,高副数$P_H=0$。

$$F=3n-2P_L-P_H=3\times3-2\times4-0=1$$

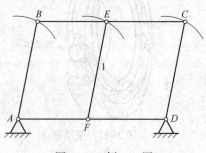

图2-16 例2-4图

### 2.3.3 平面机构具有确定运动的条件

机构是用运动副连接起来的、有一个构件为机架的、具有确定运动的构件系统。而所谓机构具有确定运动,是指该机构中所有构件在任一瞬时的运动都是完全确定的。但不是任何构件系统都能实现确定的相对运动,因此也就不是任何构件系统都能成为机构。构件系统能否成为机构,可以用是否具有确定运动的条件来判别。

若机构的自由度为零,则各构件间不可能产生相对运动。这样的构件组合称为桁架,不是机构。因此,机构的自由度必须大于零。

对不同的机构,自由度不同,给定主动件的个数也应不同,那么,主动件数与自由度有什么关系,才能使机构具有确定的运动呢?

**例2-5** 计算图2-17所示五杆机构的自由度。

**解**:活动构件数$n=4$,低副数$P_L=5$,高副数$P_H=0$。

$$F=3n-2P_L-P_H=3\times4-2\times5-0=2$$

如例2-5所示,该机构的自由度为2。若只给定一个原动件,例如构件1均匀转动,在某个固定位置时,构件2、3、4可处于不同的位置,即这三个构件的位置并不确定。但若再给定一个原动件,如构件4也转动,则构件2、3的运动就可以

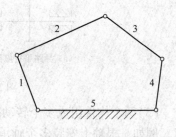

图2-17 例2-5图

完全确定。由以上分析可知,机构具有确定运动的条件是:$F>0$(必要条件),主动件数=机构自由度数 $F$(充分条件)。

### 实训二　绘制机车车轮联动机构的运动简图

**【任务】**

图 2-18 所示为蒸汽机车车轮联动机构的图片,请分析该机构的工作过程且绘制出车轮联动机构的运动简图,并计算出该机构的自由度。

图 2-18　车轮联动示意图

**【任务实施】**

**1. 车轮联动机构工作过程**

(1)利用了平行四边形机构的两曲柄以相同的速度同向转动的特性;

(2)机车运行过程中,两侧曲柄滑块机构的曲柄位置相互错开 90°,目的是为了使两组机构的死点互相错开排列,顺利通过死点。

**2. 车轮联动机构的运动简图**(图 2-19)

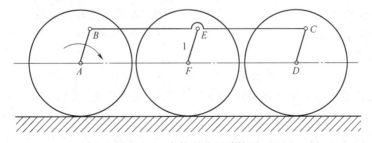

图 2-19　车轮联动运动简图

**3. 计算出该机构的自由度**

应除去虚约束,即将产生虚约束的构件 1 及运动副除去不计。活动构件数 $n=3$,低副数 $P_L=4$,高副数 $P_H=0$。

$$F=3n-2P_L-P_H=3\times3-2\times4-0=1$$

**知识梳理与总结**

(1)两构件直接接触并能产生确定相对运动的连接称为运动副。注意理解这个概念有两点:其一是直接接触,其二是产生一定形式的相对运动,落脚点是"连接"二字。运动副按接触情况分为低副和高副。低副是指两构件间为面接触的运动副,常见的有移动副和转动副。高副是指两构件间为点或线接触的运动副,常见的有凸轮副和齿轮副。运动副的维护要点是要经常润滑。

(2)机构运动简图:用规定线条或符号表示机构运动情况的简图,画图时用同一比例。

(3)相对坐标系的独立运动的数目,机构自由度 $F=3n-2P_L-P_H$。计算时注意:复合铰链(按 $n-1$ 计)、局部自由度和虚约束(去除)。机构具有确定运动的条件是 $F>0$(必要条件),主动件数=机构自由度数 $F$(充分条件)。

<h2 style="text-align:center">同 步 练 习</h2>

**2-1 选择题**

(1)一个作平面运动的自由构件,它的自由度是_____。

A. 2          B. 3          C. 4          D. 6

(2)如图 2-20 所示,轴与轴承的连接中,轴的自由度是_____。

A. 1          B. 2          C. -1          D. 0

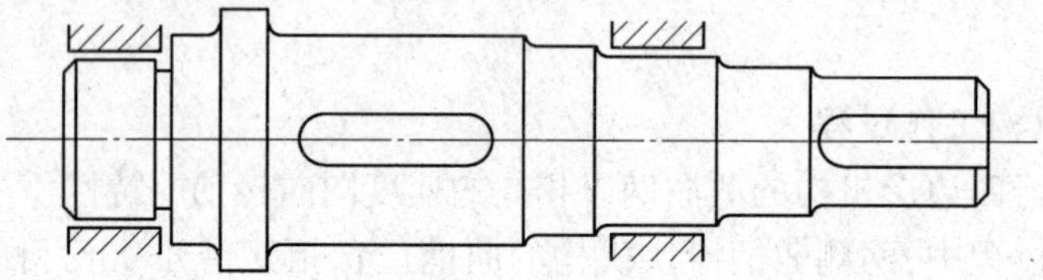

图 2-20 题 2-1(2)图

(3)下列的各种连接中属于高副的是_____。

A. 轴与轴承的连接                  B. 活塞与气缸的连接

C. 两个轮齿间的连接               D. 曲柄与连杆

(4)铰链属于_____。

A. 转动副          B. 移动副          C. 高副

(5)若组成运动副的两构件间的相对运动是移动,则称这种运动副为_____。

A. 转动副          B. 移动副          C. 球面副          D. 螺旋副

(6)计算机构的自由度时,若计入虚约束,则机构自由度就会_____。

A. 增多          B. 减少          C. 不变

**2-2 判断题**

(1)机构是由两个以上构件组成的。                  (     )

(2)运动副的主要特征是两个构件以点、线、面的形式相接触。      (     )

(3)机构具有确定相对运动的条件是机构的自由度大于零。       (     )

(4)转动副限制了构件的转动自由度。                 (     )

(5)固定构件是机构不可缺少的组成部分。　　　　　　　　　　　　　　（　　）

(6)4 个构件在一处铰接,则构成四个转动副。　　　　　　　　　　　　（　　）

(7)机构的运动不确定,就是指机构不能具有相对运动。　　　　　　　　（　　）

(8)虚约束对机构的运动不起作用。　　　　　　　　　　　　　　　　　（　　）

## 2-3　简答题

(1)简述绘制平面机构运动简图的步骤。

(2)什么是自由度? 什么是约束? 约束数目和自由度数目的关系如何?

(3)何为复合铰链、局部自由度和虚约束? 在计算平面机构的自由度时,应如何判断和处理?

## 2-4　计算图 2-21 所示机构的自由度

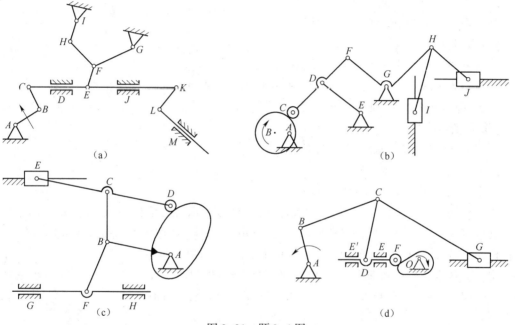

图 2-21　题 2-4 图

# 第3章 平面连杆机构

## 本章知识导读

**【知识目标】**

1. 掌握平面连杆机构基本类型和演化类型;
2. 了解平面连杆机构的特点;
3. 掌握铰链四杆机构的运动特性。

**【能力目标】**

1. 会区分铰链四杆机构的基本类型;
2. 能分析机构出现死点位置的条件及如何克服死点对机构运动的影响;
3. 理解平面四杆机构的运动设计要点。

**【重点、难点】**

1. 铰链四杆机构的基本类型、判别与演化;
2. 平面连杆机构的运动特性;
3. 按照给定条件设计平面四杆机构。

连杆机构不仅在工农业、工程机械中得到广泛应用,而且在诸如机械手、四足机器人等高科技领域也有应用。连杆机构又称低副构件,是由若干刚性构件用低副连接而成的构件。在连杆机构中,运动构件均在相互平行的平面内运动,则称为平面连杆机构。若各运动构件不都在相互平行的平面内运动,则称为空间连杆机构。平面连杆机构常与机器中的工作部分相连,起执行和控制的作用。平面连杆机构的优点主要有:

(1)平面连杆机构能够使回转运动和往复摆动或往复移动相互转换,以实现预期的运动规律或轨迹;

(2)平面连杆机构相连处都为面接触,因此接触面间压强小、易润滑、磨损少,可以承受较大的载荷;

(3)构件结构简单,便于制造。

平面连杆机构的缺点主要有:

(1)运动副中存在间隙,当构件数目较多时,从动件运动的累计误差较大;

(2)不容易精确地实现复杂的运动规律,机构设计相对复杂;

(3)连杆机构运动时产生的惯性力难以平衡,所以不适用于高速场合。

图 3-1 所示为机器手臂的传动机构,平面连杆机构能够实现某些较为复杂的平面运动,用于动力的传递或改变运动形式。简

图 3-1 机器手臂

单的平面连杆机构是平面四杆机构,它是平面连杆机构中最常见的形式,是组成多杆机构的基础。在平面四杆机构中,又以铰链四杆机构为基本形式。其他形式均可以由铰链四杆机构演化而来。因此,本章将以铰链四杆机构为主要研究对象,讨论平面四杆机构的运动特性和设计方法。

## 3.1　铰链四杆机构的基本类型及性质

### 3.1.1　基本概念

当四杆机构各构件之间以转动副连接时,称该机构为铰链四杆机构。图 3-2 所示的铰链四杆机构中,固定不动的构件杆 4 称为机架,与机架相连的构件杆 1 与杆 3,称为连架杆;其中能相对机架作整周回转的连架杆称为曲柄,仅能在某一角度范围内做往复摆动的连架杆称为摇杆;连接两连架杆的构件杆 2 称为连杆,连杆 2 通常作平面复合运动。

在铰链四杆机构中,根据连架杆运动形式的不同,两个连架杆可以一个是曲柄一个是摇杆,也可以都是曲柄或都是摇杆,因此,铰链四杆机构有三种基本类型:曲柄摇杆机构、双曲柄机构和双摇杆机构。

### 3.1.2　曲柄摇杆机构

在铰链四杆机构的两个连架杆中,若一个为曲柄,另一个为摇杆,则此四杆机构称为曲柄摇杆机构。如图 3-3 所示,其中 AB 为曲柄,CD 为摇杆,连杆 BC 作平面运动,其上各点有各种形状的轨迹可以利用,比如图 3-4 所示的搅拌器。

曲柄摇杆机构通常以曲柄 AB 为主动件,并作等速转动,通过连杆 BC 带动从动件摇杆 CD 作变速往复摆动,如图 3-5 所示雷达天线俯仰机构,当构件 AB(曲柄)等速转动时,连杆 BC 带动接收器 CD(摇杆)做往复摆动接收信号。当以摇杆 CD 作为主动件,而曲柄 AB 作为从动件时,则可将摇杆的往复摆动变为曲柄的连续转动。

如图 3-6 所示缝纫机的踏板机构,脚踏板(摇杆 CD)上下摆动,通过连杆(BC)使曲柄(从动件 AB)连续转动,并带动带轮转动,达到输出动力的目的。图 3-7 所示的送料机构由两个完全相同的曲柄摇杆机构组合成。

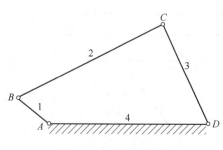

图 3-2　铰链四杆机构

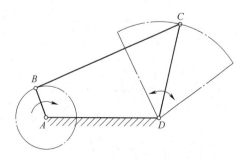

图 3-3　曲柄摇杆机构

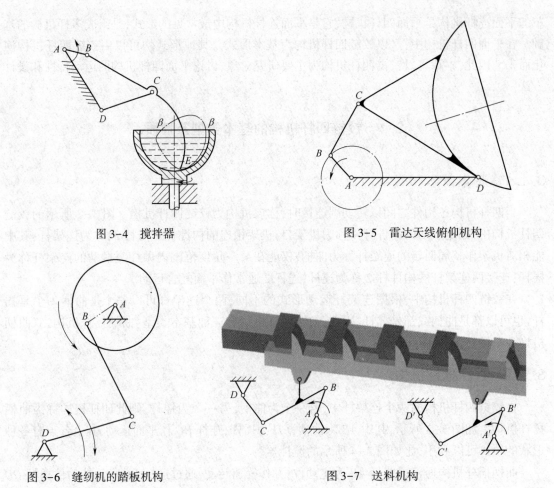

图 3-4 搅拌器　　　　　　　　图 3-5 雷达天线俯仰机构

图 3-6 缝纫机的踏板机构　　　　图 3-7 送料机构

### 3.1.3 双曲柄机构

在铰链四杆机构中,若两个连架杆均为曲柄,则此四杆机构称为双曲柄机构。如图 3-8 所示两曲柄长度不同,则称为不等双曲柄机构。图 3-9 所示为惯性筛机构中的四杆机构 *ABCD* 其运动特点是当主动曲柄 *AB* 等速转动一周时,从动曲柄 *CD* 变速转动一周,使筛子回程速度较快,以实现惯性筛选的作用。

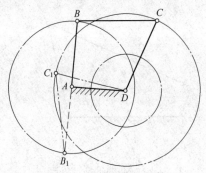

图 3-8 不等双曲柄机构

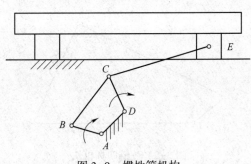

图 3-9 惯性筛机构

这种机构的运动特点是:当主动曲柄 *AB* 做匀速转动时,从动曲柄 *CD* 作变速转动。双曲柄机构中,若连杆与机架长度相等,且两曲柄长度相等时,呈平行四边形。如图 3-10 所示,这样的双曲柄机构称为平行双曲柄机构。这种机构两曲柄的角速度始终保持相等,且连杆始终保持平动。

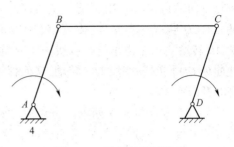

图 3-10　平行双曲柄机构

如图 3-11(a)所示蒸汽机车车轮联动机构,平行双曲柄机构有以下两个运动特点:

(1)两曲柄转速相等,连杆始终与机架保持平行。

(2)运动的不确定性。当主动曲柄转到与机架共线的位置时,如图 3-12(a),即平行四边形机构的四个铰链中心处于同一直线时,机构将处于运动不确定状态。

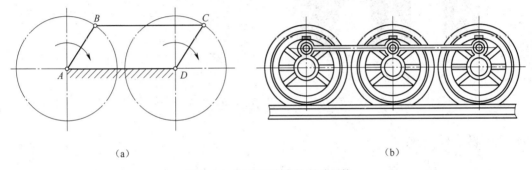

（a）　　　　　　　　　　　　　　　　（b）

图 3-11　蒸汽机车车轮联动机构

为了消除这种运动不确定的现象,可以如图 3-11(b)所示,两曲柄之间采用增加一个平行曲柄(虚约束)的方法。或如图 3-12(b)所示,可以在主从动曲柄上错开一定角度而安装一组平行四边形,当上面一组平行四边形转到共线位置时,下面一组平行四边形却处于正常位置,该机构仍然保持确定运动。

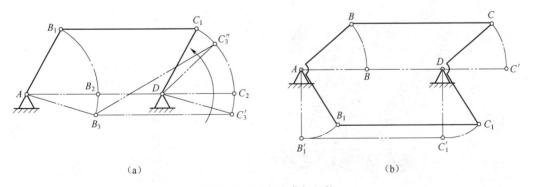

（a）　　　　　　　　　　　　　　　　（b）

图 3-12　平行双曲柄机构

常见的还有逆平行双曲柄机构,如图 3-13 所示,若连杆与机架的长度也相等,两曲柄长度相等而转向相反的双曲柄机构则称为逆平行双曲柄机构。图 3-14 所示车门启闭机构是逆平行双曲柄机构的应用实例。左、右两车门分别与曲柄 *AB*、*CD* 联成一个整体,由气缸(图中未画)推动曲柄 *AB* 转动。当左边车门开启或关闭时,通过连杆 *BC* 使曲柄 *CD* 同时朝相反方向转动,从而保证左、右车门同时开启或关闭。

平行双曲柄机构中两轴的方位时刻相同,实现同向等角速度转动;逆平行双曲柄机构的两曲柄转动方向相反,角速度也不相等。

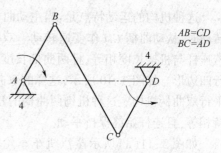

图 3-13　逆平行双曲柄机构

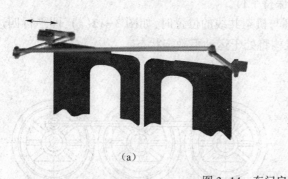

（a）

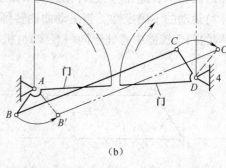

（b）

图 3-14　车门启闭机构

## 3.1.4　双摇杆机构

在铰链四杆机构中,若两个连架杆均为摇杆,则此四杆机构称为双摇杆机构。图 3-15 所示鹤式起重机机构的四杆机构 *ABCD* 即为双摇杆机构。当主动摇杆 *AB* 摆动时,从动摇杆 *CD* 也随之摆动,可使连杆 *BC* 上的重物作近似水平直线移动,以避免重物不必要的升降而消耗能量。

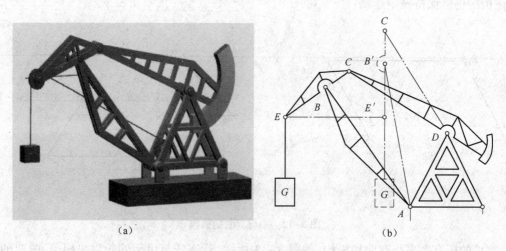

（a）　　　　　　　　　　　　（b）

图 3-15　鹤式起重机机构

图 3-16 所示为飞机起落架机构运动简图。当飞机将要着
陆时,着陆轮需要从机体中推放出来;起飞后为减少飞机的空气
阻力,又需收入机体之中。这些动作就由原动摇杆 CD 通过连杆
BC、从动摇杆 AB 带动着陆轮予以实现。

在双摇杆机构中,如果两摇杆长度相等,则称为等腰梯形机
构。如图 3-17 所示轮式车辆的前轮转向机构 ABCD 即为等腰梯
形机构。当汽车转弯时,和两前轮固联的两摇杆摆动角度 $\beta$ 和 $\delta$
不相等。如果在任意位置都能使两前轮轴线的交点 P 落在后轮
轴线的延长线上,则当整个车身绕 P 点转动时,四个车轮均能在
地面上纯滚动,可以避免轮胎的滑动损伤。由此可知等腰梯形机
构能近似满足这一要求。

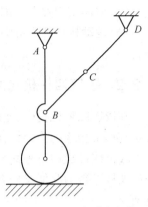

图 3-16　飞机起落架机构

(a)

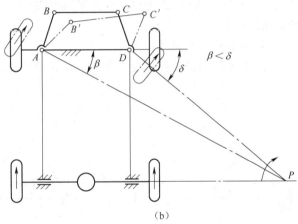

(b)

图 3-17　轮式车辆的前轮转向机构

## 3.2　铰链四杆机构具有曲柄的条件

### 3.2.1　铰链四杆机构的特点

铰链四杆机构具有如下特点:

(1)铰链四杆机构是低副机构,构件间的相对运动部分为面接触,故单位面积上的压力较
小。由于低副的构造便于润滑,摩擦、磨损较小,寿命长,故适于传递较大的动力,如动力机械、
锻压机械等都可采用。

(2)两构件的接触面为简单几何形状,便于制造,能获得较高精度。

(3)构件间的相互接触依靠运动副元素的几何形状来保证,无须另外采取措施。

(4)能够实现多种运动形式的转换,也可以实现各种预定的运动规律和复杂的运动轨迹,
容易满足生产中各种动作要求。

（5）运动副中存在间隙，难以实现从动件精确的运动规律。

（6）运动构件产生的惯性力难以平衡，高速时会引起较大的振动，因此常用于速度较低的场合。

### 3.2.2 铰链四杆机构曲柄存在的条件

在铰链四杆机构中，允许两连接构件作相对整周旋转的转动副称为整转副。曲柄是以整转副与机架相连的连架杆，而摇杆则不是整转副与机架相连的连架杆。

铰链四杆机构三种基本类型的根本区别在于两连架杆是否存在曲柄和存在几个曲柄，而两连架杆是否为曲柄又与各杆长度有关，实质取决于各杆的相对长度以及选取哪一杆作为机架。

图 3-18 所示的曲柄摇杆机构 *ABCD* 中，欲使连架杆 *AB* 成为曲柄，则连架杆 *AB* 应为最短杆，亦即只有最短杆的两端才有可能具有整转副。另根据某时段的构件位置组成的三角形，推理出三角形任意两边之和必大于（极限情况等于）第三边。归纳起来铰链四杆机构有一个曲柄的条件如下：

（1）最短杆为连架杆；

（2）最短杆与最长杆长度之和小于或等于其余两杆长度之和。

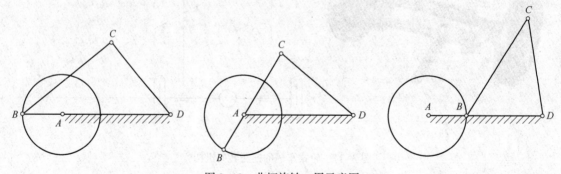

图 3-18　曲柄旋转一周示意图

### 3.2.3 铰链四杆机构类型的判别

由于平面四杆机构的自由度为 1，故无论哪个为机架，只要已知其中一个可动构件的位置，则其余可动构件的位置必相应确定。因此，我们可以选任一杆为机架，都能实现完全相同的相对运动关系，这称为运动的可逆性。还可在一个四杆机构中，选取不同的构件作机架，以获得输出构件与输入构件间不同的运动特性。

上述两条件不能同时满足时，无论选哪个为机架，都没有曲柄；满足第二条件时，选取不同构件为机架时，可以得到不同类型的铰链四杆机构。根据曲柄存在的条件，可按照以下的方法判断铰链四杆机构的类型。若最短杆与最长杆长度之和小于或等于其余两杆长度之和，则：

（1）当最短杆为连架杆时，该机构为曲柄摇杆机构［图 3-19（a）（c）］；

（2）当最短杆为机架时，该机构为双曲柄机构［图 3-19（b）］；

（3）当最短杆为连杆时，该机构是双摇杆机构［图 3-19（d）］。

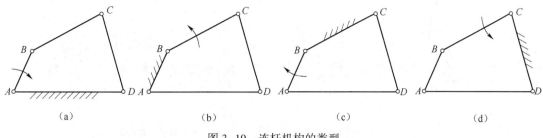

图 3-19　连杆机构的类型

若最短杆与最长杆之和大于其余两杆长度之和,因机构中不可能有曲柄存在,故不论取任何构件为机架,都是双摇杆机构。若构件的长度有特殊的关系,如不相邻的杆长两两分别相等,则该机构不论以哪个杆件为机架,都是双曲柄机构(平行四杆机构或反向双曲柄机构)。

## 3.3　铰链四杆机构的演化

上节介绍了铰链四杆机构的基本形式,在实际机械中,为了满足各种工作的需要还有许多形式不同的平面机构。它们在外形和构造上虽然存在较大差别,但在运动特性上却有许多相似之处。其实它们都是通过铰链四杆机构演化而来的。

### 3.3.1　曲柄滑块机构

如图 3-20(a)所示,曲柄摇杆机构中摇杆 3 上点 C 的轨迹是以 D 为圆心,以杆 3 的长度为半径的圆弧。如果在机架上按照 C 点的轨迹做成一弧形槽,摇杆 3 做成与弧形槽相配的弧形块,如图 3-20(b)所示。此时虽然转动副 D 的外形改变,但机构的运动特性并没有改变。若将弧形槽的半径增至无穷大,则转动副 D 的中心移至无穷远处,弧形槽变为直槽,转动副 D 将转化成移动副,构件 3 由摇杆变成了滑块,于是曲柄摇杆机构就演化为曲柄滑块机构。

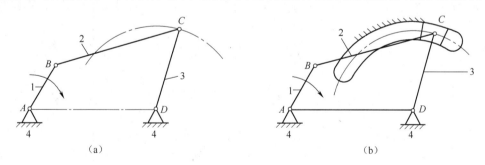

图 3-20　铰链四杆机构演化为曲柄滑块机构

根据滑块导路(固定在机架上、限制滑块移动的移动元素)中心线是否通过曲柄转动中心 A,曲柄滑块机构可分为两种情况:对心曲柄滑块机构,如图 3-21(a)其导路通过曲柄的转动中心,图中 H 表示滑块的行程;偏置曲柄滑块机构,如图 3-21(b)其导路与曲柄的转动中心有一个偏距 e。后者由于存在偏距,当曲柄等速转动时,机构具有急回特性。由于对心曲柄滑块机构结构简单,受力情况好,存在转动与往复移动之间的运动转换,故广泛应用于往复式机械中,如活塞式内燃机、空气压缩机、往复式手泵和冲床等。

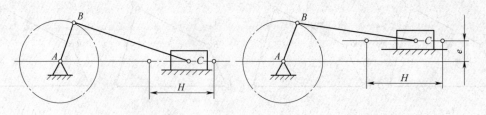

（a）对心曲柄滑块机构　　　　　　　　（b）偏置曲柄滑块机构

图 3-21　曲柄滑块机构

图 3-22 所示为曲柄滑块机构在压力机中的应用。当电动机带动转动副 OA 绕点 O 点作圆周转动时，B 点做上下往复运动，所以带动压力棒沿其轴线反复向下冲压，达到工作要求。

### 3.3.2　导杆机构

导杆机构可看做是通过改变曲柄滑块机构中的固定构件演化而来的。在图 3-23(a) 所示的对心曲柄滑块机构中，若取不同的构件为机架，则可得到不同的导杆机构。

**1. 曲柄转动导杆机构**

如图 3-23(b) 所示，以杆 1 为机架，若 AB<BC，此时杆 2 和杆 4 都可以做整周回转运动，这种具有一个曲柄和一个能做整周转动导杆的四杆机构，称为曲柄转动导杆机构。如图 3-24 所示的小型刨床机构简图，采用的就是这种曲柄转动导杆机构。当 BC 杆绕 B 点作等速转动时，AE 杆绕 A 点作变速转动，ED 杆驱动刨刀作变速往返运动。

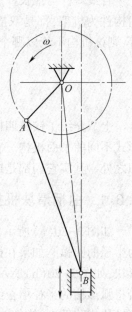

图 3-22　压力机机构

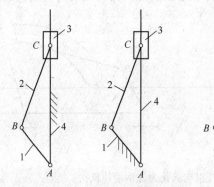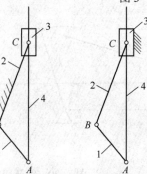

（a）对心曲柄滑块机构　（b）曲柄导杆机构　　（c）摆动导杆滑块机构　　（d）移动导杆机构

图 3-23　曲柄滑块机构向导杆机构的演化

**2. 曲柄摆动导杆机构**

如图 3-23(b) 所示，以杆 1 为机架，若 AB>BC，此时杆 4 只能做往复摆动，故称为摆动导杆机构。图 3-25 所示为曲柄摆动导杆机构在电器开关中的应用。当曲柄 BC 处于图示位置时，动触点 2 和静触点 1 接触，当 BC 偏离图示位置时，两触点分开。

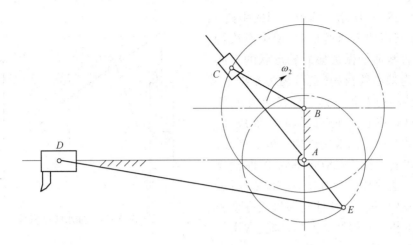

图 3-24　小型刨床机构

### 3. 摆动导杆滑块机构

在图 3-23 所示的曲柄滑块机构中,若取杆 2 为机架,即可得图 3-23(c)所示的摆动导杆滑块机构,或称摇块机构。这种机构广泛应用于摆动式内燃机和液压驱动装置内。如图 3-26 所示为自卸卡车翻斗机构及其运动简图。在该机构中,因为液压油缸 3 绕铰链 C 摆动,故称为摇块。

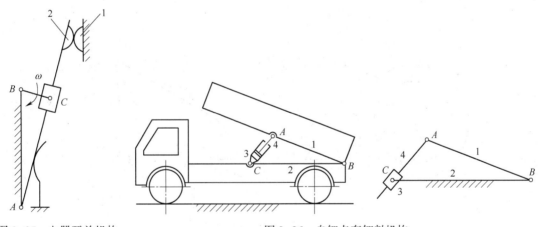

图 3-25　电器开关机构　　　　　　　　图 3-26　自卸卡车卸料机构

### 4. 移动导杆机构

移动导杆机构也称为定滑块机构,如图3-23(d)所示,以滑块为机架,杆 4 只相对滑块做往复移动,滑块 3 称为定滑块。这种机构常用于抽水唧筒和抽水泵中。如图 3-27 所示为抽水唧筒机构及其运动简图。

## 3.3.3　偏心轮机构

在曲柄滑块机构中,若要求滑块行程较小,则必须减小曲柄长度。由于结构上的困难,很难在较短的曲柄上造出两个转动副,往往采用转动副中心与几何中心不重合的偏心轮来代替

曲柄,如图 3-28(a) 所示。两中心间的距离 $e$
称为偏心距,其值即为曲柄长度,图中滑块行
程为 $2e$。这种将曲柄做成偏心轮形状的平面
四杆机构称为偏心轮机构,它可视为是图 3-
28(b) 中的转动副 $B$ 扩大到包容转动副 $A$,使
构件 2 成为转动中心在 $A$ 点的偏心轮而成,因
此其运动特性与原曲柄滑块机构等效。同理,
这种机构也可将如图 3-28(d) 所示的曲柄摇
杆机构按此方法演化而成如图 3-28(c) 所示
的曲柄摇杆机构,其运动特性与原机构完全相
同。演化后的机构有很好的力学性能,常用于
冲床、剪床和颚式破碎机等机械中。

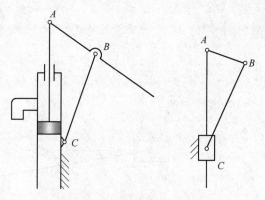

图 3-27　抽水唧筒机构

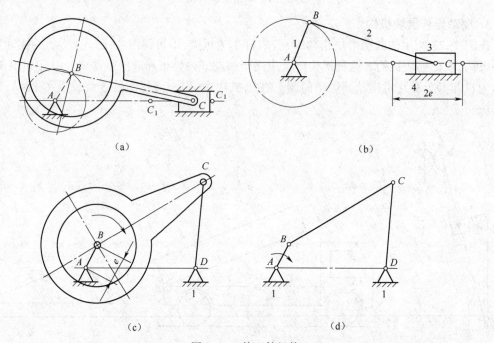

（a）　　　　　　　　　　　　　　　（b）

（c）　　　　　　　　　　　　　　　（d）

图 3-28　偏心轮机构

　　由以上分析,平面四杆机构的形式多种多样,究其结构可分成三大类:具有四个转动副的
机构;具有三个转动副和一个移动副的机构;具有两个转动副和两个移动副的机构。

## 3.4　平面四杆机构的工作特性

### 3.4.1　机构的急回特性

　　例如插床、刨床等单向工作的机械设备,为了缩短机器的非生产时间,提高生产率,当主动
件(一般为曲柄)等速转动时,要求做往复运动的从动件快速返回。

这种当主动件等速转动时,做往复运动的从动件在返回行程中的平均速度大于工作行程的平均速度的特性,称为急回特性。如图 3-29 所示,曲柄 AB 在转动一周的过程中,有两次与连杆 BC 共线。此时,铰链中心 A 与 C 之间的距离 $AC_1$ 和 $AC_2$ 分别为最短和最长,因而 $C_1D$ 和 $C_2D$ 分别为摇杆 CD 往复摆动的左、右极限位置。摇杆两极限位置间的夹角 ψ 称为摇杆的摆角,而与摇杆两极限位置相对应的曲柄位置 $AB_1$ 和 $AB_2$ 之间所夹的锐角 θ 称为极位夹角。

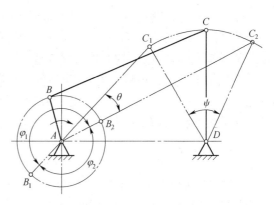

图 3-29　曲柄摇杆机构的急回运动示意图

曲柄 AB 以等角速、顺时针由 $AB_1$ 到 $AB_2$,转过的角度 $\varphi_1 = 180° + \theta$;摇杆上点 C 摆过的弧长 $C_1C_2$ 为工作行程,相对应的时间为 $t_1$,点 C 在工作行程的平均速度 $v_1 = \dfrac{C_1C_2}{t_1}$。曲柄继续由 $AB_2$ 转到 $AB_1$,转过角度 $\varphi_2 = 180° - \theta$,摇杆上点 C 摆回 $C_2C_1$ 为回程,相对应的时间为 $t_2$,C 点回程的平均速度表示为 $v_2 = \dfrac{C_2C_1}{t_2}$。虽然摇杆来回摆动的角度相等,但曲柄的转角是不相等的,即 $\varphi_1 > \varphi_2$,相应的时间也不相等,$t_1 > t_2$,从而分析出 $v_1 < v_2$,说明摇杆 CD 具有急回运动的特性。机构急回特性用速度 $v_2$ 和 $v_1$ 的比值 K 表示。K 称为行程速比系数,即

$$K = \frac{v_2}{v_1} = \frac{\dfrac{C_2C_1}{t_2}}{\dfrac{C_1C_2}{t_1}} = \frac{t_1}{t_2} = \frac{\varphi_1}{\varphi_2} = \frac{180° + \theta}{180° - \theta} \tag{3-1}$$

式(3-1)表明,机构有无急回特性及急回的程度都取决于该机构有无极位夹角 θ,θ 越大则机构的急回特性越显著。显然,在偏置曲柄滑块机构和导杆机构中,均存在急回特性。

由式(3-1)可得

$$\theta = 180° \frac{K-1}{K+1} \tag{3-2}$$

极位夹角 θ 是四杆机构设计时的主要参数之一。对一些要求具有急回特性的机械,通常根据所需要的 K 值,先由式(3-2)算出极位夹角 θ,再确定其各杆件的尺寸。

### 3.4.2　压力角和传动角

如图 3-30 所示曲柄摇杆机构中,若不计各构件的质量及运动副中的摩擦,则连杆 BC 为二力构件。若曲柄为原动件,曲柄通过连杆作用于从动摇杆的力 F 沿 BC 方向。将 F 沿点 C 的线速度方向和摇杆方向作正交分解,分力 $F_t$ 产生的力矩使摇杆摆动,称为有效分力;分力 $F_n$ 只能使运动副 C 和 D 中产生压力,使运动副中的摩擦增大,称为有害分力。作用于从动件上的驱动力 F 与该力作用点的绝对速度 $V_c$ 之间所夹的锐角 α 称为压力角,于是 $F_t = F\cos\alpha$,$F_n = F\sin\alpha$。可见,压力角 α 越小,有效分力越大而有害分力越小,机构的传力性能越好。因此,

压力角可以作为判断机构传力性能的指标。由于压力角不易度量,在工程中常用压力角的余角 $\gamma$(连杆和从动摇杆之间所夹的锐角)来判断机构的传力性能,称为传动角。因为 $\gamma = 90° - \alpha$,所以传动角 $\gamma$ 越大,机构的传力性能越好。

在机构工作过程中传动角是实时变化的,为了保证机构具有良好的传力性能,要求最小传动角 $\gamma_{min} > 35° \sim 50°$。图 3-30 中双点画线所示机构两位置的传动角分别为 $\gamma'$ 和 $\gamma''$,其中较小的一个即是机构的最小传动角。

### 3.4.3 死点位置

在图 3-31 所示的曲柄摇杆机构中,当摇杆 $CD$ 为主动件,曲柄 $AB$ 为从动件,且摇杆处在两个极限位置时,连杆 $BC$ 与曲柄 $AB$ 共线。若不计各构件质量,则这时连杆 $BC$ 加给曲柄 $AB$ 的力将通过铰链 $A$ 的中心,这时连杆 $BC$ 无论给从动件曲柄 $AB$ 的力多么大都不能推动曲柄运动,机构所处的这种位置称为死点位置。机构处于死点位置,从动件会出现卡死(机构自锁)或运动方向不确定的现象。对于传动机构来说,有死点是不利的,应该采取措施使机构能顺利通过死点位置。对于连续运转的机器,可以利用从动件惯性来通过死点位置,如缝纫机就是借助于带轮的惯性通过死点位置。

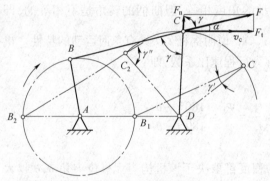

图 3-30 压力角和传动角示意图

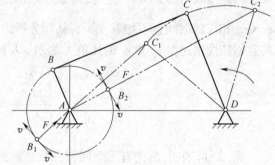

图 3-31 曲柄摇杆机构的死点示意图

机构的死点位置并非都是起消极作用的,有时可利用死点位置实现某种功能。如图 3-32 所示的夹具,当工件被夹紧后,四杆机构的铰链中心 $B$、$C$、$D$ 处于同一条直线上,工件加在构件 1 上的反作用力 $N$ 无论多大,工件经杆 1 传递给杆 2 再传递给杆 3 的力都将通过回转中心 $D$,此时力将不能使杆 3 转动。这就保证当力去掉后

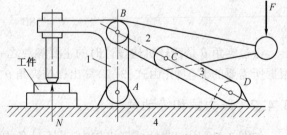

图 3-32 死点位置的应用示意图

夹具仍能可靠地夹紧工件。当需要取出工件时,只需向上扳动手柄,即能松开夹具。

工程上有时也利用死点来实现一定的工作要求。如图 3-16 飞机起落架机构,当机轮放下时,$BC$ 杆与 $CD$ 杆共线,机构处于死点位置,地面对机轮的力不会使 $CD$ 杆转动,使降落可靠。

## 3.5 平面四杆机构的运动设计

平面四杆机构的设计,主要是运动设计问题,即根据给定的运动条件及几何、动力等辅助条件,确定机构运动简图的尺寸参数。

平面四杆机构的设计是指根据已知条件来确定机构各构件的尺寸,一般可归纳为两类基本问题:实现给定的运动规律,例如要求满足给定的行程速比系数以实现预期的急回特性,实现连杆的几组给定位置等;实现给定的运动轨迹,例如要求连杆上某点能沿着给定轨迹运动等。

平面四杆机构设计的方法有图解法、实验法和解析法等。图解法和实验法比较直观、简便,但设计精度较低。解析法有较高的设计精度,但比较烦琐。目前,应用计算机辅助设计既精确又迅速,是设计方法的新方向。下面仅针对不同的设计条件介绍图解法和实验法。

### 3.5.1 图解法设计平面四杆机构

**1. 按给定连杆位置设计四杆机构**

已知连杆 $BC$ 的长度 $L_{BC}$ 和依次占据的 3 个位置 $B_1C_1$、$B_2C_2$、$B_3C_3$,求满足上述条件的铰链四杆机构的其他各杆件的长度和位置。

分析:设计此机构的实质是确定两个固定铰链中心 $A$ 和 $D$ 的位置。观察机构的运动可知,连杆上 $B$ 和 $C$ 两点的运动轨迹分别是以 $A$、$D$ 为圆心的圆弧 $B_1B_2B_3$ 和 $C_1C_2C_3$,所以铰链中心 $A$ 必然位于 $B_1B_2$ 和 $B_2B_3$ 的垂直平分线 $b_{12}$ 和 $b_{23}$ 的交点上,铰链中心 $D$ 必然位于 $C_1C_2$ 和 $C_2C_3$ 的垂直平分线 $c_{12}$ 和 $c_{23}$ 的交点上。

设计步骤:

(1)选取适当的比例尺 $\mu_1$(实际机构往往要通过缩小或放大比例后才便于作图设计,应根据实际情况选择适当的比例尺),取 $BC=L_{BC}/\mu_1$,画出给定连杆的三个位置 $B_1C_1$、$B_2C_2$、$B_3C_3$,如图 3-33 所示。

(2)分别作直线 $B_1B_2$ 和 $B_2B_3$ 的垂直平分线 $b_{12}$ 和 $b_{23}$(图中的点画线),这两条垂直平分线的交点即为所求铰链 $A$ 点的中心位置。

(3)用同样的方法确定铰链 $D$ 的中心位置。

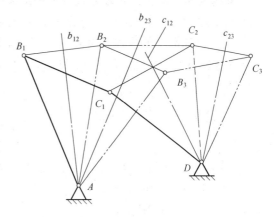

图 3-33 按给定的连杆位置设计四杆机构

(4)分别连接 $AB_1$、$B_1C_1$、$C_1D$(图中的粗实线),即为所求的四杆机构。从图中量得各杆的长度再乘以比例尺,就得到实际结构的长度尺寸。

**2. 按给定的行程速比系数 $K$ 设计曲柄摇杆机构**

图 3-34(a)所示曲柄摇杆机构中摇杆 $CD$ 的长度为 $L_{CD}$,摇杆的摆角为 $\psi$,行程速比系数为 $K$,试设计该曲柄摇杆机构。

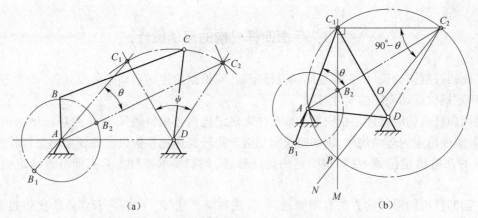

（a）　　　　　　　　　　　　　　（b）

图 3-34　按给定的行程速比系数 $K$ 设计曲柄摇杆机构

该设计的关键是确定固定铰链 $A$ 的位置。设计步骤如下：

（1）按式 $\theta = 180° \dfrac{K-1}{K+1}$ 求出极位夹角。

（2）选取适当的比例尺 $\mu_1$，根据已知 $L_{CD}$、$\psi$ 画出摇杆的两个极限位置 $DC_1$ 和 $DC_2$，如图 3-34（b）所示。

（3）连接 $C_1$、$C_2$，并作其垂线 $C_1M$；以 $C_1C_2$ 为一边作 $\angle C_1C_2N = 90° - \theta$ 的 $C_2N$ 线，则 $C_1M$ 和 $C_2N$ 相交于 $P$ 点。以 $C_2P$ 的中点 $O$ 为圆心，以 $OC_1$（或 $OC_2$）为半径作辅助圆。

（4）在辅助圆上任取一点 $A$，连接 $AD$、$AC_1$ 和 $AC_2$，并量出其长度，按照相应比例尺 $\mu_1$ 换算实际尺寸 $L_{AD}$、$L_{AC_1}$、$L_{AC_2}$。

（5）按照公式 $L_{AB} = (L_{AC_2} - L_{AC_1})/2$ 和 $L_{BC} = (L_{AC_2} + L_{AC_1})/2$，计算 $L_{AB}$ 和 $L_{BC}$ 的尺寸。

**3. 按给定的行程速比系数 $K$ 设计曲柄滑块机构**

已知曲柄滑块机构中滑块的行程 $S$，偏心距 $e$，行程速比系数 $K$，试设计该曲柄滑块机构。

分析：由已知滑块的行程 $S$ 可确定 $C_1$ 和 $C_2$ 的位置，则只要能够确定 $A$ 的位置，量出 $L_{AC_1}$、$L_{AC_2}$，就可由公式 $L_{AB} = (L_{AC_2} - L_{AC_1})/2$ 和 $L_{BC} = (L_{AC_2} + L_{AC_1})/2$ 计算 $L_{AB}$ 和 $L_{BC}$ 的尺寸

步骤：

（1）按式 $\theta = 180° \dfrac{K-1}{K+1}$ 求出极位夹角。

（2）选取适当的比例尺 $\mu_1$，任取一点 $C$，并根据滑块的行程 $S$ 确定出滑块的两个极限位置 $C_1$ 和 $C_2$，如图 3-35 所示。

（3）连接 $C_1C_2$，作 $\angle C_1C_2O = \angle C_2C_1O = 90° - \theta$，得交点 $O$；以 $O$ 为圆心，$OC_1$ 为半径作辅助圆。

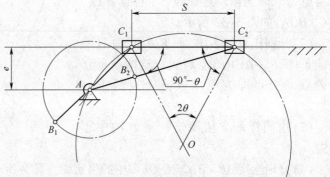

图 3-35　按给定的行程速比系数 $K$ 设计曲柄滑块机构

（4）作与 $C_1C_2$ 相距 $e$ 且平行于 $C_1C_2$ 的直线，与辅助圆的交点即为点 $A$，连接 $AC_1$ 和 $AC_2$，

并量出其长度,按照相应比例尺 $\mu_1$ 换算实际尺寸 $L_{AC_1}$、$L_{AC_2}$。

(5)按照公式 $L_{AB}=(L_{AC_2}-L_{AC_1})/2$ 和 $L_{BC}=(L_{AC_2}+L_{AC_1})/2$ 计算 $L_{AB}$ 和 $L_{BC}$ 的尺寸。

## 3.5.2　实验法设计平面四杆机构

四杆机构运动时,其连杆做平面复杂运动,对连杆上的任一点都能描绘出一条封闭曲线,这种曲线称为连杆曲线。连杆曲线的形状随点在连杆上的位置和各构件相对长度的不同面不同。为了方便设计,常借用已经汇编成册的连杆曲线图谱,根据预定运动轨迹从图谱中选择形状相近的曲线,同时查得机构各杆尺寸及描述点在连杆平面上的位置,再用缩放仪求出图谱曲线与所需轨迹曲线的缩放倍数,即可求得四杆机构的结构及运动尺寸。

### 实训三　分析播种机的连杆机构类型

**【任务】**

图 3-36 所示为简易播种机工作状态,请分析该机构的工作过程,并阐述下该机构在此机器中的作用。

**【任务实施】**

**1. 根据图 3-36 所示的局部机构,分析播种机的工作原理**

该机器作业时,由行走轮带动排种轮旋转,种子按要求由种子箱排入输种管并经开沟器落入沟槽内,然后由覆土镇压装置将种子覆盖压实。其结构由机架、牵引或悬挂装置、种子箱、排种器、传动装置、输种管、开沟器、划行器、行走轮和覆土镇压装置等组成。

**2. 分析该平面连杆机构的类型和特点,并合理改进此结构**

构件呈平行四边形的平面连杆机构。它是一种铰链四杆机构,根据曲柄存在条件属于双曲柄机构。

这种机构的特点之一是相对杆始终保持平行,且两连杆的角位移、角速度和角加速度也始终相等;这种机构的另一特点是当多个平行四边形机构叠加起来使用时,能起放大位移作用;此外,应用其平行边能形成相似三角形的特性,还可做成缩放仪等。

**3. 分析该机构,并画出平面连杆机构简图**(图 3-37)

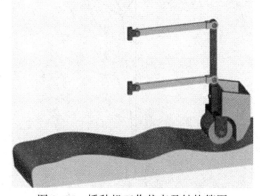

图 3-36　播种机工作状态及结构简图

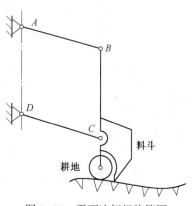

图 3-37　平面连杆机构简图

## 实训四 分析插床加工的连杆机构类型

**【任务】**

根据图 3-38 所示的插床简图,拟定几个执行机构(连杆机构)的方案,并对各执行机构方案进行分析对比分析。

**【任务实施】**

**1. 分析简易插床工作原理**

插床机械系统的执行机构主要是由导杆机构和凸轮机构组成。电动机经过减速传动装置(皮带和齿轮传动)带动曲柄转动,再通过导杆机构使装有刀具的滑块沿导路作往复运动,以实现刀具的切削运动。刀具向下运动时切削,在切削行程中,前后各有一段空刀距离,工作阻力为常数;刀具向上运动时为空回行程,无阻力。为了缩短回程时间,提高生产率,要求刀具具有急回运动。刀具与工作台之间的进给运动,是由固结于轴上的凸轮驱动摆动从动件和其他有关机构来完成的。

**2. 插床进给运动机构的选用分析**

选用方案特点:

(1)机构为平面连杆机构,结构简单,加工方便;

(2)机构具有曲柄,曲柄为主动件,存在极位夹角,具有急回运动特性,满足插刀工作要求;

(3)摇杆和连杆之间的传动角大于60°,对机构的传力有利,受力更好,保证了机构的传力性能;

(4)有一组平衡杆,能保证连杆机构的运动连续性。

**3. 设计合理的插床进给平面连杆机构,如图 3-39 所示**

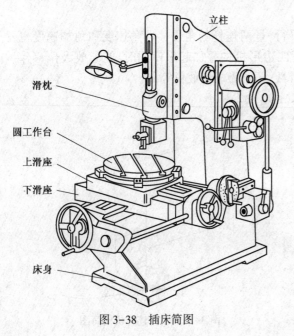

图 3-38 插床简图

图 3-39 插床进给平面连杆机构

**知识梳理与总结**

（1）在铰链四杆机构中，由机架、连架杆、连杆组成，能做整周转动的连架杆称为曲柄，不能作整周回转的连架杆称为摇杆。铰链四杆机构有三种基本类型：曲柄摇杆机构、双曲柄机构、双摇杆机构。

（2）铰链四杆机构类型的判别。铰链四杆机构有曲柄的必要条是件：最短杆与最长杆的长度之和小于等于其余两杆长度之和。铰链四杆机构若不满足有曲柄的必要条件则一定是双摇杆机构；若满足，则进行如下判断：当最短杆为连架杆时，该机构为曲柄摇杆机构；当最短杆为机架时，该机构为双曲柄机构；当最短杆为连杆时，该机构是双摇杆机构。

（3）连杆机构的演化方法：

①改变机构的形状和运动尺寸；

②改变运动副的尺寸；

③取不同构件为机架；

④运动副元素的逆转

演化形式：曲柄滑块、导杆、摇块、直动导杆、偏心轮等

（4）曲柄等速转动情况下，摇杆往复摆动的平均速度一快一慢，机构的这种运动性质称为急回特性。机构急回的作用是节省空回时间，提高工作效率。

---

## 同 步 练 习

---

**3-1　选择题**

（1）平面连杆机构是由_____组成的机构。

A. 高副　　　　　　　B. 高副和低副　　　　　C. 转动副　　　　　　　D. 低副

（2）在曲柄摇杆机构中，为提高机构的传力性能，应该_____。

A. 增大传动角 $\gamma$　　B. 减小传动角 $\gamma$　　　C. 增大压力角 $\alpha$　　　D. 减小极位夹角 $\theta$

（3）压力角可作为判断机构传力性能的标志，压力角越大，机构传力性能_____。

A. 越差　　　　　　　B. 不受影响　　　　　　C. 越好　　　　　　　　D. 时好时差

（4）曲柄摇杆机构的死点位置位于_____。

A. 原动杆与连杆共线　　　　　　　　　　　B. 原动杆与机架共线

C. 从动杆与连杆共线　　　　　　　　　　　D. 从动杆与机架共线

（5）在铰链四杆机构中，有可能出现死点的机构是_____机构。

A. 双曲柄　　　　　　B. 双摇杆　　　　　　　C. 曲柄摇杆

（6）下列铰链四杆机构中，能实现急回运动的是_____。

A. 双摇杆机构　　　　　　　　　　　　　　B. 曲柄摇杆机构

C. 双曲柄机构　　　　　　　　　　　　　　D. 对心曲柄滑块机构

（7）一对心曲柄滑块机构，曲柄长度为 100 mm，则滑块的行程是_____。

A. 50 mm　　　　　　B. 100 mm　　　　　　C. 200 mm　　　　　　D. 150 m

（8）为使四杆机构具有急回运动，要求行程速比系数_____。

A. K=1　　　　　　B. K>1　　　　　　C. K<1　　　　　　D. K≥1

(9)铰链四杆机构的最小传动角可能发生在主动曲柄与_____的位置之一处。

A. 连杆两次共线　　　　　　　　　　B. 机架两次共线

C. 连杆两次垂直　　　　　　　　　　D. 机架两次垂直

(10)在铰链四杆机构中,若最短杆与最长杆长度之和小于其他两杆长度之和,则_____为机架时,可得双摇杆机构。

A. 以最短杆　　　　　　　　　　　　B. 以最短杆相邻杆

C. 以最短杆对面杆　　　　　　　　　D. 无论以哪个杆

### 3-2　判断题

(1)曲柄摇杆机构,当摇杆为主动件时,机构会出现死点位置。　　　　　　　　(　　)

(2)平行四边形机构运动中,从动曲柄会出现转向不确定现象。　　　　　　　　(　　)

(3)在双曲柄机构中,各杆长度关系必须满足:最短杆与最长杆长度之和大于其他两杆长度之和。　　　　　　　　　　　　　　　　　　　　　　　　　　　　　(　　)

(4)在偏置曲柄滑块机构中,若以曲柄为主动件时,最小传动角可能出现在曲柄与滑块导路相平行的位置。　　　　　　　　　　　　　　　　　　　　　　　　(　　)

(5)极位夹角 $\theta$ 是从动件两极限位置之间的夹角。　　　　　　　　　　　　(　　)

### 3-3　简答题

(1)平面四杆机构的基本形式是什么?它们的主要区别是什么?

(2)何为曲柄?曲柄是否就是最短杆?

(3)铰链四杆机构曲柄存在的条件是什么?

(4)铰链四杆机构有几种演化方式?

(5)何为行程速比系数?何为急回特性?何为极位夹角?三者之间的关系如何?

### 3-4　计算设计题

(1)在曲柄摇杆机构中,已知连杆长度 $BC=45$ mm,摇杆长度 $CD=40$ mm,机架长度 $AD=50$ mm,试确定曲柄 $AB$ 长度的取值范围。

(2)如图 3-40 所示,已知铰链四杆机构各构件的长度分别为 $a=240$ mm,$b=600$ mm,$c=400$ mm,$d=500$ mm,试问分别取 $AB$,$BC$,$CD$,$AD$ 为机架时,将各得到何种机构?

(3)设计一曲柄摇杆机构。已知摇杆长度为 80 mm,摆角 $\Psi=40°$,摇杆的行程速比系数 $K=1.4$,且要求摇杆 $CD$ 的一个极限位置与机架间的夹角 $\angle CDA=90°$,试用图解法确定其余三杆的长度。

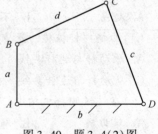

图 3-40　题 3-4(2)图

# 第4章　凸轮机构及间歇运动机构

📖 **本章知识导读**

【知识目标】

1. 了解凸轮和间歇机构的结构、特点及应用;

2. 熟悉常用从动件运动规律及应用;

3. 熟悉间歇机构的种类及工作原理;

4. 掌握机构的组合原理。

【能力目标】

1. 能科学选择凸轮机构和间歇运动机构;

2. 能合理选择从动件运动规律;

3. 能设计简单的凸轮机构;

4. 能进行简单机构的合理组合。

【重点、难点】

1. 合理选择从动件的常用运动规律;

2. 利用图解法设计凸轮的轮廓;

3. 了解熟悉棘轮机构、槽轮机构的工作原理、特点和适用场合。

在机械设计中,常要求其中某些从动件的位移、速度或加速度按照预定的规律变化。虽然这种要求有时也可以利用连杆机构来实现,但难以精确满足,且连杆机构及其设计方法也比较复杂。因此,在这种情况下,特别是要求从动件按复杂的运动规律运动时,通常多采用凸轮机构。图4-1所示为常见的凸轮机构。

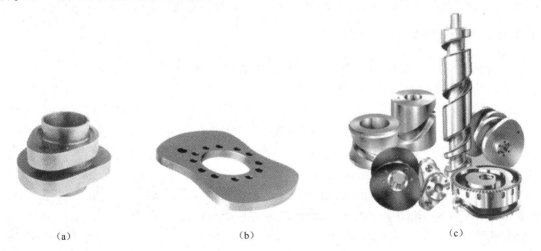

(a)　　　　　　　　　(b)　　　　　　　　　(c)

图4-1　实际应用中的凸轮机构

## 4.1 凸轮机构的类型

### 4.1.1 凸轮机构的组成

凸轮机构是一种高副机构,其主要构件凸轮是一种具有曲线轮廓或凹槽的构件,它通过与从动件的接触,在运动时可以使从动件获得连续或不连续的任意预期往复运动。凸轮机构在各种机械中均得到广泛应用,即使在现代化程度很高的自动化机械中,凸轮机构的作用也是不可替代的。

凸轮机构一般由凸轮、从动件(推杆)和机架三部分组成。图4-2所示为凸轮机构的基本结构形式,凸轮1绕轴 $O$ 旋转时,促使从动件2沿机架3上的导轨作往复移动。凸轮机构运转时,凸轮的运动参数是给定的。从动件的运动规律(包括位移、速度和加速度等)主要取决于凸轮的轮廓曲面参数。反之,为使从动件按某一给定的运动规律运动,需要赋予凸轮相应的轮廓曲面形状。

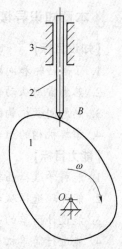

图4-2 凸轮机构
基本结构形式

### 4.1.2 凸轮机构的特点

凸轮机构的主要优点有:只要适当地设计出凸轮的轮廓曲线,就可以使从动件实现各种预定的运动规律,同时还可以实现间歇运动结构。而且机构简单、紧凑,工作可靠。因此,凸轮在自动机床、轻工机械、纺织机械、印刷机械、食品机械、包装机械和机电一体化产品中得到广泛应用。

凸轮机构的主要缺点有:凸轮与从动件之间为点或线接触,不便润滑、易磨损,只宜用于传力不大的控制机构和调节机构中;凸轮轮廓曲线复杂、精度要求较高,对加工设备和技能均有特殊要求,加工比较困难。从动件的行程不能过大,否则会使凸轮变得笨重。

### 4.1.3 凸轮机构的分类

凸轮机构的类型很多,通常按凸轮和从动件的形状、运动形式分类。常用的凸轮机构有如下3种分类方法:

**1. 按凸轮的形状分类**

(1)盘形凸轮机构。它是凸轮的最基本形式。如图4-3所示,这种凸轮是一个绕固定轴线转动并有变化矢径的盘形构件,凸轮与从动件互作平面运动,属于平面凸轮机构。

(2)移动凸轮机构。当盘形凸轮的回转中心趋于无穷远时,凸轮相对机架做往复移动,如图4-4所示,这种凸轮称为移动凸轮,也属于平面凸轮机构。

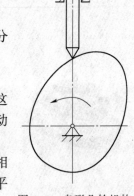

图4-3 盘形凸轮机构

(3)圆柱凸轮机构。如图4-5所示,这种凸轮可认为是将移动凸轮卷成圆柱体演化而成的。

盘形凸轮或移动凸轮与从动件之间的相对运动均为平面运动；而圆柱凸轮与从动件之间的相对运动为空间运动，所以前二者属于平面凸轮机构，后者则属于空间凸轮机构。

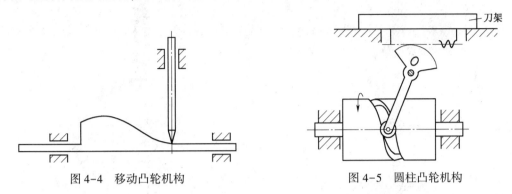

图 4-4　移动凸轮机构　　　　　　　　图 4-5　圆柱凸轮机构

**2. 按从动件的结构形式分类**

(1) 尖顶从动件。如图 4-6(a)(b) 所示，尖顶能与任意复杂的凸轮轮廓保持接触，从而从动件能实现任意运动。但因尖顶易于磨损，故宜用于传力不大的低速凸轮机构中。

(2) 滚子从动件。如图 4-6(c)(d) 所示，这种凸轮机构的从动件耐磨损，可以承受较大的载荷，故应用最广泛。

(3) 平底从动件。如图 4-6(e)(f) 所示，这种凸轮机构的从动件底面与凸轮之间易于形成楔形油膜，故常用于高速凸轮机构。

也可以按从动件相对于机架的运动形式分为做往复直线运动的移动从动件(图 4-3、图 4-4) 和做往复摆动的摆动从动件(图 4-5) 凸轮机构。

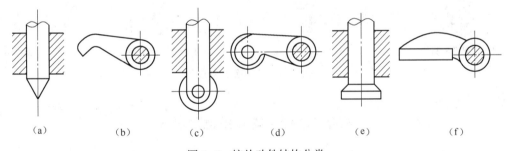

(a)　　　　(b)　　　　(c)　　　　(d)　　　　(e)　　　　(f)

图 4-6　按从动件结构分类

**3. 按凸轮与从动件锁合的方式分类**

(1) 外力锁合。利用从动件的自重力[图 4-7(a)]、弹簧力[图 4-7(b)] 或其他外力使从动件与凸轮保持接触。

(2) 几何锁合。它依靠凸轮和从动件的特殊几何关系而始终保持接触。如图 4-8(a) 所示的凹槽凸轮，其凹槽两侧面间的距离等于滚子的直径，故能保证滚子与凸轮始终接触，显然这种凸轮只能采用滚子从动件。又如图 4-8(b) 所示的共轭凸轮机构、图 4-8(c) 所示的等径凸轮机构和图 4-8(d) 所示的等宽凸轮机构，均属于几何锁合的凸轮机构。

几何锁合的凸轮机构可以免除弹簧等附加的阻力，从而减小驱动力并提高效率。其缺点是机构外轮廓尺寸较大、设计也较复杂。

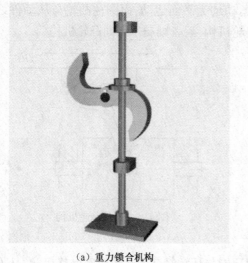

（a）重力锁合机构

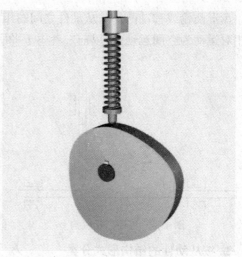

（b）弹簧力锁合机构

图 4-7　外力锁合机构

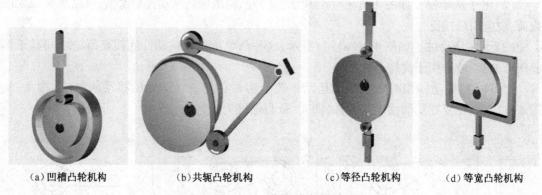

（a）凹槽凸轮机构　　　　（b）共轭凸轮机构　　　　（c）等径凸轮机构　　　　（d）等宽凸轮机构

图 4-8　几何锁合机构

## 4.2　从动件的常用运动规律

### 4.2.1　凸轮机构的运动分析

凸轮通过其轮廓曲线推动从动件运动。在凸轮机构的类型和结构尺寸相同的情况下，凸轮轮廓曲线的形状不同，从动件所实现的运动也不同。因此，为保证从动件实现预期的运动，需要根据从动件的运动规律设计凸轮的轮廓曲线。以一组尖顶偏置直线从动件平面轮廓机构为例分析凸轮机构的运动。

以图 4-9 所示尖顶从动件而言，凸轮上以回转中心为圆心，以轮廓曲线上的最小向径为半径所画的圆称为基圆，基圆半径用 $r_b$ 表示。在图 4-9(a) 所示位置上，从动件与凸轮轮廓上的 $A$ 点接触，$A$ 点是凸轮的基圆弧与向径渐增区段 $AB$ 的连接点。

当凸轮按 $\omega$ 方向回转时，从动件被凸轮推动而上升，直至转到凸轮 $B$ 点时，从动件到达最

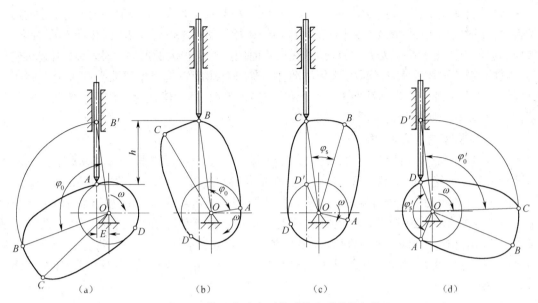

图 4-9　偏置直动尖顶从动件盘形凸轮机构

高位置,如图 4-9(b)所示。凸轮机构这一阶段的工作过程为推程期,图 4-9(a)所示为推程起始位置,图 4-9(b)所示为推程终止位置。从动件的最大运动距离称为冲程,用 $h$ 表示。与推程期对应的凸轮转角称为推程角,用 $\varphi_0$ 表示。

　　凸轮继续回转,接触点由 $B$ 点转至 $C$ 点,如图 4-9(c)所示。$BC$ 段上各点的向径不变,从动件在最高位置上停留,该过程称为远休止期,所对应的凸轮转角称为远休止角,用 $\varphi_s$ 表示。从接触点 $C$ 开始到点 $D$,凸轮轮廓的向径逐渐减小,从动件在外力作用下逐渐返回到初始位置,如图 4-9(d)所示。该阶段称为回程期,对应的转角称为回程角,用 $\varphi_0'$ 表示。

　　凸轮由图 4-9(d)所示位置转至图 4-9(a)所示位置时,从动件在起始位置停留,称为近休止期,对应的凸轮转角称为近休止角,用 $\varphi_s'$ 表示。在运转过程中,从动件的位移与凸轮转角间的函数关系可用图 4-10 所示的位移线图表示。当凸轮匀速回转时,横坐标也可表示凸轮的转动时间 $t$。

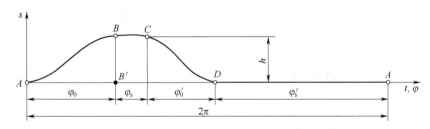

图 4-10　偏置直动尖顶从动件位移线图

## 4.2.2　从动件常用运动规律

### 1. 等速运动规律

从动件作等速运动时,它的位移和凸轮的转角 $\varphi$(或时间 $t$)成正比,因此,它的位移曲线是一条斜直线,如图4-11(a)所示。图4-11(b)和图4-11(c)所示为从动件的速度、加速度与凸轮转角(或时间)的关系曲线。由图可知,从动件在行程的始末位置 $A$、$B$ 处,由于速度有突变,致使加速度在理论上趋于无穷大,从动件在极短时间内产生很大的惯性力,因而将引起机构振动、机件磨损或损坏等不良效果。这种从动件在某瞬时速度突变产生惯性力在理论上趋于无穷大时所引起的冲击称为刚性冲击。因此等速运动规律只适用于低速轻载或有特殊需要的凸轮机构中,如在金属切削机床的走刀机构中。

**2. 等加速等减速运动规律**

该运动规律是从动件在一个行程中,前半段作等加速运动,后半段作等减速运动。通常加速度和减速度的绝对值相等。从动件在各段中的位移也相等,各为行程之半,即 $h/2$。

图4-12所示为等加速等减速运动规律推程过程中的运动线图。加速度线图为平行于横坐标轴的两段直线。由力学可知,与此加速度 $a$ 相对应的速度 $v$ 为两段斜直线,位移曲线是两段抛物线,由加速度曲线可知,这种运动规律在 $A$、$B$、$C$ 三处加速度发生有限值的突然变化,从而产生有限的惯性力,由此产生的冲击称为柔性冲击。因此,等加速等减速运动规律多适用于中速轻载的场合。

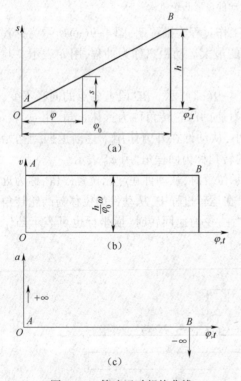

图 4-11　等速运动规律曲线

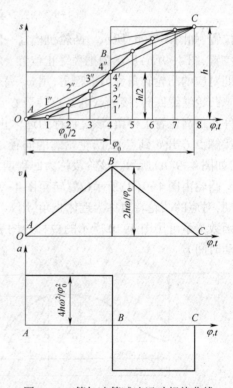

图 4-12　等加速等减速运动规律曲线

**3. 简谐运动规律**(余弦加速度曲线)

当质点在圆周上作匀加速运动时,该质点在圆的直径上的投影所构成的运动,称为简谐运动。从动件做简谐运动的运动规律曲线如图4-13所示。

当从动件按简谐运动规律运动时,其加速度曲线为余弦曲线,故又称为余弦加速度运动规律。由图可知,这种运动规律在开始和终止时加速度有突变,也会产生柔性冲击,只适合于中速场合。

**4. 摆线运动规律**(正弦加速度曲线)

由解析几何可知,当滚圆沿纵轴做匀速纯滚动时,圆周上任一点的轨迹为一条摆线,此时该点在纵轴上的投影即为摆线运动规律。

从动件做摆线运动时,其加速度按正弦规律变化,故又称正弦加速度运动规律。摆线运动规律线图如图 4-14 所示。从动件在行程过程中,加速度曲线连续光滑变化。因此,在运动中既不产生刚性冲击,也不产生柔性冲击,常用于较高速度的凸轮机构。但此种凸轮轮廓复杂,加工困难。

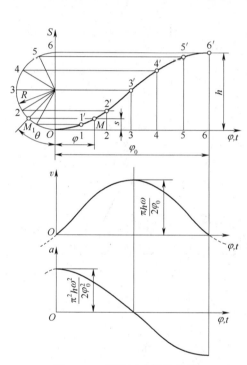

图 4-13　简谐运动规律曲线

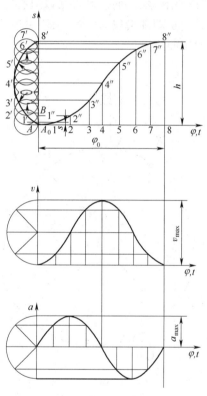

图 4-14　摆线运动规律曲线

## 4.3　按给定运动规律设计盘形凸轮轮廓

当根据使用要求确定了凸轮机构的类型、基本参数及从动件运动规律后,即可进行凸轮轮廓曲线设计。设计方法有图解法和解析法,二者所依据的设计原理基本相同。圆柱凸轮的轮廓线虽属空间曲线,但由于圆柱面可展开成平面,所以也可以借用平面盘形凸轮轮廓曲线的设计方法设计圆柱凸轮的展开轮廓曲线。因此,本节仅介绍用图解法和解析法设计盘形凸轮轮廓曲线的原理和步骤。

### 4.3.1 图解法设计凸轮轮廓

**1. 直动从动件盘形凸轮廓线**

图 4-15(a)所示为一尖顶偏置直动从动件盘形凸轮机构,图 4-15(b)所示为给定的从动件位移图。设凸轮以等角速 $\omega$ 顺时针回转,其基圆半径 $r_0$ 及从动件导路的偏距 $e$ 均为已知,要求绘出此凸轮的轮廓曲线。

凸轮机构工作时,凸轮和从动件都在运动。为了在图纸上画出凸轮轮廓曲线,应当使凸轮与图纸平面相对静止,为此,可采用下述的"反转法"。使整个机构以角速度"$-\omega$"绕 $O$ 转动,其结果是从动件与凸轮的相对运动并不改变,但凸轮固定不动,机架和从动件一方面以角速度"$-\omega$"绕 $O$ 转动,同时从动件又以原有运动规律相对于机架往复运动。根据这种关系,不难求出一系列从动件尖顶的位置,由于尖顶始终与凸轮轮廓接触,所以反转后尖顶的运动轨迹就是凸轮轮廓曲线。

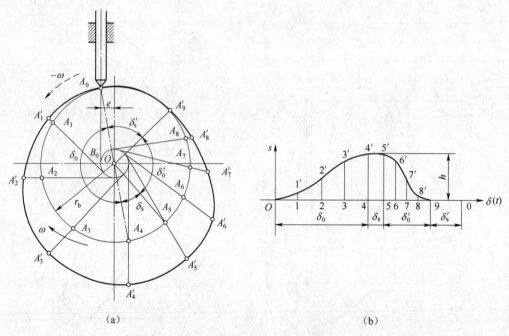

(a)                                    (b)

图 4-15 尖顶偏置直动从动件盘形凸轮的设计

运用"反转法"绘制尖顶偏置直动从动件盘形凸轮机构凸轮轮廓曲线的方法和步骤如下:

(1)以 $r_0$ 为半径作基圆,以 $e$ 为半径作偏距圆。

(2)将位移线图 $s$-$\delta$ 的推程运动角和回程运动角分别作若干等分[图 4-15(b)]。

(3)自 $OA_0$ 开始,沿"$-\omega$"的方向取推程运动角(180°)、远休止角(30°)、回程运动角(90°)、近体止角(60°),在基圆上得 $A_4$、$A_5$、$A_9$。将推程运动角和回程运动角分成与图 4-15(b)所示对应的等份,得点 $A_1$、$A_2$、$A_3$ 和 $A_6$、$A_7$、$A_8$。

(4)过点 $A_1$、$A_2$、$A_3$……作偏距圆的一系列切线,它们便是反转后从动件导路的一系列位置。

（5）沿以上各切线自基圆开始量取从动件相应的位移量，即取线段 $A_1A_1'=11'$、$A_2A_2'=22'$、$A_3A_3'=33'$……，得反转后尖顶的一系列位置 $A_1'$、$A_2'$、$A_3'$……

（6）将 $A_1'$、$A_2'$、$A_3'$……连成光滑曲线（$A_4'$ 和 $A_5'$ 之间以及 $A_9'$ 和 $A_0$ 之间均为以 $O$ 为圆心的圆弧），便得到所求的凸轮轮廓曲线。

如果采用滚子从动件，如图 4-16 所示，首先取滚子中心为参考点，把该点当作从动件的尖顶，按照上述方法求出一条轮廓曲线 $\eta$。再以 $\eta$ 上各点为中心画出一系列滚子，最后作这些滚子的内包络线 $\eta'$（对于凹槽凸轮还应作外包络线 $\eta''$），它即是滚子从动件盘形凸轮机构凸轮的实际轮廓曲线，或称为工作轮廓曲线，$\eta$ 称为此凸轮的理论轮廓曲线。由作图过程可知，在滚子从动件凸轮机构设计中，基圆半径 $r_0$ 是指理论轮廓曲线的最小向径。

在图 4-15 中，当 $e=0$ 时，即可得到对心直动从动件凸轮机构。这时，偏距圆的切线转化为过点 $O$ 的径向射线，其设计方法与上述相同。

如果采用直动平底从动件，凸轮实际轮廓曲线的求法也与上述相仿。如图 4-17 所示，取平底与导路的交点 $A_0$ 为参考点，将它看作尖顶，运用尖顶从动件凸轮轮廓曲线的设计方法求出参考点反转后的一系列位置 $A_1$、$A_2$、$A_3$……；过这些点画出一系列代表平底的直线，得到一直线族；作此直线族的包络线，便可得到凸轮的实际轮廓曲线。由于平底与实际轮廓曲线相切的点是随机构位置变化的，为了保证平底在所有位置都能与轮廓曲线相切，平底左右两侧的宽度必须分别大于导路至左右最远切点的距离。

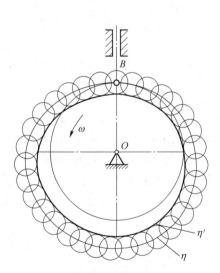

图 4-16　直动滚子从动件盘形凸轮的设计

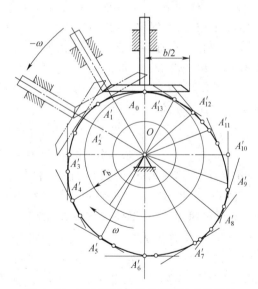

图 4-17　直动平底从动件盘形凸轮的设计

从作图过程不难看出，对于直动平底从动件，只要不改变导路的方向，无论导路对心或偏置，无论取哪一点为参考点，所得出的直线族和凸轮的实际轮廓曲线都是一样的。

**2. 摆动从动件盘形凸轮机构**

图 4-18（a）所示为一摆动尖顶从动件盘形凸轮机构。设凸轮以等角速 $\omega$ 顺时针回转，已知凸轮基圆半径为 $r_0$、凸轮与摆动从动件的中心距为 $a$、从动件长度为 $l$、从动件最大摆角为

$\psi_{max}$ 以及从动件的运动规律,求作此凸轮的轮廓曲线。

摆动从动件的位移线图 $\psi$-$\varphi$ 如图 4-18(b)所示,其纵坐标表示从动件的角位移 $\psi$。当运用"反转法"使整个机构以"-$\omega$"绕 $O$ 转动后,凸轮轮廓曲线的设计可按下述步骤进行:

(1)将 $\psi$-$\varphi$ 线图的推程运动角和回程运动角分为若干等分(图 4-18 中各为 4 等分)。

(2)根据给定的中心距 $a$ 定出 $O$、$A_0$ 的位置。以 $r_0$ 为半径作基圆,与以 $A_0$ 为中心、$l$ 为半径所做的圆弧交于点 $B_0(C_0)$(如要求从动件推程逆时针摆动,$B_0$ 在 $OA_0$ 右方;反之,则在左方),点 $B_0(C_0)$ 便是从动件尖顶的起始位置。

(3)以 $O$ 为中心、$OA_0$ 为半径画圆。沿"-$\omega$"的方向顺序取 180°、30°、90°、60°。再将推程运动角和回程运动角各分为与图 4-18(b)所示的对应等份,得 $A_1$、$A_2$、$A_3$……,它们便是反转后从动件回转轴心的一系列位置。

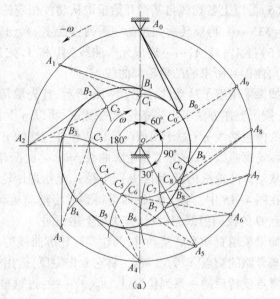

(a)

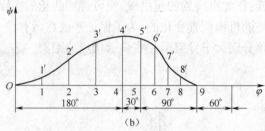

(b)

图 4-18 摆动尖顶从动件盘形凸轮的设计

(4)以 $A_1$、$A_2$、$A_3$……为中心,$l$ 为半径作一系列圆弧,分别与基圆交于 $C_1$、$C_2$、$C_3$……自 $A_1C_1$、$A_2C_2$、$A_3C_3$……开始,向外量取与图 4-18(b)所示对应的从动件摆角 $\psi_1$、$\psi_2$、$\psi_3$……($C_1B_1=11'$、$C_2B_2=22'$……),得到从动件相对于凸轮的一系列位置 $A_1B_1$、$A_2B_2$、$A_3B_3$……

(5)将点 $B_0$、$B_1$、$B_2$……连成光滑曲线,便得到摆动尖顶从动件盘形凸轮机构的凸轮轮廓曲线。由图可见,此轮廓曲线与直线 $AB$ 在某些位置(如 $A_3B_3$ 等)已经相交,故在考虑具体结构时,应将从动件做成"弯杆"以避免干涉。

同前所述,如采用滚子或平底从动件,那么上述点 $B_1$、$B_2$、$B_3$……即为参考点的运动轨迹。过这些点作一系列滚子或平底,最后作其包络线便可得到实际轮廓曲线。

## 4.3.2 解析法设计凸轮轮廓

图解法简便、直观,但作图误差较大,难以获得凸轮轮廓曲线上各点的精确坐标,所以按图解法所得轮廓数据加工的凸轮只能应用于低速或不重要的场合。对于高速凸轮或精确度要求较高的凸轮,必须建立凸轮理论轮廓曲线、实际轮廓曲线及加工刀具中心轨迹的坐标方程,并精确地计算出凸轮轮廓曲线或刀具运动轨迹上各点的坐标值,以适合在现代数控机床上加工。

## 4.4　设计凸轮机构应注意的问题

用上节所介绍的图解法和解析法设计凸轮轮廓曲线时,其基圆半径 $r_0$、直动从动件的偏距 $e$ 或摆动从动件与凸轮的中心距 $a$、滚子半径等基本参数都是预先给定的。本节从凸轮机构的传动效率、运动是否失真、结构是否紧凑等方面讨论上述参数的确定。

### 4.4.1　凸轮机构的压力角和自锁

图 4-19 所示为偏置直动尖顶从动件盘形凸轮机构在推程的一个位置,$F_Q$ 为作用在从动件上的载荷(包括工作阻力、重力,弹簧力和惯性力)。当不考虑摩擦时,凸轮作用于从动件的驱动力 $F$ 是沿法线方向传递的。此力可分解为沿从动件运动方向的有用分力 $F_1$ 和使从动件压紧导路的有害分力 $F_2$。驱动力 $F$ 与有用分力 $F_1$ 之间的夹角 $\alpha$(或接触点法线与从动件上力的作用点的速度方向所夹的锐角)称为凸轮机构在图示位置时的压力角。显然,压力角是衡量机构传力性能的重要参数。压力角 $\alpha$ 愈大,有害分力 $F_2$ 愈大,由 $F_2$ 引起的导路中的摩擦阻力也愈大,故凸轮推动从动件所需的驱动力也就愈大。

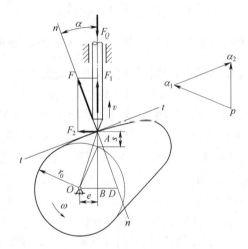

图 4-19　凸轮机构的受力分析图

当 $\alpha$ 增大到某一数值时,$F_2$ 引起的摩擦阻力将会超过有用分力 $F_1$,因此,无论凸轮给从动件的驱动力多大,都不能推动从动件,这种现象称为自锁。机构开始出现自锁的压力角 $\alpha_{\lim}$ 称为极限压力角,它的数值与支承间的跨距、悬臂长度、接触面间的摩擦因数和润滑条件等有关。实践证明,当 $\alpha$ 增大到接近 $\alpha_{\lim}$ 时,即使尚未发生自锁,也会导致驱动力急剧增大,轮廓会严重磨损、效率迅速降低。因此,实际设计中规定了压力角的许用值 $[\alpha]$。对于摆动从动件,通常取 $[\alpha] = 40° \sim 50°$;对于直动从动件,通常取 $[\alpha] = 30° \sim 40°$。在采用滚子接触,润滑良好的支承、有较好刚性时取数据的上限,否则取下限。

对于外力锁合凸轮机构,其从动件的回程是由弹簧等外力驱动的,而不是由凸轮驱动的,将不会出现自锁。因此,力锁合凸轮机构的回程压力角可以很大,其许用值可取 $[\alpha] = 70° \sim 80°$。

### 4.4.2　按许用压力角确定凸轮回转中心位置和基圆半径

在图 4-20 中,过轮廓接触点作公法线 $n—n$,交过点 $O$ 的导路垂线于 $P$。该点即为凸轮与从动件的相对速度瞬心,且

$$\overline{OP} = \frac{v}{\omega} = \frac{\mathrm{d}s}{\mathrm{d}\delta} \tag{4-1}$$

由此可得直动从动件盘形凸轮机构的压力角计算公式为

$$\tan \alpha = \frac{\dfrac{\mathrm{d}s}{\mathrm{d}\delta} \pm e}{\sqrt{r_0^2 - e^2} + s} \qquad (4\text{-}2)$$

式(4-2)中,$e$前的符号与凸轮转向和从动件偏置方向有关,具体取法如下:当从动件导路和瞬心$P$位于$O$的同侧(图4-20)时,$e$前取"-"号,因推程$\dfrac{\mathrm{d}s}{\mathrm{d}\delta} \geq 0$,故此时可减小推程压力角,但回程压力角将增大;当从动件导路和瞬心$P$位于$O$的异侧时,$e$前取"+"号,因回程$\dfrac{\mathrm{d}s}{\mathrm{d}\delta} \leq 0$,所以此时虽可减小回程压力角,但推程压力角将增大。

由式(4-2)可知,当凸轮机构的凸轮转向、从动件偏置方向、偏距$e$及从动件运动规律确定后,基圆半径$r_0$愈小,压力角$\alpha$愈大。欲使结构紧凑,则基圆应尽可能小,但基圆太小会导致压力角超过许用值。因压力角是机构位置的函数,故必有某个位置出现最大压力角$\alpha_{\max}$。设计时应在$\alpha_{\max} \leq [\alpha]$的前提下,选取尽可能小的基圆半径$r_0$。

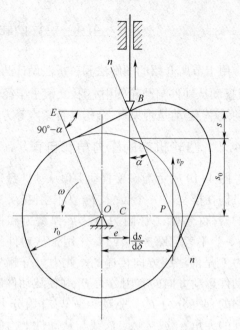

图4-20　凸轮机构的压力角示意图

当已知凸轮回转方向及从动件运动规律$s = s(\delta)$时,满足给定推程许用压力角$[\alpha]$和回程许用压力角$[\alpha']$的最小基圆半径及最佳偏距可利用式4-2通过数值方法求得。

对于摆动滚子(尖顶)从动件盘形凸轮机构,可在建立压力角与机构基本参数之间的关系后,以推程和回程许用压力角作为约束条件,采用数值方法求得最小基圆半径$r_0$及相应的中心距$a$。

### 4.4.3　按轮廓曲线全部外凸的条件确定平底从动件盘形凸轮的基圆半径$r_0$

如图4-17所示直动平底从动件盘形凸轮机构中,凸轮轮廓曲线与平底接触处的公法线永远垂直于平底,压力角恒等于零。显然,这种凸轮机构不能按照压力角确定其基本参数。平底从动件只能与外凸的轮廓曲线相作用,而不允许轮廓曲线有内凹,这样才能保证凸轮轮廓曲线上的所有点都能与从动件平底接触。当基圆半径过小,用作图法绘制平底从动件盘形凸轮机构的凸轮轮廓曲线时,不仅会出现轮廓曲线内凹,而且有时还会出现包络线相交的现象。如图4-21所示,当取凸轮基圆半径为

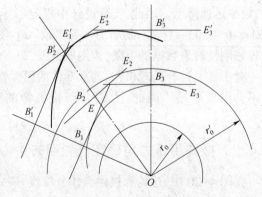

图4-21　平底凸轮包络线相交情况图

$r_0$时,平底的$B_1E_1$和$B_3E_3$位置相交于$B_2E_2$之内,因而凸轮的工作轮廓曲线图不能与平底的$B_2E_2$位置相切,在实际加工中,这种现象将造成过度切割,从而导致从动件运动失真。若基圆

半径由 $r_0$ 增大到 $r_0'$，即避免了运动失真现象。通过推导，可得平底凸轮轮廓曲线上一点的曲率半径：

$$\rho = \frac{\mathrm{d}^2 s}{\mathrm{d}\delta^2} + r_0 + s \tag{4-3}$$

只要保证 $\rho>0$，即可获得外凸轮廓曲线。但曲率半径太小时，容易磨损，故通常设计时规定一最小曲率半径 $\rho_{\min}$，使轮廓曲线各处满足 $\rho \geqslant \rho_{\min}$。

当运动规律确定之后，每个位置的 $s$ 和 $\mathrm{d}^2 s/\mathrm{d}\delta^2$ 均为已知，总可以求出 $\left(\dfrac{\mathrm{d}^2 s}{\mathrm{d}\delta^2}+s\right)_{\min}$。显然，取基圆半径

$$r_0 \geqslant \rho_{\min} - \left(\frac{\mathrm{d}^2 s}{\mathrm{d}\delta^2} + s\right)_{\min} \tag{4-4}$$

可保证所有位置都满足 $\rho \geqslant \rho_{\min}$ 的条件。

因 $r_0$ 和 $s$ 恒为正值，由式（4-3）可以看出，只有当 $\dfrac{\mathrm{d}^2 s}{\mathrm{d}\delta^2}$ 为负值，且 $\left|\dfrac{\mathrm{d}^2 s}{\mathrm{d}\delta^2}\right|>r_0+s$ 时，才会出现轮廓曲线内凹。

### 4.4.4　滚子半径 $r_{\mathrm{T}}$ 的确定

理论轮廓曲线求出之后，如滚子半径选择不当，其实际轮廓曲线也会出现过度切割而导致运动失真的情况。如图 4-22 所示，$\rho$ 为理论轮廓曲线上某点的曲率半径，$\rho_{\mathrm{a}}$ 为实际轮廓曲线上对应点的曲率半径，$r_{\mathrm{T}}$ 为滚子半径。当理论轮廓曲线内凹时，如图 4-22（a）所示，$\rho_{\mathrm{a}}=\rho+r_{\mathrm{T}}$，可以得出正常的实际轮廓曲线。当理论轮廓曲线外凸时，$\rho_{\mathrm{a}}=\rho-r_{\mathrm{T}}$，它可分为如图 4-22b、c、d 所示的三种情况：①$\rho>r_{\mathrm{T}}$，$\rho_{\mathrm{a}}>0$，这时可以得出正常的实际轮廓曲线；②$\rho=r_{\mathrm{T}}$，$\rho_{\mathrm{a}}=0$，这时实际轮廓曲线变尖，这种轮廓曲线极易磨损，不能付之实用；③$\rho<r_{\mathrm{T}}$，$\rho_{\mathrm{a}}<0$，这时 $\rho_{\mathrm{a}}$ 为负值，实际轮廓曲线已相交，交点以外的轮廓曲线事实上已不存在，因而会导致从动件运动失真。综上所述可知，滚子半径 $r_{\mathrm{T}}$ 必须小于理论轮廓曲线外凸部分的最小曲率半径 $\rho_{\min}$。设计时建议取 $r_{\mathrm{T}}<0.8\rho_{\min}$。

对于以参数方程来表示的凸轮理论轮廓曲线，可以用逐点计算其曲率半径的方法来获得 $\rho_{\min}$。

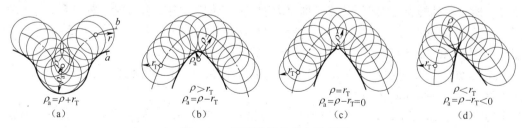

图 4-22　滚子半径的确定示意图

## 4.5　间歇运动机构

在许多机械中，有时需要将原动件的等速连续转动变为从动件的周期性停歇间隔单向运

动(又称步进运动),或者是时停时动的间歇运动,如自动机床中的刀架转位运动和进给运动,成品输送及自动化生产线中的运输机构等。这种能够将主动件的连续运动转换为从动件有规律的间歇运动和停歇的机构,称为间歇运动机构。实现间歇运动的机构类型有很多,本章主要介绍棘轮机构、槽轮机构、不完全齿轮机构等。

### 4.5.1 棘轮机构

棘轮机构主要是由棘轮和棘爪组成的一种单向间歇运动机构。棘轮机构常用于各种机床和自动化设备中间歇进给或回转工作台的转位上,也常用于千斤顶上。

**1. 棘轮机构的工作原理**

图 4-23 所示为机械中常见的外啮合齿式棘轮机构,它主要由主动摇杆 2、驱动棘爪 1、棘轮 3、止回棘爪 4 和机架组成。弹簧 5 用来使止回棘爪 4 与棘轮保持接触。主动摇杆 2 空套在与棘轮 3 固连的从动轴上,并与驱动棘爪 1 通过转动副相连。当主动摇杆 2 顺时针方向摆动时,驱动棘爪 1 便插入棘轮 3 的齿槽中,使棘轮 3 跟着转过一定角度。此时,止回棘爪 4 在棘轮 3 的齿背上滑动。当主动摇杆 2 逆时针方向转动时,止回棘爪 4 阻止棘轮 3 发生逆时针方向转动,而驱动棘爪 1 却能够在棘轮齿背上滑过。所以,这时棘轮静止不动。因此,当主动摇杆 2 作连续的往复摆动时,棘轮 3 作单向的间歇运动。

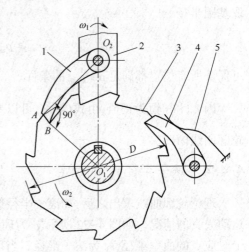

图 4-23　外啮合齿式棘轮机构

**2. 棘轮机构的类型和特点**

按照结构特点,常用的棘轮机构有齿式棘轮机构和摩擦式棘轮机构两大类。

1)齿式棘轮机构

齿式棘轮机构是靠棘爪和棘轮啮合传动的机构。按啮合方式,棘轮机构可分为外啮合棘轮机构和内啮合棘轮机构两种。外啮合棘轮机构:棘爪或止动棘爪均安装在棘轮的外部,如图 4-24(a)所示。其特点是加工、安装和维修方便,应用较广。内啮合棘轮机构:棘爪或止动棘爪均安装在棘轮的内部。如图 4-24(b)所示内啮合棘轮机构主要是由轴 1、驱动棘爪 2、棘轮 3、止回棘爪 4 和弹簧 5 组成的。其特点是结构紧凑,外形尺寸小。

按轮齿分布也可以分为外齿式[图 4-24(a)]、内齿式[图 4-24(b)]、端齿式[图 4-24(c)]、棘条[图 4-24(d)]四种。

按照运动形式,齿式棘轮机构又可分为单动式棘轮机构、双动式棘轮机构和双向式棘轮机构等。

图 4-23 所示为单动式棘轮机构,其特点是摇杆向一个方向摆动时,棘轮沿同方向转过某一角度;而摇杆反向摆动时,棘轮静止不动或向同一方向转动。

图 4-25(a)所示为双动式棘轮机构,当摇杆向两个方向往复摆动,分别带动两个棘爪,两次推动棘轮转动,都能使棘轮沿单一方向转动。双动式棘轮机构常用于载荷过大,棘轮尺寸受

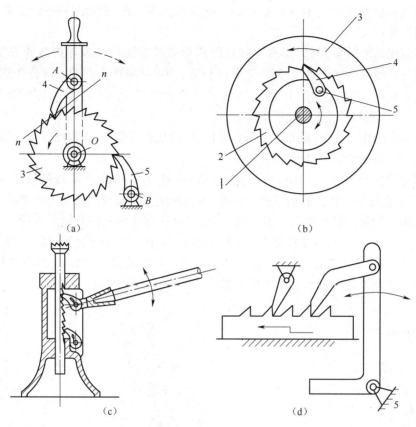

图 4-24　齿式棘轮机构

限,齿数较少,而主动摇杆的摆角小于棘轮齿距间的场合。单向式棘轮的齿采用不对称的齿形,常用的有锯齿形齿、直线形三角齿及圆弧形三角齿。

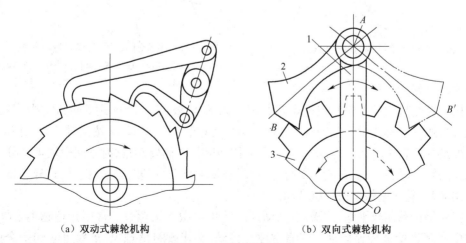

(a) 双动式棘轮机构　　　　　(b) 双向式棘轮机构

图 4-25　齿式棘轮机构

双向式棘轮机构:可通过改变棘爪的摆动方向来实现棘轮两个方向的转动。如图 4-25 (b)所示,当棘爪 2 在实线位置 *AB* 时,摇杆 1 往复摆动,棘轮 3 逆时针单向间歇转动;当棘爪 2

绕 $A$ 轴翻转到双点画线位置 $AB'$ 时,摇杆 1 往复摆动,棘轮 3 顺时针单向间歇运动。双向式棘轮一般采用矩形齿。

若要调节棘轮的转角,可以用改变棘爪的摆角或改变拨过的棘轮齿数的方法实现。如图 4-26 所示,在棘轮上加一遮板,改变遮板的位置,即可使棘爪行程的一部分在遮板上滑过,不与棘轮的齿接触,也就是遮板 4 上的定位销 6 放在定位板 5 的不同孔中,即可调节棘轮被遮板遮挡的齿数,从而改变棘轮转角的大小。

齿式棘轮机构在回程时,棘轮要在齿面上滑过,故机构有噪声,平稳性较差,且棘轮的步进转角较小,因此,常用于低速、轻载场合。

齿轮棘轮机构可用于转位分度、步进、计数、快速超越和防止逆转的制动装置等。如图 4-27 所示牛头刨床工作台的横向进给机构,当摇杆的摆动运动是由另一个机构产生的(如曲柄摇杆机构),调整摇杆的摆角范围,也就调整了棘轮每次转过的角度。齿轮 1 带动齿轮 2 连续回转,通过连杆 3 使摇杆 4 往复摆动,从而使棘爪 7 推动固定于进给丝杆 6 上一端的棘轮 5 作单向间歇转动,进而带动工作台作横向进给运动。当需要改变进给量(即改变棘轮每次转过的角度)时,可调节 $O_2A$ 的长度。曲柄和摇杆长度改变,则摇杆摆角随之改变。

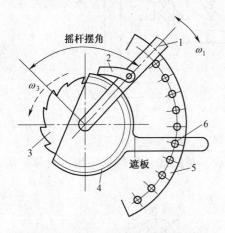

图 4-26　棘轮转角可调的棘轮机构

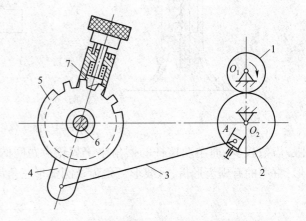

图 4-27　牛头刨床工作台横向进给机构
1,2—齿轮;3—连杆;4—摇杆;5—棘轮;6—丝杆;7—棘爪

2)摩擦式棘轮机构

摩擦式棘轮机构的工作原理为摩擦原理。如图 4-28 所示摩擦式棘轮机构中,用驱动楔块 2 代替齿式棘轮机构中的驱动棘爪,以无齿摩擦代替棘轮。当杆 1 按逆时针方向摆动时,楔形块 2 楔紧摩擦轮 3 成为一体,使轮 3 也一起按逆时针方向转动,这时止回楔块 4 打滑;当杆 1 顺时针方向转动时,楔块 2 在轮 3 上打滑,这时楔块 4 楔紧,以防止轮 3 倒转,这样当杆 1 做连续往复摆动时,轮 3 便做单向间歇转动。

其特点是传动比较平稳,无噪声;从动件的转角可做无级调节。常用作超越离合器,在各种机构中实现进给或传递运动。因靠摩擦力传动,会出现打滑现象,虽然可起到安全保护作用,但是传动精度不高。这种机构适用于低速轻载的场合。

**3. 齿式棘轮机构的设计**

棘轮机构的基本参数包括棘轮的齿数 $z$ 和棘轮的模数 $m$。

棘轮的齿数 $z$ 是根据使用条件和运动要求确定的。对于一般的棘轮机构,棘爪每次至少要拨动棘轮转过一个齿,即棘爪的转角应大于棘轮的齿距角 $2\pi/z$。因此,可根据所要求的棘轮最小转角来确定棘轮的齿数。对于轻载的棘轮机构,齿数可取多些,一般齿数 $z$ 可达到250;对于重载的起重设备,为了确保安全,通常取齿数 $z=8\sim30$。

棘轮的模数 $m$ 与齿轮一样,为标准系列值,一般按经验选取,在重要场合要通过强度计算来确定。棘轮轮齿的大小也用模数来衡量。棘轮顶圆直径与齿数之比称为模数,即

$$m=\frac{d_\mathrm{a}}{z} \quad 或 \quad d_\mathrm{a}=mz$$

为保证棘轮机构工作的可靠性,在工作行程时,棘爪应能顺利滑入棘轮的齿底而不滑脱。如图4-29所示齿式棘轮机构,为使棘爪所受的力最小,棘轮和棘爪的接触点 $A$ 与棘爪回转中心 $O_2$ 的连线 $AO_2$ 必须垂直于 $A$ 和棘轮回转中心 $O_1$ 的连线 $AO_1$。由此,可以确定棘齿加在棘爪上的正压力 $F_\mathrm{n}$ 和摩擦力 $F_\mathrm{r}$。棘爪要能顺利滑入棘轮的齿底而不滑脱,则 $F_\mathrm{n}$ 对 $O_2$ 的力矩(使棘爪转入齿根的力矩)必须大于 $F_\mathrm{r}$ 对 $O_1$ 的力矩(使棘爪从棘齿上滑脱的力矩)。设棘爪长度为 $AO_2=L$,棘轮齿面角为 $\psi$,棘爪与棘轮接触面的摩擦因素为 $f$,摩擦角为 $\varphi$,则应有:$F_\mathrm{n}/\sin\psi > F_\mathrm{r}/\cos\psi$,用 $F=Nf$,$f=\tan\varphi$ 代入上式得:$\psi>\varphi$。当材料的摩擦因素 $f=0.2$ 时 $\varphi\approx11°30'$,故一般取 $\psi=20°$。

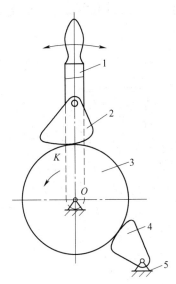

图4-28　摩擦式棘轮机构
1—摇杆;2—驱动楔块;3—摩擦轮;4—止回楔块;5—机架

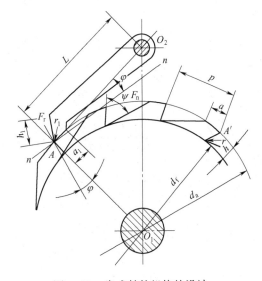

图4-29　齿式棘轮机构的设计

## 4.5.2　槽轮机构

### 1. 槽轮机构的工作原理

如图4-30所示,槽轮机构由具有径向槽的槽轮2和具有圆销的拨盘1及机架所组成。当拨盘1的圆销 $A$ 未进入槽轮2的径向槽时,由于槽轮2的内凹锁止弧被拨盘1的外凸圆弧锁止,故槽轮静止不动。图4-30所示为圆销 $A$ 开始进入槽轮径向槽的位置,这时锁止弧被松

开,因而圆销能驱使槽轮沿与拨盘 1 的运动方向相反的方向转动。当圆销开始脱出槽轮的径向槽时,槽轮的另一内凹锁止弧又被拨盘 1 的外凸圆弧锁止,致使槽轮 2 又静止不动,直至拨盘 1 的圆销再进入槽轮 2 的另一径向槽时,二者又重复上述的运动循环。这样,当拨盘 1 做连续转动时,槽轮 2 便得到单向的间歇运动。

**2. 槽轮机构的类型和特点**

平面槽轮机构有两种类型:一种是外槽轮机构,如图 4-30 所示,槽轮上径向槽

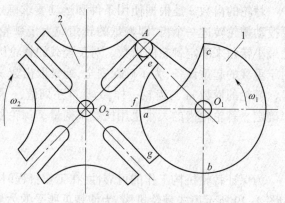

图 4-30  外槽轮机构

的开口自圆心向外,主动构件与槽轮转向相反;另一种是内槽轮机构,如图 4-31 所示,槽轮上的径向槽开口朝向圆心,主动构件与槽轮的转向相同。这两种槽轮机构都用于传递平行轴的运动。图 4-32 所示为球面槽轮机构,它是用于传递两垂直相交轴的间歇运动机构,从动槽轮呈半球形,主动构件的轴线与销的轴线都通过球心 $O$,当主动构件连续转动时,槽轮得到间歇转动。槽轮机构结构简单,工作可靠,能准确控制转过的角度。但槽轮的转角大小不能调节,而且在槽轮转动的始、末位置角速度变化较大,所以有冲击。槽轮机构一般用于低速场合。

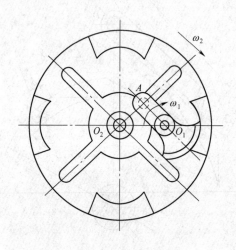

图 4-31  内槽轮机构

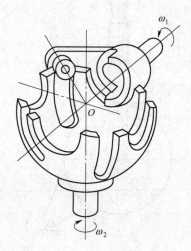

图 4-32  球面槽轮机构

**3. 槽轮机构的设计**

槽轮机构的设计主要是根据间歇运动的要求,确定槽轮的槽数、圆销的数目及槽轮机构的基本尺寸。

如图 4-33 所示的外槽轮机构,为了使槽轮在开始转动的瞬时和终止转动的瞬时的角速度为零,以避免刚性冲击,圆销开始进入径向槽或自径向槽脱出时,径向槽的中心线应切于圆销中心运动的圆周,设 $z$ 为均匀分布的径向槽数目,则图 4-33 所示的槽轮 2 转动时构件 1 的转角

$$2\varphi_1 = \pi - 2\varphi_2 = \pi - \frac{2\pi}{z} \qquad (4-5)$$

在一个运动循环内,槽轮 2 运动的时间 $t_{\mathrm{d}}$ 与静止时间 $t$ 之比称为动停比 $\tau$。

当构件 1 等速转动时,该时间比可用转角比来表示。对于只有一个圆销的槽轮机构,$t_{\mathrm{d}}$ 对应于构件 1 转过的转角 $2\varphi_1$,$t$ 对应于构件 1 转过的转角 $(2\pi-2\varphi_1)$,因此,槽轮机构动停比 $\tau$ 为

$$\tau = \frac{t_{\mathrm{d}}}{t} = \frac{2\varphi_1}{2\pi - 2\varphi_1} = \frac{\pi - 2\pi/z}{2\pi(\pi - 2\pi/z)} \qquad (4-6)$$

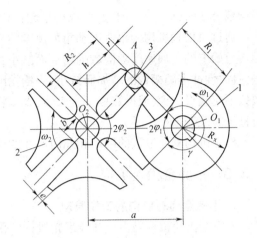

图 4-33　外槽轮机构参数图

由于动停比必须大于零,所以由式(4-6)可知,径向槽的数目 $z$ 应大于 2;还可以看出,分子总小于分母,所以单圆销槽轮机构槽轮的运动时间总小于静止时间。

如果主动件 1 上装有均匀分布的 $K$ 个圆销,则槽轮在一个运动循环中的运动时间比只有一个圆销时增加 $K$ 倍,因此,动停比为

$$\tau = K\frac{t_{\mathrm{d}}}{t} = \frac{2K\varphi_1}{2\pi - 2K\varphi_1} = \frac{K(\pi - 2\pi/z)}{2\pi - K(\pi - 2\pi/z)} = \frac{z - 2}{2z/K - (z - 2)} \qquad (4-7)$$

由于动停比总是大于零,式(4-7)分母也必须大于零,所以:

由式(4-7)可知,在确定了槽轮槽数后可确定所允许的圆销数。例如,当 $z=3$ 时,$K=1\sim5$;当 $z=4$、5 时,$K=1\sim3$;当 $z\geqslant6$ 时,$K=1\sim2$。

当槽轮机构的运动时间与静止时间相等,即 $\tau=1$ 时,可得到 $K=2$、$z=4$ 的外槽轮机构,如图 4-34 所示。这时除了径向槽和圆销都是均匀分布外,两圆销至轴的距离也是相等的。在主动构件的每个转动周期内,若使槽轮每次停歇的时间不相等,则圆销应作不均匀分布;若使槽轮每次运动时不相等,则应使圆销的回转半径不相等。

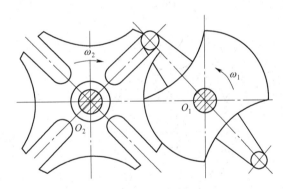

图 4-34　动停比为 1 的槽轮机构

对于图 4-31 所示的内槽轮机构,同样可推得其动停比为

$$\tau = \frac{z + 2}{z - 2} \qquad (4-8)$$

同理,式(4-8)中分母应大于零,于是可得到内槽轮机构径向槽数 $z$ 也至少应为 3。同时可推出内槽轮机构槽数与销数的系式

$$K < \frac{2z}{z + 2} = 2 - \frac{4}{z + 2}$$

当槽数 $z>2$ 时，$K$ 总是小于 2，所以内槽轮机构只可以用一个圆销。

通过对槽轮机构的角速度和角加速度的分析可知：槽轮运动的最大角速度、最大角加速度和转位始末的角加速度随槽数的增加而减小；槽轮转位始末的角加速度存在突变，故有柔性冲击，且柔性冲击随槽数的增加而减小；内槽轮的运动平稳性比外槽轮好。因此，设计时槽轮的槽数不应选得太少，但槽数也不宜太多；太多将使槽轮尺寸很大，转动时槽轮的惯性力矩也大，而且 $\tau$ 的改变很小。

槽轮机构其他参数的确定和几何尺寸的计算可参阅有关资料。

### 4.5.3 不完全齿轮机构

**1. 不完全齿轮机构的工作原理**

不完全齿轮机构是由渐开线齿轮机构演化而成的一种间歇运动机构。它与普通渐开线齿轮机构不同之处是轮齿不布满整个圆周，如图 4-35 所示。当主动轮 1 转 1 周时，从动轮 2 转 1/6 周，从动轮每转停歇 6 次。当从动轮停歇时，主动轮 1 上的锁止弧 s1 与从动轮 2 上的锁止弧 s2 互相配合锁止，保证从动轮停歇在预定的位置。

**2. 不完全齿轮机构的类型和特点**

不完全齿轮机构的类型有：外啮合式（图 4-35）、内啮合式（图 4-36）。与普通渐开线齿轮机构一样：外啮合不完全齿轮机构的两轮转向相反；内啮合不完全齿轮机构的两轮转向相同。当轮 2 的直径为无穷大时，变为不完全齿轮齿条机构，如图 4-37 所示。

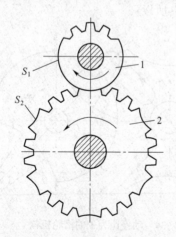

图 4-35　外啮合不完全齿轮机构

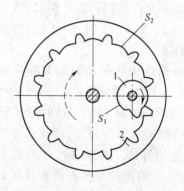

图 4-36　内啮合不完全齿轮机构

不完全齿轮机构的结构简单，工作可靠，从动轮的动停比及每次转过的角度可在较大范围内选取，设计较灵活。但其加工工艺较复杂，而且从动轮在运动的开始和终止时的冲击较大，故一般用于低速、轻载场合，如自动机械中工作台的转位以及要求具有间歇运动的进给机构、计数机构等。

为了减小不完全齿轮机构在开始和终止接触时的冲击，可分别在轮 1 与轮 2 上装置瞬心线附加杆，如图 4-38 所示。附加杆的作用是使从动轮在开始运动阶段，由静止状态按某种预定的运动规律（取决于附加杆上瞬心线 $K$、$L$ 的形状）逐渐加速到正常速度；而在终止运动阶段,又借助于另一对附加杆的作用,使从动轮由正常速度按预定的运动规律逐渐减速到静止。由于不完全齿轮机构在从动轮开始运动阶段的冲击一般都比终止运动阶段的冲击严重,故有时仅在开始运动处加装一对附加杆。

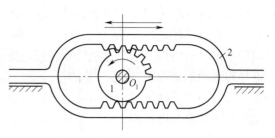

图 4-37　不完全齿轮齿条机构

值得注意的是,为了保证主动轮的首齿能顺利进入啮合状态而不与从动轮的齿顶相碰,需将首齿的齿顶高作适当削减。同时,为了保证从动轮停歇在预定位置,主动轮的末齿的齿顶高也需作适当的修形。

### 4.5.4　凸轮式间歇运动机构

#### 1. 凸轮式间歇运动机构

如图 4-39 所示,凸轮式间歇运动机构由凸轮 1、转盘 2 及机架组成,转盘 2 的端面上安装有周向均布的若干个滚子 3。当主动凸轮转过曲线槽所对应的角度 $\varphi$ 时,凸轮曲线槽推动滚子,使从动转盘转过相邻两个滚子所夹的中心角 $2\pi/Z$,其中 $Z$ 为滚子数,当凸轮继续转过其余角度$(2\pi-\varphi)$时,转盘静止不动,并靠凸轮的棱边进行定位。这样,当凸轮连续或周期地转动时,就可得到转盘的间歇转动,从而实现交错轴间的分度运动。

#### 2. 凸轮式间歇运动机构的类型、特点及应用

凸轮式间歇运动机构一般有两种类型:一种是圆柱凸轮间歇运动机构(图 4-39),凸轮呈圆柱形状,滚子均匀分布在转盘的端面上;另一种是蜗杆凸轮间歇运动机构,如图 4-40所示,凸轮上有一条突脊,类似于蜗杆,滚子则均匀分

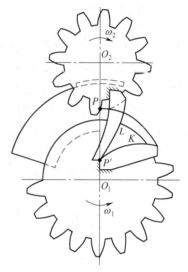

图 4-38　具有瞬心线附加杆的不完全齿轮机构

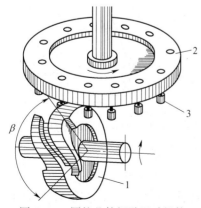

图 4-39　圆柱凸轮间歇运动机构

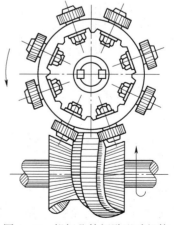

图 4-40　蜗杆凸轮间歇运动机构

布在转盘的圆柱面上,类似于蜗轮的齿,这种凸轮机构可以通过凸轮与转盘的中心距来消除滚子与凸轮突脊接触的间隙,或补偿磨损。在不改变凸轮转速的情况下,只要改变凸轮曲线槽所对应的角度 $\beta$ 就可以改变转盘的转动时间与静止时间,同时可根据转盘的实际工作要求来合理选择转盘的运动规律,设计凸轮的轮廓,使转盘在开始转位与转位终止时避免冲击,减小动载荷。所以凸轮式间歇运动机构传动平稳,而且转盘转位精确,无须专门的定位装置,因而主要用做高速转位分度机构。但凸轮加工较复杂,装配精度要求较高。

## 4.6 凸轮机构及间歇运动机构的应用

### 4.6.1 凸轮机构的应用

凸轮机构广泛应用于各种自动机械、仪器和操纵控制装置,下面列举其应用实例。图 4-41 所示为内燃机的配气机构。当具有特定曲面的凸轮 1 连续转动时,推动气阀顶杆 3 相对于机架 2 作往复直线移动,从而控制进气阀和排气阀按给定的配气要求启闭阀门,使可燃气进入发动机气缸或废气排出气缸,使内燃机正常工作。

图 4-42 所示为自动机床的进刀机构。当具有曲线轮廓的凸轮 1 等速转动时,其曲线凹槽的侧面与从动件 2 上的滚子 3 接触并驱动从动件 2 绕 $O$ 点做往复摆动,通过从动件上的扇形齿轮和固定在刀架上的齿条啮合,控制刀架的自动进刀和退刀运动。刀架的运动规律完全取决于凸轮 1 上曲线凹槽的形状。

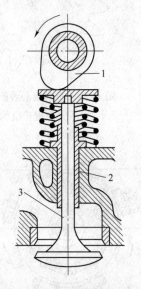

图 4-41　内燃机的配气机构

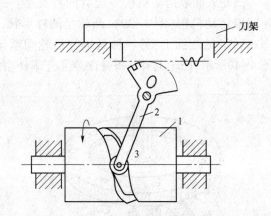

图 4-42　自动机床的进刀机构

### 4.6.2 棘轮机构的应用

棘轮机构具有结构简单、制造方便和运动可靠,并且棘轮的转角可以在很大范围内调节等优点,但工作时有较大的冲击和噪声、运动精度不高、传递动力较小,所以常用于低速轻载、要求转角不太大或需要经常改变转角的场合。棘轮机构具有单向间歇的运动特性,利用它可满足送进、制动和转位分度等工艺要求。图 4-43 所示为起重机所用的制动装置,其中就利用了棘轮机构的特性,它能使被提升的重物停留在任何位置上。当起吊重物时,如果机械发生故障,重物有可能出现自动下落的危险,此时棘轮机构的止回棘爪将及时制动,防止棘轮倒转,以保证安全。

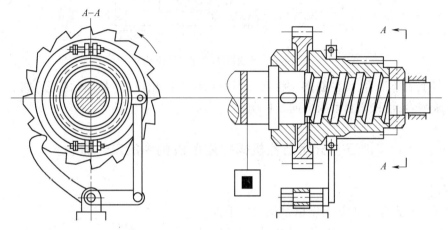

图 4-43 起重机制动装置的棘轮机构

### 4.6.3 槽轮机构的应用

槽轮机构一般应用于转速不很高的自动机械、轻工仪表或仪器仪表中,图 4-44 所示为电影放映机中的送片机构,图 4-45 所示为六角车床的刀架转位机构。此外,槽轮机构还可与其他机构联合实现多种工作需要。

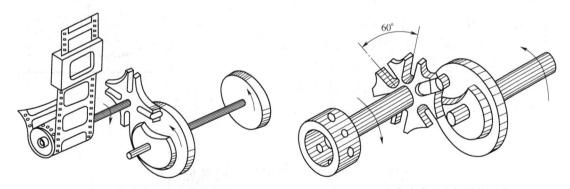

图 4-44 电影放映机中的槽轮机构　　　　图 4-45 六角车床的刀架转位机构

### 4.6.4 不完全齿轮机构的应用

图 4-46 所示为插秧机的秧箱移动机构,由与摆杆固联的棘爪 1 和棘轮 2,与棘轮固联的不完全齿轮 3,上下齿条 4(秧箱)组成。

当棘爪按顺时针方向摆动时,棘轮、不完全齿轮不动,上下齿条停歇,这时取秧爪(图中未示出)取秧;取秧完毕后,棘爪按逆时针方向摆动,棘轮与不完全轮一起按逆时针方向转动,不

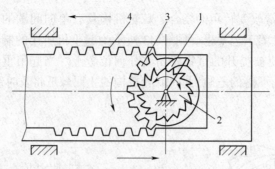

图 4-46 插秧机的秧箱移动机构

完全齿轮与上齿条啮合,使秧箱向左移动。当秧箱移到终止位置(如图示位置)时,不完全齿轮与下齿条啮合,使秧箱自动换向向右移动。

## 实训五 分析凸轮机构在靠模机构中的工作原理

【任务】

图 4-47 所示为自动车床靠模机构,是利用靠模法车削手柄的移动凸轮机构,分析其工作原理和特性。

【任务实施】

**1. 工作原理**

凸轮 1 作为靠模被固定在床身上,滚轮 2 在弹簧作用下与凸轮轮廓紧密接触,当拖板 3 横向移动时,和从动件相连的刀头便走出与凸轮轮廓相同的轨迹,因而切出工件的复杂外形。

**2. 思考该机构运用了凸轮机构的哪些特性**

此机构属于移动凸轮机构,仿真车削加工。结构简单、紧凑,只需要设计出适合的轮廓曲线,就可以使从动件实现预期的运动规律。适合传递动力不大的场合。

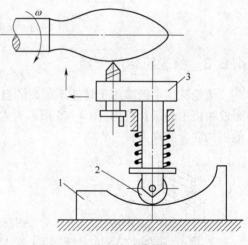

图 4-47 自动车床靠模机构

## 实训六 分析自行车后轴上的棘轮机构

【任务】

图 4-48 所示为自行车"飞轮"结构,分析其工作原理和特性。

【任务实施】

**1. 工作原理**

自行车棘轮机构,它由主动摆杆,棘爪,棘轮、止回棘爪和机架组成。主动件空套在与棘轮固连的从动轴上,并与驱动棘爪用转动副相连。当主动件逆时针方向摆动时,驱动棘爪便插入

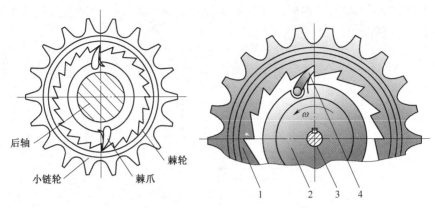

图 4-48  自行车"飞轮"结构示意图

棘轮的齿槽中,使棘轮跟着转过一定角度,此时,止回棘爪在棘轮的齿背上滑动。当主动件顺时针方向转动时,止回棘爪阻止棘轮发生顺时针方向转动,而驱动棘爪却能够在棘轮齿背上滑过,所以,这时棘轮静止不动。因此,当主动件作连续的往复摆动时,棘轮作单向的间歇运动,这就是自行车棘轮机构传动原理。

**2. 思考该机构运用了棘轮机构的那些特性**

飞轮 1 的外圈是链轮,内圈是棘轮,棘爪 4 安装于后轴 3 上,双脚向前蹬时,使飞轮 1 逆时针转动,棘轮通过棘爪 4 带动后轴 3 转动,自行车前进。双脚向后蹬时,链条停止,飞轮也停止转动,棘爪滑过棘轮齿面,后轴在自行车惯性作用下与飞轮脱开而继续转动。如果在骑行中双脚不动,即棘轮相对不动,但车轮照样带着棘爪转动(棘爪在棘轮齿面滑过),这就是超越转动、离合的作用。

## 实训七  凸轮机构的认识及凸轮设计

**【任务】**

图 4-49 所示为汽车汽车发动机,图 4-50 为凸轮轴与进气口活塞部件图,观察其运动过

气缸盖
气缸体
凸轮轴
曲轴
连杆

图 4-49  汽车发动机结构图

图 4-50  发动机凸轮机构

程,了解凸轮轴的运动原理,并根据活塞的运动规律图(图4-51),绘制出凸轮机构的运动简图,并设计凸轮轮廓曲线。

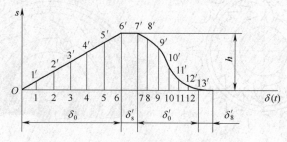

图 4-51 活塞杆运动规律图

**【任务实施】**

(1)观察凸轮机构运动,了解其运动原理和结构,确定从动件类型,绘制凸轮机构运动简图;

(2)用游标卡尺量取凸轮轴直径 $d_s$,用钢直尺量取活塞杆运动行程 $h$;

(3)计算出凸轮基圆直径 $d$,并按 $1:1$ 比例绘制基圆图;

(4)根据活塞杆运动规律图将基圆等分为 12 份,过基圆圆心,做等分线的延长线;

(5)在运动规律图中量取各段长度,在等分线延长线上一一对应划分;

(6)用光滑曲线连接延长线上各点,得到凸轮轮廓曲线图 4-52;

(7)对比实物凸轮,验证凸轮轮廓曲线是否合理。

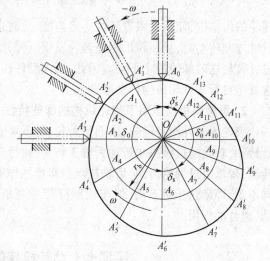

图 4-52 凸轮轮廓曲线图

## 知识梳理与总结

(1)凸轮机构主要应用于运动规律复杂、轻载、半自动和自动化机械中,作为控制机构。

(2)凸轮机构的分类:①按凸轮的形状和运动可分为盘形凸轮、移动凸轮和圆柱凸轮;②按从动件结构形式可分为尖顶从动件、滚子从动件和平底从动件;③按从动件运动形式可分为移动从动件和摆动从动件。

(3)凸轮机构中从动件能获得较复杂的运动规律。从动件的运动规律取决于凸轮的轮廓曲线形状。在应用中只要根据从动件的运动规律来设计凸轮的轮廓曲线就可以了。

(4)棘轮机构与槽轮机构都是常用的间歇运动机构。棘轮机构的优点是结构简单、制造方便、运动可靠、棘轮转角可调整。缺点是噪声大、运动平稳性较差、轮齿易磨损。常用在低速、轻载的场合。

(5)槽轮机构结构简单、转位迅速、工作可靠、传动平稳、效率较高、从动件能在较短时间内转过较大角度,但其转角大小不能调节、制造和装配精度要求较高、高速时会有冲击与振动,不适合于高速及重载的场合。

## 同 步 练 习

**4-1　选择题**

(1) 对于外凸轮的理论轮廓曲线，_____，凸轮的实际轮廓曲线总可以做出，不会出现变尖或交叉现象。

　　A. 当滚子半径大于理论轮廓曲线最小曲率半径时

　　B. 当滚子半径等于理论轮廓曲线最小曲率半径时

　　C. 当滚子半径小于理论轮廓曲线最小曲率半径时

　　D. 无论滚子半径为多大

(2) 凸轮机构中极易磨损的是_____从动件。

　　A. 尖顶　　　　　　B. 滚子　　　　　　　C. 平底　　　　　　D. 球面底

(3) 设计用于控制刀具进给运动的凸轮机构，从动件处于切削阶段时宜采用何种运动规律_____。

　　A. 等速运动规律　　B. 等加速等减速运动规律　　C. 简谐运动规律

(4) 图解法设计盘形凸轮轮廓时，从动件应按_____方向转动，来绘制其相对于凸轮转动时的位置。

　　A. 与凸轮转向相同　　B. 与凸轮转向相反　　　C. 两者都可以

(5) 在移动从动件盘形凸轮机构中，_____端部形状的从动件传力性能最好。

　　A. 尖端从动件　　　　B. 滚子从动件　　　　C. 平底从动件

(6) 滚子从动件盘形凸轮的基圆半径对下列_____方面有影响

　　A. 凸轮机构的压力角

　　B. 从动件的运动是否"失真"

　　C. A 和 B

(7) 下列间歇运动机构中，从动件的每次转角可以调节的是_____。

　　A. 棘轮机构　　　　　B. 槽轮机构　　　　　C. 不完全齿轮机构

(8) 调整棘轮转角的方法有：①增加棘轮齿数；②调整摇杆长度；③调整遮盖罩的位置，其中有效的方法是_____。

　　A.①和②　　　　　　B.②和③　　　　　　C.①②③都可以

(9) 下列机构中，能将连续运动变成间歇运动的是_____。

　　A. 齿轮机构　　　　B. 曲柄摇杆机构　　　　C. 曲柄滑块机构　　　D. 棘轮机构

(10) 不能实现间歇运动的机构有_____。

　　A. 棘轮机构　　　　B. 槽轮机构　　　　　C. 凸轮机构　　　　D. 螺旋机构

(11) 自行车后轴上俗称的"飞轮"，实际上是_____。

　　A. 棘轮机构　　　　B. 槽轮机构　　　　　C. 齿轮机构　　　　D. 螺旋机构

(12) 槽轮机构的槽轮槽数一般范围是_____。

　　A. 1~3　　　　　　B. 4~8　　　　　　　C. 9~17　　　　　　D. 大于17

**4-2 判断题**

(1) 对于滚子从动件盘形凸轮机构来说，凸轮的基圆半径通常指的是凸轮实际轮廓曲线的最小向径。 （　）

(2) 由于凸轮机构是高副机构，所以与连杆机构相比，更适用于重载场合。 （　）

(3) 凸轮机构工作中，从动件的运动规律和凸轮转向无关。 （　）

(4) 凸轮机构的工作过程中按工作要求可不含远休止角或近休止角。 （　）

(5) 凸轮机构的压力角越大，机构的传力性能越差。 （　）

(6) 当凸轮机构的压力角增大到一定值时，就会产生自锁现象。 （　）

(7) 有时凸轮机构中的从动推杆或摆杆也可作为主动件。 （　）

(8) 一般凸轮机构的升程许用压力角小于回程许用压力角。 （　）

(9) 间歇运动机构中活动构件的运动状态都是时停时动。 （　）

(10) 棘轮机构中的主动件是棘爪。 （　）

(11) 可换向棘轮机构中的棘轮齿形一般为锯齿形。 （　）

(12) 双动式棘轮机构在摇杆往、复摆动过程中都能驱使棘轮沿同一方向转动。 （　）

(13) 棘轮机构中棘轮每次转动的转角可以进行无级调节。 （　）

(14) 槽轮机构中槽轮的槽数最小为 3。 （　）

**4-3 简答题**

(1) 简述凸轮机构的特点。

(2) 简述凸轮机构的压力角与基圆半径的关系。

(3) 在凸轮机构设计中有哪几种常用的推杆运动规律？各有什么特点及优缺点？

(4) 滚子从动件盘形凸轮的理论轮廓面线与实际轮廓曲线是否相同？

(5) 何为行程速比系数？何为急回特性？何为极位夹角？三者之间的关系如何？

(6) 槽轮机构有什么特点？何谓动系数。为什么 $r$ 必须大于零而小于 1？

(7) 槽轮机构的槽数 $z$ 和圆销数 $K$ 的关系如何？

**4-4 综合题**

(1) 用作图法求出图 4-53 所示两凸轮机构从图示位置旋转 45°时的压力角。

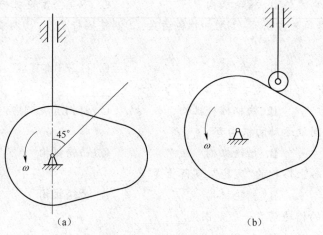

(a) (b)

图 4-53 题 4-4(1)图

（2）已知图 4-54 所示偏心圆盘凸轮机构的各部分尺寸，试在图上用作图法求：

①凸轮机构在图示位置时的压力角；

②凸轮的基圆；

③从动件从最下位置摆到图示位置时所摆过的角度 $\psi$；

④凸轮相应转过的角度。

（3）图 4-55 所示凸轮机构，要求：画出从升程开始到图示位置时，从动件的位移 $s$，相对应的凸轮转角，$B$ 点的压力角。

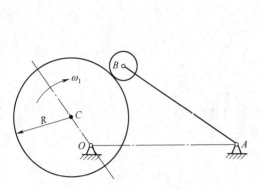

图 4-54　题 4-4(2)图

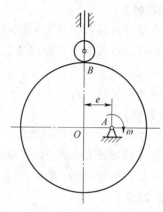

图 4-55　题 4-4(3)图

（4）设计一种外啮合棘轮机构，已知棘轮的模数 $m = 10$ mm，棘轮的最小转角 $\theta = 12°$。

# 第5章　螺纹连接及螺旋机构

## 本章知识导读

**【知识目标】**

1. 熟悉螺纹连接的形成、类型、特点和应用；

2. 掌握螺纹连接和常用螺纹连接件；

3. 了解螺纹强度计算；

4. 了解螺旋传动。

**【能力目标】**

1. 能正确运用螺纹连接的概念，选择合适的螺纹连接形式；

2. 能计算螺纹连接强度，对螺旋副进行受力分析；

3. 充分认识螺旋传动，在生产、生活中正确选用。

**【重点、难点】**

1. 螺纹连接的类型和应用；

2. 螺旋副受力分析；

3. 螺纹连接强度计算；

4. 螺旋传动。

螺纹连接和螺旋传动都是利用螺纹零件工作的，但是两者的工作性质不同，在技术要求上也有差别。起连接作用的螺纹称为连接螺纹，连接螺纹零件属于紧固件，要求保证连接强度（有时还要求紧密性）；起传动作用的螺纹称为传动螺纹，传动螺纹零件是传动件，要求保证螺旋副的传动精度、效率和使用寿命。常用的螺纹类型主要有普通螺纹、管螺纹、米制锥螺纹、矩形螺纹、梯形螺纹和锯齿形螺纹。前3种主要用于连接，后3种主要用于传动。

## 5.1　螺纹的形成、主要参数及常用类型

### 5.1.1　螺纹的形成

如图 5-1(a) 所示，将三角形 $abc$ 绕在直径为 $d_1$ 的圆柱体上，保持底边 $ab$ 和圆柱的底边重合，则斜边 $ac$ 在圆柱体上就形成一条螺旋线。取图 5-1(b) 所示三角形、梯形或锯齿形等中任一平面图形，使其一边与圆柱体的母线贴合，沿着螺旋线运动，并保持该图形平面始终位于圆柱体的轴线平面内，该平面图形在空间所形成的轨迹即为相应的螺旋体。

### 5.1.2　主要参数

由图 5-2 所示圆柱普通外螺纹可知，螺纹的主要参数有：大径 $d$、小径 $d_1$、中径 $d_2$、线数 $n$

(一般 $n \leqslant 4$)、螺距 $P$、导程 $S(S=nP)$、牙型角 $\alpha$、接触高度 $h$ 及螺纹升角 $\lambda$。

(1)大径 $d(D)$:螺纹的最大直径,即与外螺纹牙顶(或内螺纹牙底)相重合的假想圆柱面的直径,在标准中用作螺纹的公称直径。

(2)小径 $d_1(D_1)$:螺纹的最小直径,即与外螺纹牙底(或内螺纹牙顶)相重合的假想圆柱面的直径。

(3)中径 $d_2(D_2)$:一个假想圆柱的直径,该圆柱的母线上螺纹牙厚度与牙间宽相等。

(4)线数 $n$:是指螺纹螺旋线的数目。其中,连接螺纹要求自锁性,多用单线螺纹;传动螺纹要求传动效率高,多用双线或三线螺纹。为了便于制造,一般 $n \leqslant 4$。

(5)螺距 $P$:是指螺纹相邻两牙在中径线上对应两点之间的轴向距离。

(6)导程 $S$:是指同一条螺旋线上相邻两牙在中径线上对应两点间的轴向距离。单线螺纹:$S=P$;多线螺纹:$S=nP$。

(7)升角 $\lambda$:在中径圆柱上,螺旋线的切线与垂直于螺纹轴线的平面的夹角。其公式为

$$\lambda = \arctan \frac{S}{\pi d_2} = \arctan \frac{nP}{\pi d_2} \tag{5-1}$$

(8)牙型角 $\alpha$:在螺纹牙型上,两相邻牙侧间的夹角。

(9)牙侧角 $\beta$:在螺纹牙型上,牙侧与螺纹轴线的垂线间的夹角。对称牙型的牙侧角 $\beta = \alpha/2$。

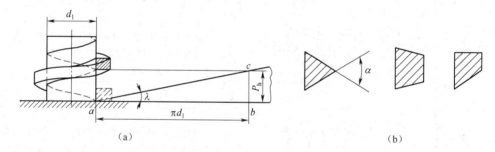

(a)　　　　　　　　　　　　　　　　　　　　　(b)

图 5-1　螺纹的形成示意图

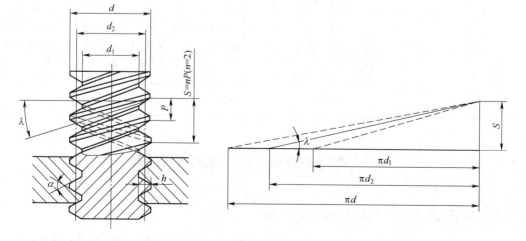

图 5-2　螺纹的主要几何参数图

(10)螺纹接触高度 $h$：在两个相互配合的螺纹的牙型上，牙侧重合部分在垂直于螺纹轴线方向上的距离。螺纹接触高度 $h$ 常用作螺纹高度。

### 5.1.3 常用螺纹的特点及应用

常见螺纹的类型、特点和应用见表 5-1。

表 5-1 常见螺纹的类型、特点和应用

| 螺纹类型 | | 牙形图 | 特点和应用 |
|---|---|---|---|
| 连接螺纹 | 普通螺纹 | | 牙型角 $\alpha=60°$，牙根较厚，牙根强度高。同一直径其螺距不同，分为粗牙和细牙两种。其中，一般连接多用粗牙螺纹；细牙螺纹的牙浅、升角小、自锁性能好，多用于薄壁零件，以及冲击、振动和变载荷的连接中，也可用作微调机构的调整螺纹 |
| | 管螺纹 | | 最常用的管螺纹是英制三角形螺纹，牙型角 $\alpha=55°$，牙顶有较大的圆角，内、外螺纹旋合后牙型间无径向间隙，公称直径近似为管子的内径。管螺纹多用于有紧密性要求的管件连接 |
| 传动螺纹 | 矩形螺纹 | | 牙型为正方形，牙型角 $\alpha=0°$，牙厚为螺距的一半。其传动效率高，牙根强度弱，精加工困难，对中精度低，传动效率较其他螺纹高 |
| | 梯形螺纹 | | 牙型为等腰梯形，牙型角 $\alpha=30°$。其牙根强度高，工艺性好、螺纹对中性好，传动效率略低于矩形螺纹，常用于螺纹传动 |
| | 锯齿形螺纹 | | 牙型角 $\alpha=33°$，牙的工作面倾角为 $3°$，牙的非工作面倾角为 $30°$。其传动效率及强度都比梯形螺纹高，外螺纹的牙底有较大的圆角，以减小应力集中。其螺纹副的大径处无间隙，对中性好，多用于单向受力的螺纹传动 |

## 5.2 螺旋副的受力分析、效率和自锁

### 5.2.1 矩形螺纹受力分析与自锁($\beta=0$)

螺纹副是指内、外螺纹相互旋合形成的连接。螺纹副在力矩和轴向载荷作用下做相对运动。

**1. 受力分析**

为了简化分析,可将螺母看成是一滑块。滑块受轴向载荷,在水平驱动力的推动下沿螺纹表面匀速上升,如图 5-3(a)所示。将矩形螺纹沿中径 $d_2$ 展开可得一斜面,如图 5-3(b)所示。

图 5-3(b)中,$\lambda$ 为螺纹升角,$F_a$ 为轴向载荷,$F$ 为作用于中径处的水平推力,$F_n$ 为法向分力,$fF_n$ 为摩擦力,$f$ 为摩擦因数,$\rho$ 为摩擦角。

当匀速拧紧螺母时,相当于滑块沿斜面等速上升,$F_n$ 为阻力,$F$ 为驱动力。由于摩擦力与运动方向相反,所以总反力 $F_R$ 与 $F_a$ 的夹角为 $\lambda+\rho$。由力的平衡条件可知,$F_R$、$F$、$F_a$ 三力组成力多边形,如图 5-3(b)所示。

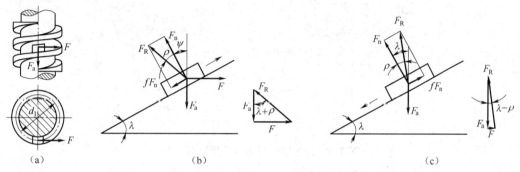

图 5-3　矩形螺纹受力分析图

由图 5-3 可得:

$$F = F_a \tan(\lambda + \rho) \tag{5-2}$$

作用在螺纹副上的相应驱动力矩为

$$T = F_a \cdot \frac{d_2}{2}\tan(\lambda + \rho) \tag{5-3}$$

当匀速旋松螺母时,相当于滑块沿斜面等速下滑,轴向载荷 $F_a$ 变为驱动力,而 $F$ 变为维持滑块等速运动所需的平衡力,如图 5-3(c)所示。由图可得:

$$F = F_a \tan(\lambda - \rho) \tag{5-4}$$

作用在螺纹副上的相应力矩为

$$T = F_a \cdot \frac{d_2}{2}\tan(\lambda - \rho) \tag{5-5}$$

**2. 自锁**

由公式求出的 $F$ 值可以为正也可以为负。

当 $\lambda>\rho$ 时,可求得力 $F$ 为正,这表明滑块在 $F_a$ 的作用下有向下加速的趋势,而力 $F$ 阻止滑块加速,力 $F$ 的方向如图 5-3(c)所示。当 $\lambda<\rho$ 时,根据公式可求得力 $F$ 为负,这表明要使滑块沿斜面下滑,必须加一反向的水平拉力 $F$,若不加拉力 $F$,则不论多大的载荷 $F_a$,滑块也不会自行下滑,即不论有多大的轴向载荷,螺母都不会在其作用下自行松脱,这种现象称为螺纹的自锁现象。

于是,我们可得螺纹副的自锁条件为

$$\lambda \leqslant \rho$$

### 5.2.2 非矩形螺纹受力分析与自锁 ($\beta \neq 0$)

#### 1. 受力分析

非矩形螺纹是指牙侧角 $\beta \neq 0°$ 的三角形螺纹、梯形螺纹和锯齿形螺纹。对比图 5-4 所示中的两个图形我们会发现,在略去螺纹升角的影响,在轴向载荷 $F_a$ 的作用下,非矩形螺纹的法向力比矩形螺纹的大。

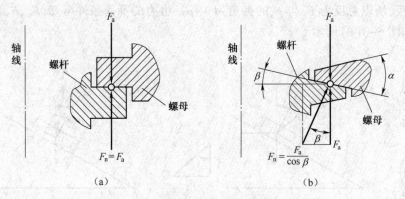

图 5-4　矩形螺纹与非矩形螺纹对比图

若把法向力的增加看作是摩擦因数的增加,则非矩形螺纹的摩擦阻力可写为

$$\frac{F_a}{\cos\beta} f = \frac{f}{\cos\beta} F_a = f_v F_a \tag{5-6}$$

其中,$f_v$ 为当量摩擦因数,$f_v = \dfrac{f}{\cos\beta} = \tan\rho_v$。前式中,$\rho_v$ 为当量摩擦角;$\beta$ 为牙侧角。拧紧螺母时,即滑块沿非矩形螺纹等速上升时,可得水平推力:

$$F = F_a \tan(\lambda + \rho_v) \tag{5-7}$$

相应的拧紧力矩为

$$T = F_a \cdot \frac{d_2}{2} \tan(\lambda + \rho_v) \tag{5-8}$$

旋松螺母时,即滑块沿非矩形螺纹等速下滑时可得:

$$F = F_a \tan(\lambda - \rho_v) \tag{5-9}$$

相应的旋松力矩为

$$T = F_a \cdot \frac{d_2}{2} \tan(\lambda - \rho_v) \tag{5-10}$$

#### 2. 自锁

与矩形螺纹相同,若螺纹升角小于当量摩擦角,则螺纹具有自锁特性,如不施加驱动力,无论轴向驱动力 $F_a$ 多大,都不能使螺纹副相对运动。因此,非矩形螺纹的自锁条件为

$$\lambda \leqslant \rho_v$$

对于连接用的螺纹,为了防止螺母在轴向力作用下自动松脱,必须满足自锁条件。

### 5.2.3　螺旋副效率

螺旋副效率是指螺纹副中的螺母旋转一周时,有效功与输入功的比值。螺母旋向不同,即正转和反转,螺纹副效率的表达式也不同。

螺母旋转一周的输入功为 $W_1 = 2\pi T_1$ ,此时螺母上升一个导程 $S$ 。其中有效功为 $W_2 = F_a S$ 。因此螺旋传动效率为

$$\eta = \frac{W_2}{W_1} = \frac{F_a S}{2\pi T_1} = \frac{F_a \pi d_2 \tan\lambda}{2\pi F_a \cdot \dfrac{d_2}{2}\tan(\lambda + \rho)} = \frac{\tan\lambda}{\tan(\lambda + \rho)} \tag{5-11}$$

当螺母反转一周时,输入功 $W_1 = F_a S$ ,输出功 $W_2 = F\pi d_2$ ,此时螺旋副效率为

$$\eta = \frac{\tan(\lambda - \rho)}{\tan\lambda} \tag{5-12}$$

## 5.3　螺纹连接和螺纹连接件

### 5.3.1　螺纹连接的基本类型

螺纹连接的基本类型、结构尺寸、结构特点及适用场合见表 5-2。

**表 5-2　螺纹连接类型、结构尺寸和应用场合**

| 类　型 | 构　造 | 主要尺寸关系 | 特点和应用 |
|---|---|---|---|
| 螺栓连接 | 普通螺栓<br><br>铰制孔螺 | 螺纹余留长度 $l_1$<br>普通螺栓连接<br>静载荷 $l_1 \geq (0.3 \sim 0.5)d$<br>变载荷 $l_1 \geq 0.75d$<br>冲击、弯曲载荷 $l_1 \geq d$<br>铰制孔用螺栓连接<br>$l_1$ 尽可能小<br>螺纹伸出长度<br>$a \approx (0.2 \sim 0.3)d$<br>螺栓轴线到边缘的距离<br>$e = d + (3 \sim 6)$ mm | 无须在被连接件上切制螺纹,故不受被连接件材料的限制,构造简单,装拆方便,应用广泛<br>用于通孔并能从连接的两边进行装配的场合 |

续表

| 类　型 | 构　造 | 主要尺寸关系 | 特点和应用 |
|---|---|---|---|
| 双头螺柱连接 | 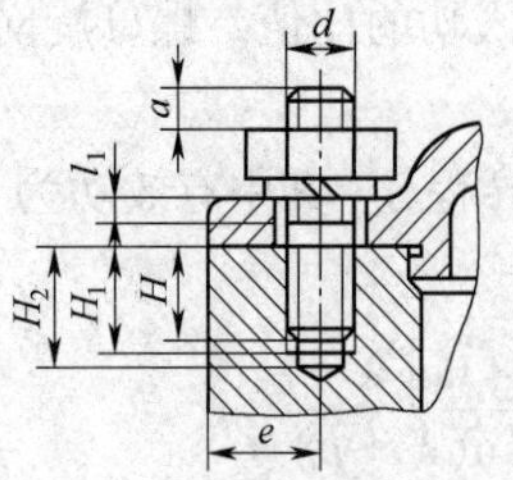 | 座端拧入深度 $H$，当螺孔零件材料为：<br>钢或青铜 $H \approx d$<br>铸铁 $H \approx (1.25 \sim 1.5)d$<br>铝合金 $H \approx (1.5 \sim 2.5)d$<br>螺纹孔深度<br>$H_1 \approx H + (2 \sim 2.5)P$<br>钻孔深度<br>$H_2 \approx H_1 + (0.5 \sim 1)d$<br>$l_1$、$a$、$e$ 值同螺栓连接 | 双头螺柱旋紧在被连接件之一的螺孔中，用于因结构限制不能用螺栓连接的地方（如被连接零件之一太厚） |
| 螺钉连接 | 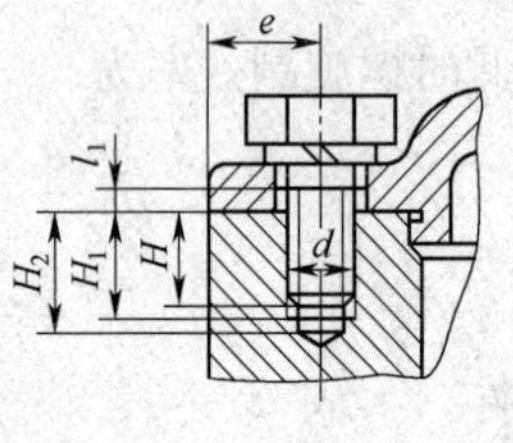 | | 或希望结构较紧凑的场合不用螺母，重量较轻，在钉尾一端的被接件外部能有光整的外露表面，应用与双头螺柱相似，但经常拆卸易使螺孔损坏，故不宜用于经常拆卸处 |
| 紧定螺钉连接 | 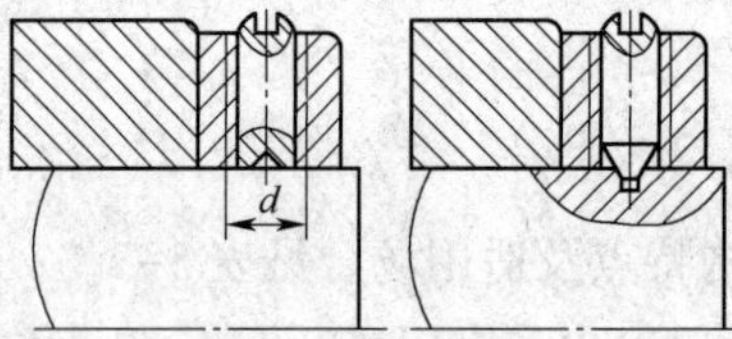 | | 紧定螺钉旋入一零件的螺纹孔中，并用其末端顶住另一零件的表面或顶入相应的凹坑中，以固定两零件的相对位置，并可传递不大的力和转矩 |

## 5.3.2　螺纹连接件

螺纹连接件的类型很多，大多已标准化，设计时可根据有关标准选用。常见的有螺栓、双头螺柱、螺钉、紧定螺钉、螺母、垫圈等。他们的结构特点见表5-3。

表5-3　常用标准螺纹连接件

| 类　型 | 图　例 | 结构特点和应用 |
|---|---|---|
| 六角头螺栓 | 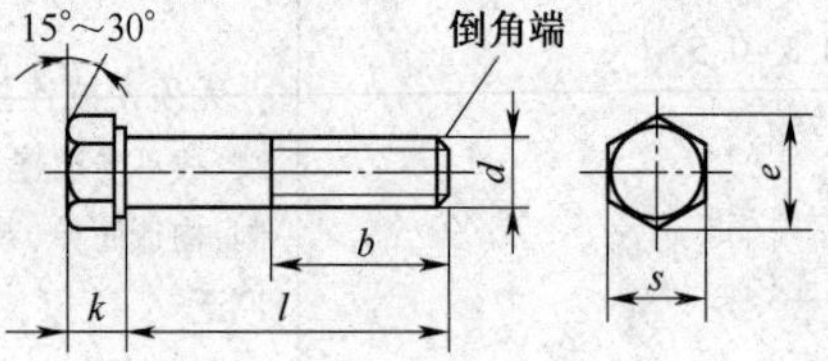 | 种类很多，应用最广，精度分为 A、B、C 三级。螺栓杆部可制出一段螺纹或全螺纹，螺纹可用粗牙或细牙（A、B 级） |
| 双头螺柱 | 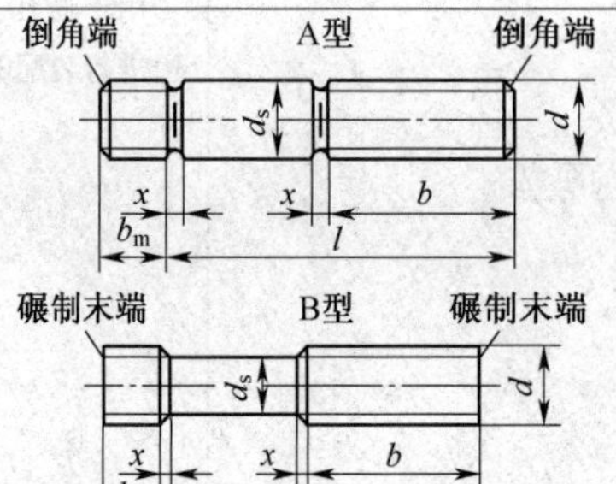 | 螺柱两端都有螺纹，两端螺纹可相同或不同，螺柱可带退刀槽或制成腰杆，也可制成全螺纹的螺柱。螺柱的一端常用于旋入铸铁或有色金属的螺纹孔中，旋入后即不拆卸，另一端则用于安装螺母以固定其他零件 |

续表

| 类　型 | 图　例 | 结构特点和应用 |
|---|---|---|
| 螺钉 | | 螺钉头部形状有圆头,扁圆头,六角头,圆柱头和沉头等。头部的槽有一字、十字和内六角等形式。十字槽螺钉头部强度高、对中性好,便于自动装配。内六角孔螺钉能承受较大的扳手力矩,连接强度高,可代替六角头螺栓,用于要求结构紧凑的场合 |
| 紧定螺钉 | | 紧定螺钉的末端形状,常用的有锥端,平端和圆柱端。锥端适用于被紧定零件的表面硬度较低或不经常拆卸的场合;平端接触面积大,不伤零件表面,常用于紧定硬度较大的平面或经常拆卸的场合;圆柱端压入轴上的凹坑中,适用于紧定空心轴上的零件位置 |
| 六角螺母 | | 根据螺母厚度不同,分为标准的和薄的两种。薄螺母常用于受剪力的螺栓上或空间尺寸受限的场合。螺母的制造精度和螺栓相同,分为 A、B、C 三级,分别与相同等级的螺栓配用 |
| 圆螺母 | | 圆螺母与止动垫圈配用,装配时将垫圈内舌插入轴上的槽内,而将垫圈的外舌嵌入圆螺母的槽内,螺母即被锁紧。常作为滚动轴承的轴向固定 |
| 垫圈 | | 垫圈是螺纹连接中不可缺少的附件,常放置在螺母和被连接件之间,起保护支承表面等作用。平垫圈按加工精度不同,分为 A 级和 C 级两种。用于同一螺纹直径的垫圈又分为特大、大、普通和小的 4 种规格,特大垫圈主要在铁木结构上使用。 |

螺纹连接件分为三个精度等级,其代号为 A、B、C 级。A 级精度的公差小,精度最高,用于要求配合精度、防止振动等重要零件的连接;B 级精度多用于受载较大且经常拆装、调整或承受变载荷的连接;C 级精度多用于一般的螺纹连接。常用的标准螺纹连接件(螺栓、螺钉),通常选用 C 级精度。

## 5.4 螺栓连接的强度计算

以单个螺栓连接为代表计算螺纹连接强度,此方法对双头螺柱连接和螺钉连接也同样适用。

在螺栓组连接中,单个连接螺栓的受力形式不外乎是轴向力、轴向力与扭矩的联合作用力、横向剪切力及挤压力 4 种。在轴向力或轴向力与扭矩的作用下,螺栓产生拉伸或拉扭组合变形,主要失效形式是螺栓杆螺纹部分发生断裂,设计计算准则是保证螺栓的静力或疲劳拉伸强度。铰制孔用螺栓受到剪切和挤压,主要失效形式是螺栓杆被剪断或螺栓杆与孔壁贴合面上出现压溃,设计计算准则是保证螺栓的剪切强度和连接的挤压强度。根据统计分析,连接的挤压强度对连接的可靠性起决定性作用。

综上所述,对于受拉螺栓,其主要破坏形式是螺栓杆螺纹部分发生断裂,因而其设计准则是保证螺栓的静力或疲劳拉伸强度;对于受剪螺栓,其主要破坏形式是螺栓杆和孔壁的贴合面上出现压溃或螺栓杆被剪断,其设计准则是保证连接的挤压强敌和螺栓的剪切强度。

螺栓连接的强度计算,首选是根据连接的类型、连接的装配情况(预紧或不预紧)、载荷状态等条件,确定螺栓的受力;然后按相应的强度条件计算螺栓危险截面的直径(螺纹小径)或校核其强度。螺栓的其他部分(螺纹牙、螺栓头、光杆)和螺母、垫圈的结构尺寸,是根据等强度条件及使用经验规定的,通常都不需要进行强度计算,可按螺栓螺纹的公称直径由标准选定。

### 5.4.1 松螺栓连接强度计算

不需要拧紧的螺栓连接称为松螺栓连接,工作时螺栓只承受轴向拉力。这种连接应用范围有限,例如拉杆、起重吊钩等的螺纹连接属于此类。

现以起重吊钩为例,说明松螺栓连接的强度计算方法。如图 5-5 所示,设吊钩受力 $F$,则吊钩螺栓的强度条件为

$$\sigma = \frac{F}{\frac{\pi}{4}d_1^2} \leqslant [\sigma] \qquad (5-13)$$

或

$$d_1 \geqslant \sqrt{\frac{4F}{\pi[\sigma]}} \qquad (5-14)$$

式中 $F$——工作拉力,N;

$\quad d_1$——螺栓危险截面的直径,mm;

$\quad [\sigma]$——螺栓材料的许用拉应力,MPa。

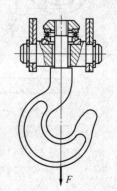

图 5-5 吊钩螺栓连接示意图

### 5.4.2　紧螺栓连接强度计算

#### 1. 仅承受预紧力的紧螺栓连接

需要预紧的螺栓连接称为紧螺栓连接。预紧过程中,螺栓除受预紧力 $F_0$ 的作用而产生拉应力 $\sigma$ 外,还受到螺纹副间摩擦阻力矩 $T$ 的作用而产生扭转切应力 $\tau$。因此,应按拉扭合成强度条件进行计算。

螺栓危险截面的拉应力为

$$\sigma = \frac{F_0}{\frac{\pi}{4}d_1^2} \tag{5-15}$$

螺栓危险截面扭转切应力

$$\tau = \frac{F_0\tan(\lambda + \varphi_v)\frac{d_2}{2}}{\frac{\pi}{16}d_1^3} = \frac{\tan\lambda + \tan\varphi_v}{1 - \tan\lambda \cdot \tan\varphi_v}\frac{2d_2}{d_1}\frac{F_0}{\frac{\pi}{4}d_1^2} \tag{5-16}$$

对于 M10~M64 的普通螺栓, $\tan\varphi_v \approx 0.17, d_2/d_1 = 1.04 \sim 1.08, \tan\lambda \approx 0.05$,上式可简化为

$$\tau = 0.5\sigma \tag{5-17}$$

因螺栓材料是塑形材料,故应按第四强度理论计算螺纹部分的强度,即

$$\sigma_{ca} = \sqrt{\sigma^2 + 3\tau^2} = \sqrt{\sigma^2 + 3(0.5\sigma)^2} \approx 1.3\sigma \leqslant [\sigma] \tag{5-18}$$

即

$$\sigma_{ca} = \frac{1.3 \times 4F_0}{\pi d_1^2} \leqslant [\sigma] \tag{5-19}$$

或

$$d_1 \geqslant \sqrt{\frac{5.2F_0}{\pi[\sigma]}} \tag{5-20}$$

#### 2. 承受预紧力和工作拉力的紧螺栓连接

气缸盖和压力容器盖等的螺栓连接,就属于受预紧力和轴向工作载荷共同作用的紧螺栓连接。这种受力形式在紧螺栓连接中比较常见,因而也是最重要的一种。这类螺栓连接在承受轴向拉伸工作载荷 $F$ 后,由于螺栓和被连接件的弹性变形,螺栓所受的总拉力并不等于预紧力和工作拉力之和,原因在于螺栓总拉力还将受到螺栓和被连接件弹性变形的影响。因此,应从分析螺栓连接的受力与变形的关系入手,确定螺栓所受总拉力的计算公式。

图 5-6 表示单个螺栓连接在承受轴向拉伸载荷前后的受力及变形情况。

图 5-6(a)表示螺母刚好拧到与被连接件相接触但尚未拧紧的情形,此时螺栓和被连接件都不受力,因而不产生变形。

图 5-6(b)表示螺母已拧紧但尚未承受工作载荷的情形,此时螺栓在预紧力 $F_0$ 的作用下伸长量为 $\lambda_b$,而被连接件在预紧力 $F_0$ 的作用下产生压缩变形,压缩量为 $\lambda_m$。

图 5-6(c)表示承受工作载荷时的情形,此时螺栓所受的拉力由 $F_0$ 增至 $F_2$,伸长量增加 $\Delta\lambda$,总伸长量为 $\lambda_b + \Delta\lambda$。与此同时,原来被压缩的被连接件因螺栓伸长而被放松,压缩量随着减小。根据变形协调条件,被连接件压缩变形的减小量应等于螺栓拉伸变形的增加量 $\Delta\lambda$。被

连接件的总压缩量为 $\lambda'_m = \lambda_m - \Delta\lambda$，所受压力将由 $F_0$ 降至 $F'_0$，$F'_0$ 称为剩余预紧力。显然，螺栓所受总拉力等于工作拉力 $F$ 与剩余预紧力 $F'_0$ 之和，即

$$F_2 = F + F'_0 \tag{5-21}$$

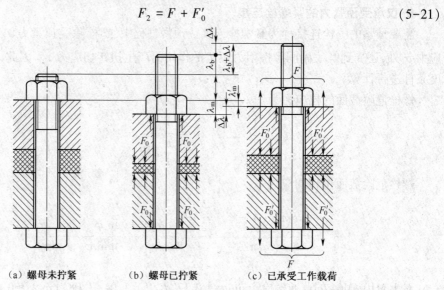

(a) 螺母未拧紧　　　(b) 螺母已拧紧　　　(c) 已承受工作载荷

图 5-6　单个紧连接螺栓的受力分析图

图 5-7 所示为螺栓和被连接件的受力与变形关系图。图 5-7(a) 表示仅受预紧力时的受力与变形关系，图 5-7(b) 表示承受工作拉力后的受力与变形关系。

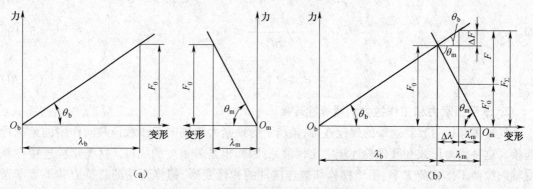

(a)　　　　　　　　　　　　　　(b)

图 5-7　单个紧连接螺栓连接的受力变形线图

由图 5-7(a) 可得

$$F_0 / \lambda_b = \tan\theta_b = C_1$$
$$F_0 / \lambda_m = \tan\theta_m = C_2 \tag{5-22}$$

式中　$C_1$、$C_2$——螺栓和被连接件的刚度。

由图 5-7(b) 可得

$$F_0 = F'_0 + (F - \Delta F)$$
$$\frac{\Delta F}{F - \Delta F} = \frac{\Delta\lambda \tan\theta_b}{\Delta\lambda \tan\theta_m} \tag{5-23}$$

可推得：
$$\Delta F = \frac{C_1}{C_1 + C_2} F \tag{5-24}$$

将式(5-24)代入式(5-23)中的第 1 式可导得预紧力 $F_0$ 的表达式：

$$F_0 = F_0' + \left(1 - \frac{C_1}{C_1 + C_2}\right) F = F_0' + \frac{C_2}{C_1 + C_2} F \tag{5-25}$$

螺栓所受总拉力：

$$F_2 = F_0 + \Delta F = F_0 + \frac{C_1}{C_1 + C_2} F \tag{5-26}$$

其中，$C_1/(C_1 + C_2)$ 称为螺栓的相对刚度，其大小与螺栓及被连接件的材料、尺寸和结构形状有关。在同样载荷条件下，为减小螺栓受力，提高连接的承载能力，应使 $C_1/(C_1 + C_2)$ 值尽量小些。设计时一般可按表 5-4 选取 $C_1/(C_1 + C_2)$

表 5-4　螺栓的相对刚度

| 被连接钢板所用垫片 | $\dfrac{C_1}{C_1 + C_2}$ |
| --- | --- |
| 金属垫片或无垫片 | 0.2~0.3 |
| 皮革垫片 | 0.7 |
| 铜皮石棉垫片 | 0.8 |
| 橡胶垫片 | 0.9 |

如图 5-7(b)所示，如果工作载荷 $F$ 过大，$\Delta\lambda > \lambda_m$，被连接件间就出现缝隙，紧连接就失效。为了保证连接的紧密性，防止连接受载后产生缝隙，剩余预紧力 $F_0'$ 必须大于零。对于不同要求的连接，建议剩余预紧力 $F_0'$ 按以下原则选取：

有紧密性要求的连接：$F_0' = (1.5 \sim 1.8) F$；

载荷稳定的一般连接：$F_0' = (0.2 \sim 0.6) F$；

载荷变化的一般连接：$F_0' = (0.6 \sim 1.0) F$；

地脚螺栓连接：$F_0' \geqslant F$。

工作载荷 $F$ 为平稳载荷时，螺栓危险截面上的拉伸强度条件为

$$\sigma = \frac{1.3 \times 4F_2}{\pi d_1^2} \leqslant [\sigma] \tag{5-27}$$

或

$$d_1 \geqslant \sqrt{\frac{5.2F_2}{\pi[\sigma]}} \tag{5-28}$$

对于工作载荷 $F$ 为变载荷的重要连接，除按式(5-27)、(5-28)作静强度计算外，还应对连接螺栓作疲劳强度校核。如图 5-8 所示，工作拉力大小在 $0 \sim F$ 之间变化时，螺栓所受总拉力将在 $F_0 \sim F_2$ 之间变化。若不考虑螺纹副摩擦力矩的影响，螺栓危险截面上的最大和最小拉应力分别为

$$\sigma_{\max} = \frac{4F_2}{\pi d_1} \text{ 和 } \sigma_{\max} = \frac{4F_0}{\pi d_1}$$

则应力幅

$$\sigma_a = \frac{\sigma_{max} - \sigma_{min}}{2} = \frac{C_1}{C_1 + C_2} \cdot \frac{2F}{\pi d_1^2} \tag{5-29}$$

应力幅是影响变载荷零件疲劳强度的主要因素,故螺栓的疲劳强度条件为

$$\sigma_a = \frac{C_1}{C_1 + C_2} \cdot \frac{2F}{\pi d_1^2} \leqslant [\sigma_a] = \frac{\varepsilon \sigma_{-1T}}{[S_a]k_\sigma} \tag{5-30}$$

式中　$\sigma_{-1T}$——螺栓材料的对称循环拉压应力疲劳极限,单位为 MPa,数值要查手册;

　　　$[\sigma_a]$——变载荷时的许用应力幅,单位为 MPa;

　　　$\varepsilon$、$[S_a]$、$k_\sigma$ 的取值查相关表格获得。

### 3. 承受工作剪力的紧螺栓连接

　　铰制孔用螺栓连接受横向力[图 5-9 (a)]作用时,螺栓在连接结合面处受到剪切[图 5-9(a)],并与被连接件的孔壁相互挤压[图 5-9(b)、(c)]。忽略预紧力和摩擦力的影响,铰制孔用连接螺栓的剪切强度条件为

$$\frac{4F_\tau}{\pi d_0^2 m} \leqslant [\tau] \tag{5-31}$$

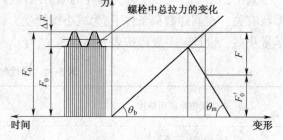

图 5-8　承受轴向载荷的紧螺栓连接受力图

式中　$d_0$——抗剪面的直径,单位为 mm;

　　　$m$——螺栓抗剪面的数目[比如图 5.17(a)中,$m=1$];

　　　$F_\tau$——连接螺栓受到的剪力,单位为 N;

　　　$[\tau]$——连接螺栓的许用切应力,单位为 MPa,查表。

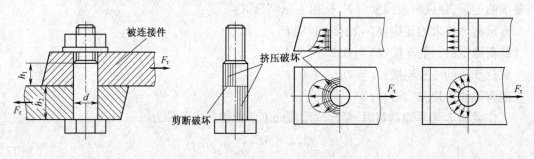

（a）受剪螺栓连接　　（b）螺栓被挤压　　（c）挤压应力分布　　（d）假设挤压应力均匀分布

图 5-9　受剪螺栓的受力分析图

　　螺栓孔表面的挤压应力分布如图 5-9(c)所示,它和表面加工、杆孔配合及零件的变形有关,难以精确计算。假设挤压应力均匀分布[图 5-9(d)],其挤压强度条件为

$$\frac{F_p}{d_0 h} \leqslant [\sigma_p] \tag{5-32}$$

式中　$F_p$——螺杆与杆孔之间的挤压力,单位为 N,$F_p = F_\tau$;

　　　$h$——被挤压面的计算高度,单位为 mm,设计时可取 $h \geqslant 1.25d$;

　　　$[\sigma_p]$——许用挤压应力,单位为 MPa,查表。

## 5.5　设计螺纹连接时应注意的问题

### 5.5.1　螺纹连接的预紧

实际应用上绝大多数螺纹连接装配时都必须拧紧,使连接在承受工作载荷之前,预先受到力的作用,这个预加的作用力称为预紧力。预紧的目的在于增强连接的可靠性、紧密性和防松能力,防止受载后被连接件间出现缝隙或发生相对滑移。适当选用较大的预紧力,对提高螺纹连接的可靠性以及连接件的疲劳强度都是有利的。但过大的预紧力也会导致整个连接件的结构尺寸增大,甚至在装配或偶然过载时拉断。因此,为了保证连接所需的预紧力,又不使连接件过载,对重要的螺纹连接,如气缸盖、压力容器盖、管路凸缘等的连接,装配时要控制预紧力。

拧紧螺母时,螺栓和被连接件都受到预紧力 $F_0$ 的作用,拧紧螺母需要的预紧力矩 $T$,是螺纹副的阻力矩 $T_1$ 和螺母与支承面间的摩擦力矩 $T_2$ 的和,即 $T = T_1 + T_2$。根据机械原理可以推得

螺旋副间的摩擦力矩为

$$T_1 = F_0 \frac{d_2}{2} \tan(\lambda + \rho_v) \tag{5-33}$$

螺母与支持面间的摩擦力矩为

$$T_2 = \frac{1}{3} f F_0 \frac{D_0^3 - d_0^3}{D_0^2 - d_0^2} \tag{5-34}$$

则

$$T = \frac{1}{2} \left[ \frac{d_2}{d} \tan(\lambda + \rho_v) + \frac{2}{3} \frac{f}{d} \frac{D_0^3 - d_0^3}{D_0^2 - d_0^2} \right] F_0 d = K_t F_0 d \tag{5-35}$$

式中　$K_t$——拧紧力矩系数,平均 $K_t = 0.2$。

实际应用中,预紧力 $F_0$ 是通过控制预紧力矩 $T$ 来控制的。而预紧力矩的大小常用测力矩扳手和定力矩扳手控制。测力矩扳手(图 5-10)根据扳手上弹性元件 1 在拧紧力矩作用下所产生的弹性变形量来指示拧紧力矩的大小。定力矩扳手具有拧紧力矩超过预定值时自动打滑的特性,如图 5-11 所示,当所需拧紧力矩超过预定值时,弹簧 3 被压缩,扳手卡盘 1 与圆柱销 2 之间出现打滑,即使继续转动手柄,卡盘也不再转动。预定拧紧力矩的大小通过调节调整螺钉 4 来设定。需要注意的是:直径小的螺栓拧紧时容易过载拉断,因此,对于需要预紧的重要螺栓连接,不宜选用小于 M12 的螺栓。

通常规定拧紧后螺纹连接件的预紧力 $F_0$

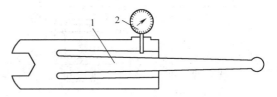

图 5-10　测力计扳手示意图

1—弹性元件;2—指示表

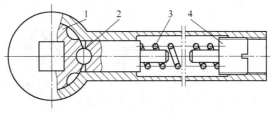

图 5-11　定力矩扳手示意图

1—扳手卡盘；2—圆柱销；3—弹簧；4—调整螺钉

不得超过其材料屈服极限的 80%。推荐按以下关系式确定 $F_0$：

碳素钢螺栓：$F_0 \leqslant (0.6 \sim 0.7)\sigma_s A_1$

合金钢螺栓：$F_0 \leqslant (0.5 \sim 0.6)\sigma_s A_1$

式中　$A_1$——螺栓危险截面的面积，单位为 $mm^2$。

### 5.5.2　螺纹的防松

在静载荷作用下，连接用螺纹能满足自锁条件 $\lambda \leqslant \rho_v$，且螺母、螺栓头与支承面间的摩擦力矩也有防松作用。但在变载荷和冲击、振动及温度变化较大的情况下，螺纹副间及螺母、螺栓头与支承面间的摩擦阻力可能瞬间消失，经多次重复后，连接就可能松动甚至松脱，造成严重事故。所以，设计螺纹连接时必须考虑防松问题。

所谓防松就是防止螺纹副工作时产生相对转动。按防松原理的不同，常见防松方法分摩擦防松、机械防松和永久止动防松 3 种。摩擦防松较为简单方便，机械防松可靠性高，重要的连接应采用机械防松。表 5-5 列举了几种常用的摩擦防松和机械防松结构。

永久止动防松有冲点、铆接、粘接及钎焊防松等，防松可靠，但拆卸后螺纹副一般不可再使用，故一般用于装配后不再拆卸的连接。

表 5-5　常用的防松方法

| 防松方法 | | 结构形式 | 应用特点 |
|---|---|---|---|
| 摩擦防松 | 对顶螺母 | 副螺母<br>主螺母 | 用两个螺母对顶拧紧，使旋合螺纹间始终受到附加的压力和摩擦力的作用，其结构简单，但会加大连接的高度尺寸和重量，适用于平稳、低速和重载的连接。 |
| | 弹簧垫圈 | | 拧紧螺母后，弹簧垫圈被压平，垫圈的弹性恢复力使螺纹副轴向压紧，同时垫圈斜口的尖端抵住螺母与被连接件的支承面，起到防松的作用。其结构简单，应用方便，广泛应用于一般的连接中。但在振动工作条件下防松效果较差 |
| | 自锁螺母 | 锁紧锥面螺母 | 利用螺母末端椭圆口的弹性变形箍紧螺栓，通过横向压紧螺栓来防松。其结构简单、防松可靠，可多次拆卸而不降低防松性能，适用于重要的连接 |
| | 尼龙圈锁紧螺母 | | 螺纹旋入处嵌入纤维或尼龙弹性圈来增加摩擦力，起到防松的作用，同时还可起到防止液体泄漏的作用 |

| 防 松 方 法 | | 结 构 形 式 | 应 用 特 点 |
|---|---|---|---|
| 机械防松 | 开口销和槽形螺母 | | 拧紧槽形螺母后，将开口销插入螺栓尾部小孔和螺母的槽内，再将销的尾部分开，使螺母锁紧在螺栓上。此结构适用于有较大冲击、振动的高速机械中的连接 |
| | 止动垫圈 | | 垫圈套入螺栓，并使其下弯的外舌放入被连接件的小槽中，再拧紧螺母，最后垫圈的另外一边向上弯，使之和螺母的一边贴紧。其结构简单，使用方便，防松可靠。 |
| | 串联钢丝 | 正确<br>错误 | 用低碳钢丝传入螺钉头部的孔内，将各螺钉串联起来，使其相互约束，使用时必须注意钢丝的穿入方向。此结构适用于螺钉组的连接，防松可靠，但拆卸不方便 |
| 永久防松 | 冲点和定位焊 | 冲点　　定位焊 | 螺母拧紧后，在螺栓末端与螺母的旋合缝处用冲点或焊接来防松。其防松可靠，适用于不需拆卸的特殊连接 |
| | 胶合 | 涂胶接剂 | 在旋合的螺纹间涂以胶结剂，使螺纹副紧密胶合。其防松可靠，且有密封作用，但不能拆卸 |

## 5.6 螺 旋 传 动

### 5.6.1 螺旋传动的类型和应用

螺旋传动是利用螺杆和螺母组成的螺旋副来实现传动要求的。主要用于将回转运动转变为直线运动,同时传递运动和动力。

根据螺杆和螺母的相对运动关系,螺旋传动的常用运动形式,主要有图 5-12(a)、(b)两种:螺杆转动,螺母移动;螺母固定,螺杆转动并移动。

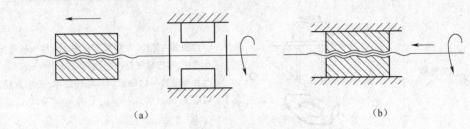

(a)                                (b)

图 5-12 螺旋传动的运动形式示意图

螺旋传动按其用途不同可分为三类:

(1)传力螺旋。以传递动力为主,要求以较小的转矩产生较大的轴向推力,间歇工作,运动速度不高,一般为间歇性工作,每次的工作时间较短,工作速度也不高,通常有自锁要求。如起重和加压装置中的螺旋传动。

(2)传导螺旋。以传递运动为主,有时也承受较大的轴向载荷,常在较长的时间内连续工作,工作速度较高,对传动精度的要求也较高。如机床进给机构中的螺旋传动。

(3)调整螺旋。用以调整和固定零件的相对位置,对自锁性有较高的要求。调整螺旋不经常转动,一般在空载下调整。如机床、仪器和测试装置等的微调机构中的螺旋。

按螺旋副摩擦性质的不同,螺旋传动又可分为滑动螺旋、滚动螺旋和静压螺旋传动。滑动螺旋结构简单,便于制造,易于自锁,但摩擦阻力大,传动效率低,磨损快,运动精度低。滚动螺旋传动和静压螺旋传动的摩擦阻力小,传动效率高,但结构复杂。特别是静压螺旋,还需要供油系统。因此,只有在高精度、高效率的重要传动中才宜使用,如数控、精密机床或自动控制系统中的螺旋传动。

### 5.6.2 滑动螺旋传动的结构和材料

**1. 滑动螺旋的结构**

螺旋传动的结构主要是指螺杆、螺母固定和支承的结构形式。螺旋传动的工作刚度、精度与支承结构有直接关系。当螺杆短而粗且垂直布置时,如起重及加压装置的传力螺旋,可以利用螺母本身作支承(图 5-13)。当螺杆细长且水平布置时,如机床的传动丝杠等,应在螺杆两端或中间附加支承,以提高螺杆的工作刚度。螺杆的支承结构和轴的支承结构相同。对轴向尺寸较大的螺杆,应采用对接的组合结构代替整体结构,以减少制造工艺上的困难。

　　按结构的不同,螺母分整体螺母(图5-14)、组合螺母(图5-15)和剖分螺母等形式。整体螺母结构简单,但由磨损产生的轴向间隙不能补偿,只适合在精度要求较低的传动中使用。对于经常双向传动的传导螺旋,为了消除轴向间隙和补偿旋合螺纹的磨损,避免反向传动时的空行程,经常采用组合螺母和剖分螺母。组合螺母的结构形式很多,图5-15所示为利用调整楔块来定期调整螺旋副轴向间隙的组合螺母。

　　螺旋传动采用的螺纹类型有矩形、梯形和锯齿形。其中以梯形和锯齿形螺纹应用最广。螺杆常用右旋螺纹,只有在某些特殊场合(如车床横向进给丝杠),为了符合操作习惯,才采用左旋螺纹。传力螺旋和调整螺旋要求可靠的自锁,常用单线螺纹。为提高传动效率及直线运动速度,传导螺纹常采用双线或多线螺纹。

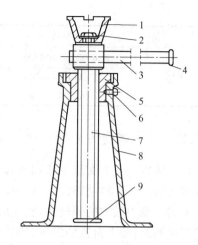

图 5-13　螺旋起重器示意图
1—托杯;2—螺钉;3—手柄;4—挡环;
5—螺母;6—紧定螺钉;7—螺杆;
8—底座;9—挡环

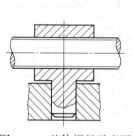

图 5-14　整体螺母示意图

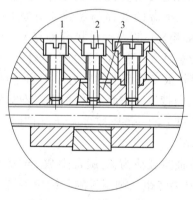

图 5-15　组合螺母示意图
1—固定螺钉;2—调整螺钉;3—调整楔块

### 2. 螺杆和螺母的材料

　　螺杆和螺母的材料除应具备足够的强度外,还要求有较好的耐磨性和良好的工艺性。常用材料见表5-6。

**表 5-6　螺旋传动的常用材料**

| 螺 旋 副 | 材 料 牌 号 | 应 用 范 围 |
| --- | --- | --- |
| 螺杆 | Q235、Q275、45、50 | 材料不经热处理,适用于经常运动,受力不大,转速较低的运动 |
| | 40Cr、65Mn、T12、40WMn、18CrMnTi | 材料需经热处理,以提高其耐磨性,适用于重载、转速较高的重要传动 |
| | 9Mn2V、CrWMn、38CrMoAl | 材料需要热处理,以提高其尺寸的稳定性,适用于精密传导螺旋传动 |

| 螺 旋 副 | 材 料 牌 号 | 应 用 范 围 |
|---|---|---|
| 螺母 | ZCu10P1、ZCu5Pb5Zn | 材料耐磨性好,适用于一般传动 |
| | ZCuA19Fe4Ni4Mn | 材料耐磨性好,强度高,适用于重载、低速的传动。对于尺寸较大 |
| | ZCuZn25A16Fe3Mn3 | 或高速传动,螺母可采用钢或铸铁制造,内孔浇注青铜或巴氏合金 |

### 5.6.3 滑动螺旋传动的设计计算

滑动螺旋主要承受扭矩和轴向力。由于螺母和螺杆间有较大的滑动摩擦,因而磨损是其主要的失效形式。滑动螺旋的基本尺寸(螺杆的直径和螺母的高度),通常是根据耐磨性条件来确定的。受力较大的螺旋传动,还应校核螺杆危险截面和螺母螺纹牙的强度,以防止发生塑性变形或断裂;要求自锁的螺杆,要校核其自锁性;精密的传导螺杆,应校核其刚度,以免因受力导致螺距变化引起传动精度降低;长径比较大的螺杆,应校核其稳定性,以防止轴向受载后失稳;高速的长螺杆还应校核其临界转速,以防止过大的横向振动。具体设计时应根据传动的类型、工作条件及其失效形式等,选择不同的设计准则,而不必逐项进行校核。

**1. 耐磨性计算、确定螺纹中径 $d_2$**

滑动螺旋的磨损与螺纹工作面的压力滑动速度、表面粗糙度以及润滑状态等有关,其中压力对磨损的影响最大。滑动螺旋的耐磨性计算就是指计算并限制螺纹工作面上的压力 $p$ 不超过材料的许用压力 $[p]$,而螺纹工作面上的磨损以螺母较严重。若把旋合螺母上的一圈螺纹牙展开,相当于一悬臂梁(见图 5-16)。

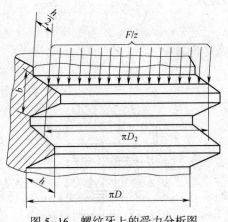

图 5-16 螺纹牙上的受力分析图

设轴向载荷为 $F$,旋合圈数 $z = H/P$($H$ 为螺母高度,$P$ 为螺距),则螺母耐磨性校核的计算公式为

$$p = \frac{F/z}{\pi d_2 h} = \frac{F \cdot P}{\pi d_2 h H} \leqslant [p] \qquad (5-36)$$

由上式可推得螺纹中径 $d_2$ 的设计公式为

$$d_2 \geqslant \sqrt{\frac{F \cdot P}{\pi \cdot h \cdot H \cdot [p]}} \qquad (5-37)$$

式中  $h$——螺纹的工作高度,单位为 mm。梯形和矩形螺纹 $h = 0.5P$,锯齿形螺纹 $h = 0.75P$;

$[p]$——许用压力,单位为 MPa,查表 5-7。

**2. 螺母螺纹牙的强度校核**

因螺母的材料性能一般低于螺杆,所以只对螺母螺纹牙进行剪切强度和弯曲强度校核。螺母螺纹牙上的受力情况如图 5-16 所示,危险截面在螺纹牙根部,剪切强度条件为

$$\tau = \frac{F}{\pi D b z} \leqslant [\tau] \qquad (5-38)$$

式中  $[\tau]$——螺母材料的许用切应力。

表 5-7 滑动螺旋传动的许用压力

| 螺纹副材料 | 滑动速度 /(m·min⁻¹) | 许用压力/MPa | 螺纹副材料 | 滑动速度 /(m·min⁻¹) | 许用压力/MPa |
|---|---|---|---|---|---|
| 钢对青铜 | 低速 | 18~25 | 钢对灰铸铁 | <2.4 | 13~18 |
| | <3.0 | 11~18 | | 6~12 | 4~7 |
| | 6~12 | 7~10 | 钢对钢 | 低速 | 7.5~13 |
| | >15 | 1~2 | | | |
| 钢对耐磨铸铁 | 6~12 | 6~8 | 淬火钢对青铜 | 6~12 | 10~13 |

注:$\psi$<2.5 或人力驱动时,$[p]$ 可提高约 20%;螺母为两半式时,$[p]$ 应降低约 15%~20%。

弯曲强度条件为

$$\sigma_b = \frac{6Fl}{\pi Db^2 z} \leqslant [\sigma_b] \tag{5-39}$$

式中 $b$——螺纹牙根部的厚度,矩形螺纹 $b=0.5P$,梯形螺纹 $b=0.65P$,30°锯齿形螺纹 $b=0.75P$;

$l$——弯曲力臂,$l=(D-D_2)/2$;

$[\sigma_b]$——螺母材料的许用弯曲应力。

若螺母和螺杆的材料相同,则应校核螺杆螺纹牙的强度。此时只需将以上两式中的 $D$ 改为 $d_1$ 即可。

### 3. 螺杆强度校核

受力较大的螺杆需要进行强度校核。螺杆工作时受轴向力和扭矩的作用,螺杆危险截面处既有轴向应力又有扭转切应力。因此,应按第四强度理论计算螺杆危险截面上的当量应力 $\sigma_{ca}$。其强度条件为

$$\sigma_{ca} = \sqrt{\sigma^2 + 3\tau^2} = \sqrt{\frac{4F^2}{\pi d_1^2} + 3\frac{T^2}{0.2d_1^2}} \leqslant [\sigma] \tag{5-40}$$

式中 $F$——螺杆所受的轴向压力(或拉力),单位 N;

$d_1$——螺杆的螺纹小径,单位 mm;

$T$——螺杆所受的扭矩,单位为 N·mm;

$[\sigma]$——螺杆材料的许用应力,单位为 MPa,需要时查设计手册。

### 4. 螺杆稳定性校核

对长径比较大的螺杆,需要进行压杆稳定性校核,校核公式为

$$\frac{F_{cr}}{F} \geqslant 2.5 \sim 4 \tag{5-41}$$

式中 $F_{cr}$——螺杆的稳定临界载荷;

$F$——螺杆所受工作压力,$F_{cr}$、$F$ 的单位均为 N。

记 $I$ 为螺杆危险截面的轴惯性矩,$i$ 为截面的惯性矩半径,单位为 mm,$i=I/A=d_1/4$;$\mu$ 为长度系数,与螺杆两端支承形式有关,见表 5-8。

当 $\mu l/i \geqslant 90$ 时:

$$F_{cr} = \frac{\pi^2 EI}{(\mu l)^2} \tag{5-42}$$

式中　$E$——螺杆材料的弹性模量,单位为 MPa;

　　　$l$——螺杆的最大工作长度,单位为 mm。

当 $40 \leqslant \mu l/i < 90$、材料为未淬火钢时:

$$F_{cr} = \frac{340i^2}{i^2 + 0.00013(\mu l)^2} \cdot \frac{\pi d_1^2}{4} \tag{5-43}$$

$$F_{cr} = \frac{480i^2}{i^2 + 0.002(\mu l)^2} \cdot \frac{\pi d_1^2}{4} \tag{5-44}$$

表 5-8　长度系数

| 螺杆端部结构 | 长度系数 $\mu$ |
|---|---|
| 两端固定 | 0.5 |
| 一端固定、一端不完全固定 | 0.6 |
| 一端固定、一端铰支 | 0.7 |
| 两端铰支 | 1.0 |
| 一端固定、一端自由 | 2.0 |

注:采用滑动支承($d_0$——轴承孔直径,$B$——轴承宽度):$B/d_0 < 1.5$——铰支,$B/d_0 = 1.5 \sim 3$——不完全固定,$B/d_0 > 3$——固定端;采用滚动支承:只有径向约束——铰支,径向与轴向均有约束——固定端。

当 $\mu l/i < 40$ 时,不必进行稳定性计算。

**5. 螺旋副自锁条件校核**

有自锁性要求的螺旋副,螺纹的升角 $\lambda$ 应满足:

$$\lambda = \arctan \frac{np}{\pi d_2} \leqslant \rho_v \tag{5-45}$$

式中,$\rho_v$ 为当量摩擦角,$\rho_v = \arctan(f/\cos \beta)$,其中,$f$ 为螺旋副的摩擦因数,见表5-9;$\beta$ 为螺纹牙型半角。

表 5-9　螺旋传动螺纹副间的摩擦因数(定期润滑)

| 螺杆和螺母材料 | 摩擦因数 $f$ |
|---|---|
| 钢对青铜 | 0.08~0.10 |
| 钢对耐磨铸铁 | 0.10~0.12 |
| 钢对铸铁 | 0.12~0.15 |
| 钢对钢 | 0.11~0.17 |
| 淬火钢对青铜 | 0.06~0.08 |

注:启动时取最大值,运转中取最小值。

## 5.6.4　滚动螺旋简介

滚动螺旋传动是在具有螺旋槽的螺杆与螺母之间,连续填装滚动体的螺旋传动,可分为滚子螺旋和滚珠螺旋。滚子螺旋制造工艺复杂,应用较少。滚珠螺旋则应用已较广泛。

滚珠螺旋的结构如图 5-17 所示,机架 7 上的滚动轴承支承着螺母 6,当螺母 6 被齿轮 1 通过键 3 带动而转动时,利用滚珠 4 在螺旋槽内滚动使螺杆 5 做直线运动。滚珠沿螺旋槽(螺杆与螺母上的螺旋槽对合起来形成滚珠滚道)向前滚动,并借助于导向装置将滚珠导入返回滚道 2,再进入工作滚道中。如此往复循环,使滚珠形成一个闭合的循环回路。

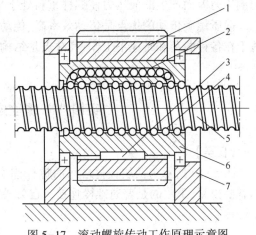

滚珠螺旋传动具有传动效率高、启动力矩小、传动灵敏平稳、工作寿命长等优点,故在机床、汽车和航空等制造业中应用广泛。主要缺点是制造工艺比较复杂,特别是长螺杆,更难保证热处理和磨削加工质量,刚性和抗震性能较差。

图 5-17　滚动螺旋传动工作原理示意图

## 5.6.5　静压螺旋传动简介

为了降低螺旋传动的摩擦,提高传动效率,增强螺旋传动的刚性和抗震性能,将静压原理应用于螺旋传动中,形成了静压螺旋传动,其结构和工作原理如图 5-18 所示。图中螺杆为梯形螺纹的普通螺杆,螺母每圈螺纹牙两个侧面的中径处,各有 3~4 个油腔,压力油通过节流器进入油腔,产生一定的油腔压力。

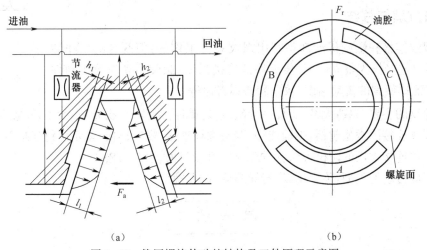

（a）　　　　　　　　　　　　　　　　（b）

图 5-18　静压螺旋传动的结构及工件原理示意图

当螺杆未受工作载荷时,螺杆的螺纹牙位于螺母螺纹牙的中间位置,处于平衡状态。此时,螺杆螺纹牙两侧的间隙相等,经螺纹牙两侧流出的油的流量相等,因此两侧油腔的压力也相等。

当螺杆受到轴向载荷作用时,螺杆沿受力方向产生位移,螺纹牙间的间隙一侧增大,另一侧减小。由于节流器的调压作用,使间隙减小一侧的油腔压力增高,另一侧油腔压力降低。由两侧压力差而产生的液压力使螺杆重新处于平衡状态,实现平稳传动。

静压螺旋传动的优点是传动效率高、传动灵敏、刚性和抗震性能好、理论上无机械磨损等,适于在各种载荷和转速下工作;其缺点是结构复杂,需要一套过滤精度高的压力供油装置,成本高。

## 实训八  螺栓连接的设计及强度

### 【任务】

图 5-19 所示为两块板材之间的螺栓固定,由于螺栓仅作为固定和定位使用,在装配时,不需要预紧,采用的是普通螺栓连接。已知外载荷拉力 $F_0 = 4\,000$ N,试设计此螺栓并进行强度校核。

### 【任务实施】

(1)由于螺栓作为固定两块板材和定位使用,不受动载荷影响,螺栓受力为静载荷。

(2)普通螺栓连接,不控制预紧力,只受外载荷影响。

(3)由于材料及尺寸未知,先预先假定选用某种材料。

(4)查表得到该材料的抗拉强度和下屈服强度。

(5)根据公式计算出合适的螺栓小径 $d_1$。

(6)确定螺栓尺寸。

(7)校核强度,确定尺寸及材料选择是否合理。

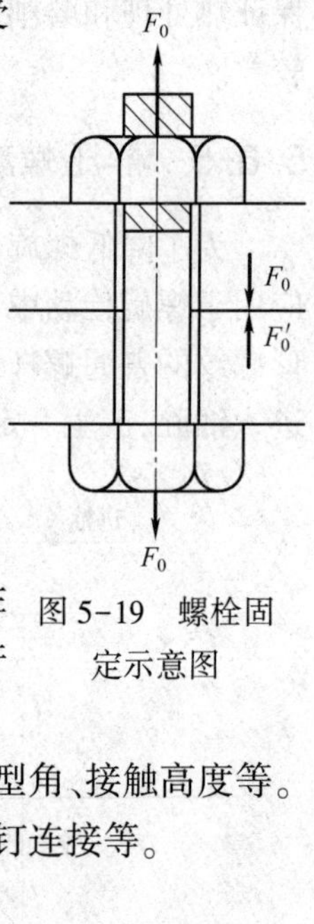

图 5-19  螺栓固定示意图

### 📖 知识梳理与总结

(1)螺纹连接和螺旋传动都是利用螺纹零件工作的,但两者的工作性质不同,螺纹连接作为紧固件用,要求保证连接强度;螺旋传动作为传动件用,要求保证螺旋副的传动精度、效率和磨损寿命等。

(2)螺纹的主要参数:大经、小径、中经、线数、螺距、导程、螺纹升角、牙型角、接触高度等。

(3)螺纹连接的类型包括:螺栓连接、双头螺柱连接、螺钉连接、紧定螺钉连接等。

(4)螺纹连接常用的防松方法:摩擦防松、机械防松、永久防松。

(5)螺旋传动的类型:传力螺旋、传导螺旋、调整螺旋。

## 同 步 练 习

### 5-1  选择题

(1)在常用的螺旋传动中,传动效率最高的螺纹是_____。

A. 三角形螺纹　　　　B. 梯形螺纹　　　　C. 锯齿形螺纹　　　　D. 矩形螺纹

(2)在常用的螺纹连接中,自锁性能最好的螺纹是_____。

A. 三角形螺纹　　　　B. 梯形螺纹　　　　C. 锯齿形螺纹　　　　D. 矩形螺纹

(3) 当两个被连接件不太厚时, 宜采用＿＿＿＿＿＿＿＿。

A. 双头螺柱连接　　　B. 螺栓连接　　　　C. 螺钉连接　　　　　　D. 紧定螺钉连接

(4) 当两个被连接件之一太厚, 不宜制成通孔, 且需要经常拆装时, 往往采用＿＿＿＿＿＿＿＿。

A. 螺栓连接　　　　　　B. 螺钉连接　　　　C. 双头螺柱连接　　D. 紧定螺钉连接

(5) 在拧紧螺栓连接时, 控制拧紧力矩有很多方法, 例如＿＿＿＿＿＿＿＿。

A. 增加拧紧力　　　　B. 增加扳手力臂　　C. 使用测力矩扳手或定力矩扳手

(6) 螺纹连接防松的根本问题在于＿＿＿＿＿＿＿＿。

A. 增加螺纹连接的轴向力　　　　　　B. 增加螺纹连接的横向力

C. 防止螺纹副的相对转动　　　　　　D. 增加螺纹连接的刚度

(7) 螺纹连接预紧的目的之一是＿＿＿＿＿＿＿＿。

A. 增强连接的可靠性和紧密性　　　　B. 增加被连接件的刚性

C. 减小螺栓的刚性

(8) 滑动螺旋传动, 其失效形式多为＿＿＿＿＿＿＿＿。

A. 螺纹牙弯断　　　　B. 螺纹磨损　　　　C. 螺纹牙剪切　　　　D. 螺纹副咬死

**5-2　简答题**

(1) 螺纹的主要参数有哪些?

(2) 螺纹连接有哪几种类型? 各用在哪种场合?

(3) 简述螺旋传动的类型、特点和应用场合?

# 第6章　带传动和链传动

📖 **本章知识导读**

**【知识目标】**

1. 了解带传动的工作原理、类型、用途及特点；了解带传动的张紧，维护。

2. 理解并掌握带传动工作前后的受力特点。

3. 理解传动带上的应力分布情况；理解打滑现象与弹性滑动概念、了解失效形式，设计准则。

4. 掌握 V 带传动的设计。

5. 理解链传动工作原理及类型；了解滚子链的结构及标准；了解滚子链结构和标准链传动的运动特性和受力与失效分析；了解链传动的布置和张紧。

**【能力目标】**

1. 能够正确选用带传动的型号，并清楚带传动的优缺点；

2. 知道链传动的优缺点及应用场合；

3. 能深入理解带传动和链传动的原理。

**【重点、难点】**

1. 带传动的受力分析、打滑，弹性滑动、V 带传动的设计方法；

2. 链传动的运动特性。

带传动和链传动是在主动轮、从动轮之间通过中间挠性元件（带和链）来传递运动和动力的。带传动是利用带和带轮的摩擦（或啮合）进行工作的，链传动是利用链条和链轮轮齿的啮合来实现传动。与齿轮传动相比，它们具有结构简单、成本低廉，中心距较大等优点。因此带传动和链传动在工程上得到了广泛的应用。

本章主要介绍 V 带传动和滚子链传动的类型、特点、工作原理及其传动设计。

## 6.1　带传动的类型和特点

### 6.1.1　带传动的组成和类型

带传动由主动轮 1、从动轮 2 和环形挠性带 3 组成（图 6-1）。它分为摩擦带传动和啮合带传动两种。摩擦带传动是借助带的初拉力紧套在带轮上，靠带与带轮之间产生的摩擦力来进行传动的。啮合带传动也称同步带传动靠带轮轮齿与带工作面上齿的啮合传动。

摩擦带传动中，传动带张紧在主动轮和从动轮上，带与两轮接触面之间产生压力。当主动轮旋转时，由这个压力所产生的摩擦力拖拽带运动，同理带又拖拽从动轮旋转，完成运动和动力的传递。按带的截面形状，带可分平带、V 带、多楔带和圆形带等（图 6-2）。

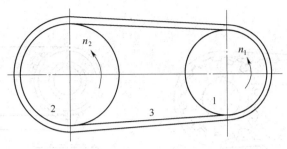

图 6-1　带传动示意图

   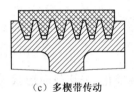 

（a）平带传动　　　　　　（b）V带传动　　　　　　（c）多楔带传动　　　　（d）圆形带传动

图 6-2　不同截面形状的摩擦带传动示意图

平带的截面形状是矩形,内表面是工作面,如图 6-2(a)所示。平带的截面尺寸已标准化,常用的平带有橡胶帆布带、编织带和强力锦纶带等。平带结构简单,传动效率高,适用于平行轴传动,多用于中心距较大的场合。

V 带的截面形状是等腰梯形,两侧面是工作面,如图 6-2(b)所示。在传动时,V 带与带轮槽两侧面接触,在同样压紧力的作用下,V 带的摩擦力比平带大,能传递较大的功率,结构紧凑,在机械传动中应用较广。V 带又分为普通 V 带,楔角为 40°,相对高度近似为 0.7;窄 V 带楔角为 40°,相对高度近似为 0.9,传动功率较大;大楔角 V 带楔角为 60°;联组 V 带是将几根 V 带、窄 V 带的顶面用胶帘布连成一组,结构紧凑。

多楔带相当于是在平带基础上由多根 V 带组合而成的传动带[图 6-2(c)],兼有平带传动和 V 带传动的特点,有较大的摩擦牵引力,传动能力强,适用于传动功率较大且要求结构比较紧凑的场合。

圆带的截面形状是圆形[图 6-2(d)],多用皮革或棉绳制成。圆带传动的摩擦牵引力较小,适用于小功率的轻型或小型机械。

啮合带传动工作时,带上的齿或齿孔与轮上的齿相互啮合,以传递运动和动力,可分同步齿形带传动和齿孔带传动,如图 6-3 所示。同步齿形带传动常用于数控机床、纺织机械、收录机等;放映机、打印机采用的是齿孔带传动,被输送的胶带或纸张上开有孔,也就是齿孔带。

同步齿形带靠啮合传动,所需张紧力小,轴和轴承所受的载荷小;没有弹性滑动,传动比准确且传动比大(可达 10~20);带的厚度薄,质量轻,允许较高线速度(可达 50 m/s)和较小的带轮直径;传动效率高(可达 98%);传动功率可达 200 kW。但其制造和安装精度要求较高,成本也较高。

## 6.1.2　普通 V 带传动

传动时 V 带只与轮槽侧面接触。根据楔形增压原理,在相同初拉力下,V 带比平带具有更大的传动能力。

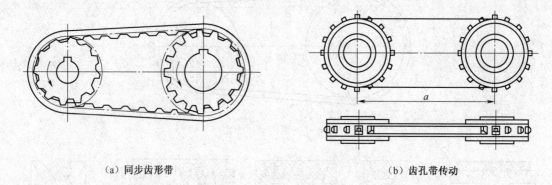

（a）同步齿形带          （b）齿孔带传动

图 6-3 啮合传动示意图

普通 V 带已标准化,按其截面形状大小可分为 Y、Z、A、B、C、D、E SPZ、SPA、SPB、SPC 等十一种型号。

当 V 带纵向弯曲时,在带中保持长度不变的周线称为节线,全部节线组成的面称为节面。带的节面宽度称为节宽 $b_p$,当带弯曲时,该宽度保持不变。在规定的张紧力下,V 带节线长度称为基准长度 $L_d$。V 带的标准长度以基准长度表示。在 V 带带轮上,与所配用 V 带的节宽相对应的轮槽宽度称为轮槽的基准宽度($b_d$),带轮基准宽度位置的直径叫基准直径($d_d$)。普通 V 带的截面尺寸见表 6-1,普通 V 带基准长度系列 $L_d$ 见表 6-2。基准直径系列见表 6-3。

表 6-1 普通 V 带的截面尺寸

| 型 号 | Y | Z | A | B | C | D | E |
|---|---|---|---|---|---|---|---|
| 顶宽 $b$ | 6 | 10 | 13 | 17 | 22 | 32 | 38 |
| 节宽 $b_p$ | 5.3 | 8.5 | 11 | 14 | 19 | 27 | 32 |
| 高度 $h$ | 4.0 | 6.0 | 8.0 | 11 | 14 | 19 | 25 |
| 楔角 $\phi$ | 40° | | | | | | |
| 每米质量 $q/(\text{kg}\cdot\text{m}^{-1})$ | 0.04 | 0.06 | 0.10 | 0.17 | 0.30 | 0.6 | 0.87 |

## 6.1.3 带传动的特点

与齿轮传动相比,摩擦带传动的主要优点是:因带有弹性,能缓冲、吸振、运行平稳噪声小;当传动过载时,带在带轮上打滑可防止其他零件的损坏,保护原动机;结构简单,成本低;适于中心距较大的传动。带传动的主要缺点是:有弹性滑动和打滑,使传动效率降低($\eta = 0.90 \sim 0.95$),不能保持准确的传动比;传动的外廓尺寸较大;由于需要张紧,使轴上受力较大;带的使用寿命较短;不宜用于高温、易燃及有腐蚀的环境。

表 6-2　普通 V 带的基准长度系列及带长修正系数 $K_L$

| 基准长度 $L_d$/mm | $K_L$ Y | $K_L$ Z | $K_L$ A | $K_L$ B | $K_L$ C | 基准长度 $L_d$/mm | $K_L$ Z | $K_L$ A | $K_L$ B | $K_L$ C |
|---|---|---|---|---|---|---|---|---|---|---|
| 200 | 0.81 | | | | | 1800 | 1.18 | 1.01 | 0.95 | 0.85 |
| 224 | 0.82 | | | | | 2000 | | 1.03 | 0.98 | 0.88 |
| 250 | 0.84 | | | | | 2240 | | 1.06 | 1.00 | 0.91 |
| 280 | 0.87 | | | | | 2500 | | 1.09 | 1.03 | 0.93 |
| 315 | 0.89 | | | | | 2800 | | 1.11 | 1.05 | 0.95 |
| 355 | 0.92 | | | | | | | | | |
| 400 | 0.96 | 0.87 | | | | 3150 | | 1.13 | 1.07 | 0.97 |
| 450 | 1.00 | 0.89 | | | | 3550 | | 1.17 | 1.10 | 0.99 |
| 500 | 1.02 | 0.91 | | | | 4000 | | 1.19 | 1.13 | 1.02 |
| 560 | | 0.94 | | | | 4500 | | | 1.15 | 1.04 |
| | | | | | | 5000 | | | 1.18 | 1.07 |
| 630 | | 0.96 | 0.81 | | | 5600 | | | | 1.09 |
| 710 | | 0.99 | 0.82 | | | 6300 | | | | 1.12 |
| 800 | | 1.00 | 0.85 | | | 7100 | | | | 1.15 |
| 900 | | 1.03 | 0.87 | 0.81 | | 8000 | | | | 1.18 |
| 1000 | | 1.06 | 0.89 | 0.84 | | 9000 | | | | 1.21 |
| 1120 | | 1.08 | 0.91 | 0.86 | | 10000 | | | | 1.23 |
| 1250 | | 1.11 | 0.93 | 0.88 | | 11200 | | | | |
| 1400 | | 1.14 | 0.96 | 0.90 | | 12500 | | | | |
| 1600 | | 1.16 | 0.99 | 0.93 | 0.84 | 14000 | | | | |
| 1800 | | 1.06 | 1.01 | | | 16000 | | | | |

表 6-3　普通 V 带直径系列（摘自 GB/T10412—2002）

| $d_d$ | Z | A | B | $d_d$ | Z | A | B | C | D | E |
|---|---|---|---|---|---|---|---|---|---|---|---|
| 50 | + | | | 265 | | | | + | | |
| 56 | + | | | 280 | + | + | + | + | | |
| 63 | + | | | 300 | + | | | + | | |
| 71 | + | | | 315 | | | + | + | | |
| 75 | + | + | | 335 | + | + | | | | |
| 80 | + | + | | 355 | | + | + | + | + | |
| 85 | | + | | 375 | + | | | | + | |
| 90 | + | + | | 400 | | + | + | + | + | |
| 95 | | + | | 425 | + | | | | + | |
| 100 | + | + | | 450 | | + | + | + | + | |
| 106 | | + | | 475 | | | | | + | |
| 112 | + | + | | 500 | + | + | + | + | + | + |
| 118 | | + | | 530 | | | | | | + |
| 125 | + | + | | 560 | | + | + | + | + | |
| 132 | + | + | | 600 | | | + | + | + | + |

| $d_d$ | Z | A | B | $d_d$ | Z | A | B | C | D | E |
|---|---|---|---|---|---|---|---|---|---|---|
| 140 | + | + | + | 630 | | + | + | + | + | + |
| 150 | + | + | + | 670 | | | | | | + |
| 160 | + | + | + | 710 | | + | + | + | + | + |
| 170 | | | + | 750 | | | + | + | + | |
| 180 | + | + | + | 800 | | + | + | + | + | |
| 200 | + | + | + | 900 | | | + | + | + | + |
| 212 | | | | 1000 | | | + | + | + | + |
| 224 | + | + | + | 1060 | | | | + | + | + |
| 236 | | | | 1120 | | | + | + | + | + |
| 250 | + | + | + | 1250 | | | | + | + | + |

## 6.2 带传动的工作情况分析

### 6.2.1 带传动的受力分析

安装时,带以一定大小的初拉力 $F_0$ 紧套在两带轮上,使带与带轮相互压紧。带传动不工作时,传动带两边的拉力都等于 $F_0$[图 6-4(a)]。工作时,主动轮顺时针方向旋转[图 6-4(b)]由于带与轮面间的摩擦力不再相等,绕进主动轮的一边(下边)拉力由 $F_0$ 增加到 $F_1$,称为紧边拉力,另一边减少到 $F_2$,称为松边拉力。两者之差 $F = F_1 - F_2$ 即为带的紧边,$F_1$ 为紧边拉力;而另一边(上边)称为松边,带的拉力由 $F_0$ 减至 $F_2$,$F_2$ 称为松边拉力。

因带是弹性体,带的变形符合虎克定律,且认为工作时带的长度不变,则紧边拉力的增加量等于松边拉力的减少量,即

$$F_1 - F_0 = F_0 - F_2$$

则
$$F_0 = (F_1 + F_2)/2 \tag{6-1}$$

两边拉力之差等于带沿带轮接触弧上摩擦力的总和,也就是带传动的有效圆周力 $F_e$,即

$$F_e = F_1 - F_2 \tag{6-2}$$

有效圆周力 $F_e(\mathrm{N})$、带速 $v(\mathrm{m/s})$ 和传递功率 $P(\mathrm{kW})$ 之间的关系为

$$P = \frac{F_e v}{1000}(\mathrm{kW}) \tag{6-3}$$

由式(6-1)可以看出,带传动的有效圆周力与传动功率、带速有关,$F_e$ 不能无限制的增加,当它超过带与带轮间接触弧上极限摩擦力时,带与带轮将发生显著的相对滑动,这种现象称为打滑。打滑将使带的磨损加剧,传动比变化,以至传动失效。

经推导,可以得出带在即将打滑时紧边与松边的拉力比为

$$\frac{F_1}{F_2} = e^{f\alpha_1} \tag{6-4}$$

式中 $f$——带与轮面间的摩擦因数;

$\alpha_1$——小带轮的包角，rad；

e——自然对数的底，e ≈ 2.718。

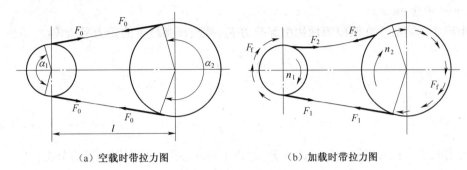

（a）空载时带拉力图　　　　　　（b）加载时带拉力图

图 6-4　带传动受力分析图

式（6-4）被称为柔性体摩擦的欧拉公式，是在摩擦临界状态，紧边拉力与松边拉力的关系式。此时，有效拉力 $F_e$ 取得极大值（即 $F_{emax}$）。紧边拉力、松边拉力代入欧拉公式，联解（6-1）、（6-4）求最大有效拉力。

$$
\left.
\begin{aligned}
F_1 &= F_e \frac{e^{f\alpha_1}}{e^{f\alpha_1} - 1} \\
F_2 &= F_e \frac{1}{e^{f\alpha_1} - 1} \\
F_{emax} &= 2F_0 \frac{e^{f\alpha_1} - 1}{e^{f\alpha_1} + 1}
\end{aligned}
\right\}
\tag{6-5}
$$

由上式可以分析出，影响带传动工作能力的因素有：

（1）初拉力 $F_0$。$F_0$ 越大，带与带轮的正压力越大，$F_{emax}$ 也越大，但 $F_0$ 过大，带的磨损加剧，拉应力增加造成带的松弛和寿命降低。安装时 $F_0$ 要适当。

（2）小轮包角 $\alpha_1$。$\alpha_1$ 增大，$F_{emax}$ 也增大，一般要求 $\alpha_{min} \geqslant 120°$，特殊情况，允许 $\alpha_{min} = 90°$。

（3）摩擦系数 $f$。$f$ 大则 $F_{emax}$ 也大。一般采用铸铁带轮以增加 $f$，不采取增加轮槽表面粗糙度的方法来增加 $f$，这样会加剧带的磨损。

### 6.2.2　带传动的应力分析

带是在变应力下工作，当应力较大，应力变化频率较高时，带将很快产生疲劳断裂而失效，从而限制了带的使用寿命。带传动工作时，带所受的应力由以下三部分组成：

**1. 紧边和松边拉力产生的拉应力**

紧边拉应力　　　　　　　　　　　　$\sigma_1 = \dfrac{F_1}{A}$（MPa）

松边拉应力　　　　　　　　　　　　$\sigma_2 = \dfrac{F_2}{A}$（MPa）

式中　$A$——带的横截面面积，$mm^2$。

**2. 离心力产生的拉应力**

当带绕过带轮时，作圆周运动会产生离心力，取一微段弧为分离体，其上产生的离心力

$$dc = (rd\alpha)qv^2r = qv^2d\alpha \ (\text{N})$$

式中　$q$——每米长的质量，kg/m；

　　　$v$——带速，m/s。

带上产生的离心力在微段弧两边引起拉力 $F_c$，列出该微段带的受力平衡式：

$$2F_c\sin\frac{d\alpha}{2} = qv^2d\alpha$$

取 $\sin\dfrac{d\alpha}{2} \approx \dfrac{d\alpha}{2}$，可得：

$$F_c = qv^2$$

离心力只发生在带做圆周运动的部分，但产生的离心拉力却作用于带的全长。

离心拉应力　　　　　　　$\sigma_c = qv^2/A$

它作用于带的全长且各个截面数值相等。因离心拉应力与速度平方成正比，$\sigma_c$ 过大会降低带传动的工作能力，因此应限制带速 $v \leqslant 25$ m/s。

**3. 弯曲应力**

带轮绕过带轮时，引起弯曲变形并产生弯曲应力。由材料力学公式可导出带的弯曲应力

$$\sigma_b = \frac{2Eh_a}{d_d} \ (\text{MPa})$$

式中　$E$——带材料的弹性模量，MPa；

　　　$h_a$——带的顶部到节面的距离，mm；

　　　$d_d$——V 带带轮的基准直径，mm。

弯曲应力只发生在带与带轮接触的圆周部分，且来轮直径越小，带越厚（型号越大），带的弯曲应力就越大，如两个带轮直径不同时，带在小带轮上的弯曲应力比大带轮大。

图 6-5 所示为带工作时总应力分布，图中小带轮为主动轮，最大应力发生在紧边与小带轮接触处，其数值为

$$\sigma_{max} = \sigma_1 + \sigma_{b1} + \sigma_c \qquad (6\text{-}6)$$

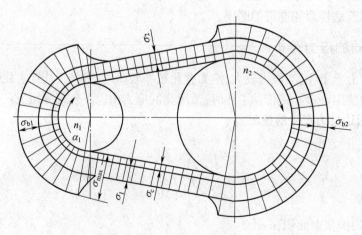

图 6-5　带的应力分布图

### 6.2.3　带传动的运动分析

**1. 弹性滑动和打滑**

带是弹性体,在受力时会发生弹性变形,在弹性范围内紧边和松边的伸长率分别为 $\varepsilon_1 = \dfrac{F_1}{EA}$ 和 $\varepsilon_2 = \dfrac{F_2}{EA}$。因为 $F_1 > F_2$,所以 $\varepsilon_1 > \varepsilon_2$,带绕过主动轮时,带中的拉力由 $F_1$ 减少到 $F_2$,带的伸长率由 $\varepsilon_1$ 减少到 $\varepsilon_2$,带发生弹性收缩变形。设在时间 $t$ 内,主动轮上任一点 $A$ 点转到 $A'$ 位置,转过 $AA'$,则带上与 $A$ 点相重合的 $A_0$ 点转到 $A_0'$ 位置,$A_0A_0' < AA'$,这表示带的速度落后于主动轮的圆周速度。同理,带绕过从动轮时带将逐渐伸长,带沿从动轮表面滑动的方向与转向相同,带速大于从动轮的圆周速度。这种由于带的弹性变形而产生的带与带轮之间的相对滑动称为弹性滑动。

弹性滑动和打滑是两个截然不同的概念。弹性滑动是由带的紧边、松边的拉力差引起的,是不可以避免的物理现象。它是在包角范围内部分圆弧上发生的微量滑动,肉眼不易发现。打滑是指由于过载引起的带沿小轮发生的全面滑动,打滑时发出"喳喳"的声音,主动轮照常运转,从动轮转速急剧下降,传动失效,如不及时停机,带在短期内会严重磨损,所以应采取措施避免打滑。

**2. 传动比**

由于带的弹性滑动,使从动轮的圆周速度 $v_2$ 低于主动轮的 $v_1$。两轮圆周速度的相对偏差称为滑动率,用 $\varepsilon$ 表示,则

$$\varepsilon = \frac{v_1 - v_2}{v_1} \times 100\% \tag{6-7}$$

因

$$v_1 = \frac{\pi d_{d1} n_1}{60 \times 1000}\ \text{m/s}, \qquad v_2 = \frac{\pi d_{d2} n_2}{60 \times 1000}\ \text{m/s}$$

代入式(6-7),有

$$\varepsilon = \frac{d_{d1} n_1 - d_{d2} n_2}{d_{d1} n_1}$$

由此得带的传动比

$$i = \frac{n_1}{n_2} = \frac{d_{d2}}{d_{d1}(1 - \varepsilon)}$$

或从动轮的转速

$$n_2 = \frac{n_1 d_{d1}(1 - \varepsilon)}{d_{d2}} \tag{6-8}$$

通常 V 带传动的滑动率 $\varepsilon = 0.01 \sim 0.02$,在一般计算中可以不予考虑,故

$$i = d_{d2}/d_{d1}$$

## 6.3　V 带传动的设计计算

### 6.3.1　带传动的失效形式和设计准则

带传动的主要失效形式是带在带轮上打滑,不能传递动力;带由于疲劳产生脱层、撕裂和

拉断;带的工作面磨损。因此带传动的设计准则是:保证带在工作中不打滑,并具有一定的疲劳强度和使用寿命。

保证不打滑,还要充分发挥带的传动能力,则应满足极限条件 $F_1 = F_2 e^{f_v \alpha_1}$;保证带具有一定的疲劳寿命,则应满足 $\sigma_{max} \leqslant [\sigma]$。

由式(6-2)、式(6-3)可计算出单根 V 带传递的功率:

$$P_0 = (F_1 - F_2)v/1000$$

$$= F_1(1 - e^{-f_v \alpha_1})v/1000$$

$$= \sigma_1(1 - e^{-f_v \alpha_1})Av/1000 \tag{6-9}$$

$$= ([\sigma] - \sigma_{b1} - \sigma_c)(1 - e^{-f_v \alpha_1})Av/1000$$

### 6.3.2 V 带传动设计

**1. 设计原始参数及内容**

设计 V 带传动所需的原始参数为:传递功率 $P$,转速 $n_1$、$n_2$(或传动比 $i$),传动位置要求和工作条件等。

设计内容包括:确定带的型号、长度、根数、传动中心距、带轮直径及结构尺寸等。

**2. 设计方法及步骤**

1)确定计算功率 $P_C$

计算功率是根据传递的额定功率 $P$,并考虑到载荷性质和每天运转时间长短等因素的影响而确定的,即

$$P_C = K_A P \quad (kW) \tag{6-10}$$

式中 $P$——传递的额定功率;

$K_A$——工况系数,见表6-4。

表 6-4  工况系数 $K_A$

| 工 况 | 工 作 机 | 原 动 机 | | | | | |
|---|---|---|---|---|---|---|---|
| | | 电动机(交流启动、三角启动、直流并励)四缸以上内燃机,装有离心是离合器、液力联轴器的动力机 | | | 电动机(联机交流启动、直流复励或串励),四缸以下的内燃机 | | |
| | | 每天工作小时数/h | | | | | |
| | | <10 | 10~16 | >16 | <10 | 10~16 | >16 |
| 载荷变动很小 | 液体搅拌机、鼓风机和通风机(≤7.5 kW)、离心式水泵和压缩机、轻负荷输送机 | 1.0 | 1.1 | 1.2 | 1.1 | 1.2 | 1.3 |
| 载荷变动小 | 带式运输机(不均匀负荷)、通风机(<7.5 kW)、旋转式水泵和压缩机(非离心式)、发电机、金属切削机床等 | 1.1 | 1.2 | 1.3 | 1.2 | 1.3 | 1.4 |

续表

| 工况 | 工 作 机 | 原 动 机 | | | | | |
|---|---|---|---|---|---|---|---|
| | | 电动机(交流启动、三角启动、直流并励)四缸以上内燃机,装有离心是离合器、液力联轴器的动力机 | | | 电动机(联机交流启动、直流复励或串励),四缸以下的内燃机 | | |
| | | 每天工作小时数/h | | | | | |
| | | <10 | 10~16 | >16 | <10 | 10~16 | >16 |
| 载荷变动较大 | 制砖机、斗式提升机、往复式水泵和压缩机、起重机、冲剪机床、橡胶机械、振动筛、纺织机械、重载输送机 | 1.2 | 1.3 | 1.4 | 1.4 | 1.5 | 1.6 |
| 载荷变动很大 | 破碎机(旋转式、颚式等)、磨碎机(球磨、棒磨、管磨) | 1.3 | 1.4 | 1.5 | 1.5 | 1.6 | 1.8 |

注:1. 反复启动、正反转频繁、工作条件恶劣等场合,$K_A$ 应乘以 1.2。

增速传动时 $K_A$ 应乘以下列系数:

| 增速比 | 1.25~1.74 | 1.75~2.49 | 2.50~3.49 | ≥3.5 |
|---|---|---|---|---|
| 系 数 | 1.05 | 1.11 | 1.18 | 1.28 |

2) 选择带的型号

根据计算功率 $P_C$、小带轮转速 $n_1$,由图 6-6 选定 V 带的型号。

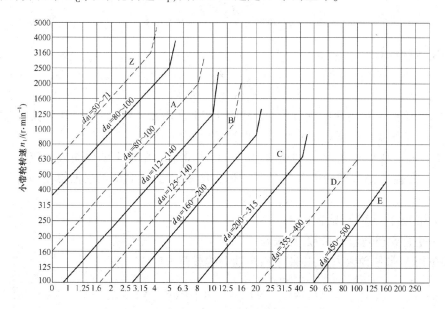

图 6-6　V 带型号选择图

3）确定带轮的基准直径 $d_{d1}$ 和 $d_{d2}$

初选小带轮 $d_{d1}$。根据 V 带型号，参考表6-3选取 $d_{d1}$。为了提高带的寿命，在传动比不大时，宜选取较大的直径。

验算带的速度

$$v = \pi d_{d1} n_1 / (60 \times 1000)(\text{m/s})$$

一般应满足下式

$$5 \leqslant v \leqslant 25 \sim 30(\text{m/s})$$

计算从动轮基准直径 $d_{d2}$

$$d_{d2} = i_{12} d_{d1}(1 - \varepsilon)$$

并按表6-3选取标准值。

4）确定中心距 $a$ 和带的基准长度 $L_d$

如果中心距未限定，可根据结构要求初定中心距 $a_0$，一般取

$$0.7(d_{d1} + d_{d2}) < a_0 < 2(d_{d1} + d_{d2}) \tag{6-11}$$

选取 $a_0$ 后，根据式6-12初步计算所需带的基准长度 $L_{d0}$，根据 $L_{d0}$ 在表6-2中选取和 $L_{d0}$ 相近的 V 带的基准长度 $L_d$。再根据 $L_d$ 确定带的实际中心距 $a$。

$$L_{d0} = 2a_0 + \frac{\pi}{2}(d_{d1} + d_{d2}) + \frac{(d_{d2} - d_{d1})^2}{4a_0} \tag{6-12}$$

由于 V 带传动中心距一般是可以调整的，故可采用下列公式作近似计算，即

$$a \approx a_0 + (L_d - L_{d0})/2 \tag{6-13}$$

5）验算小带轮上的包角 $\alpha_1$

根据式（6-14）计算小轮包角，应保证 $\alpha_1 \geqslant 120°$。如果 $\alpha_1 < 120°$，可增大中心距或采用张紧轮。

$$\alpha_1 \approx 180° - \frac{d_{d2} - d_{d1}}{a} \times 57.3° \tag{6-14}$$

6）确定带的根数 $z$

$$z = \frac{P_C}{(P_0 + \Delta P_0) K_\alpha K_L} \tag{6-15}$$

式中　$P_0$——单根 V 带传递的额定功率，$P_0$ 值的大小是在 $\alpha = 180°$、特定基准长度、载荷平稳工作条件下通过试验和计算得到的，见表6-5；

$\Delta P_0$——额定功率增量，考虑到传动比 $i \neq 1$ 时，带在大带轮上的弯曲应力较小，$P_0$ 值应有所提高，$\Delta P_0$ 即为单根 V 带允许传递功率的增量，其值可根据带型、$d_{d1}$ 和 $n_1$ 查表6-6；

$K_L$——带长修正系数，见表6-2；

$K_\alpha$——小带轮包角修正系数，见表6-7。

7）求单根 V 带的预紧力 $F_0$ 和带作用在轴上的载荷 $F_r$

$$F_0 = \frac{500P_C}{zv}\left(\frac{2.5}{K_\alpha} - 1\right) + qv^2 (\text{N}) \tag{6-16}$$

$$F_r = 2F_0 z \sin(\alpha_1 / 2) \tag{6-17}$$

表 6-5　单根普通 V 带传递的额定功率 $P_0$

| 型号 | 小带轮基准直径 $d_{d1}$/mm | 小带轮转速 $n_1$/（r·min$^{-1}$） | | | | | | | | | | | | | | |
|---|---|---|---|---|---|---|---|---|---|---|---|---|---|---|---|---|
| | | 200 | 400 | 700 | 800 | 950 | 1200 | 1450 | 1600 | 1800 | 2000 | 2400 | 2800 | 3200 | 3600 | 4000 |
| Z | 50 | 0.04 | 0.06 | 0.09 | 0.10 | 0.12 | 0.14 | 0.16 | 0.17 | 0.19 | 0.20 | 0.22 | 0.26 | 0.28 | 0.30 | 0.32 |
| | 56 | 0.04 | 0.06 | 0.11 | 0.12 | 0.14 | 0.17 | 0.19 | 0.20 | 0.23 | 0.25 | 0.30 | 0.33 | 0.35 | 0.37 | 0.39 |
| | 63 | 0.05 | 0.08 | 0.13 | 0.15 | 0.18 | 0.22 | 0.25 | 0.27 | 0.30 | 0.32 | 0.37 | 0.41 | 0.45 | 0.47 | 0.49 |
| | 71 | 0.06 | 0.09 | 0.17 | 0.20 | 0.23 | 0.27 | 0.30 | 0.33 | 0.36 | 0.39 | 0.46 | 0.50 | 0.54 | 0.58 | 0.61 |
| | 80 | 0.10 | 0.14 | 0.20 | 0.22 | 0.26 | 0.30 | 0.35 | 0.39 | 0.42 | 0.44 | 0.50 | 0.56 | 0.61 | 0.64 | 0.67 |
| | 90 | 0.10 | 0.14 | 0.22 | 0.24 | 0.28 | 0.33 | 0.36 | 0.40 | 0.44 | 0.48 | 0.54 | 0.60 | 0.64 | 0.68 | 0.72 |
| A | 75 | 0.15 | 0.26 | 0.40 | 0.45 | 0.51 | 0.60 | 0.68 | 0.73 | 0.79 | 0.84 | 0.92 | 1.00 | 1.04 | 1.08 | 1.09 |
| | 90 | 0.22 | 0.39 | 0.61 | 0.68 | 0.77 | 0.93 | 1.07 | 1.15 | 1.25 | 1.34 | 1.5 | 1.64 | 1.75 | 1.83 | 1.87 |
| | 100 | 0.26 | 0.47 | 0.74 | 0.83 | 0.95 | 1.14 | 1.32 | 1.42 | 1.58 | 1.66 | 1.87 | 2.05 | 2.19 | 2.28 | 2.34 |
| | 112 | 0.31 | 0.56 | 0.90 | 1.00 | 1.15 | 1.39 | 1.61 | 1.74 | 1.89 | 2.04 | 2.30 | 2.51 | 2.68 | 2.78 | 2.83 |
| | 125 | 0.37 | 0.67 | 1.07 | 1.19 | 1.37 | 1.66 | 1.92 | 2.07 | 2.26 | 2.44 | 2.74 | 2.98 | 3.15 | 3.26 | 3.28 |
| | 140 | 0.43 | 0.78 | 1.26 | 1.41 | 1.62 | 1.96 | 2.28 | 2.45 | 2.66 | 2.87 | 3.22 | 3.48 | 3.65 | 3.72 | 3.67 |
| | 160 | 0.51 | 0.94 | 1.51 | 1.69 | 1.95 | 2.36 | 2.73 | 2.54 | 2.98 | 3.42 | 3.80 | 4.06 | 4.19 | 4.17 | 3.98 |
| | 180 | 0.59 | 1.09 | 1.76 | 1.97 | 2.27 | 2.74 | 3.16 | 3.40 | 3.67 | 3.93 | 4.32 | 4.54 | 4.58 | 4.40 | 4.00 |
| B | 125 | 0.48 | 0.84 | 1.30 | 1.44 | 1.64 | 1.93 | 2.19 | 2.33 | 2.50 | 2.64 | 2.85 | 2.96 | 2.94 | 2.80 | |
| | 140 | 0.59 | 1.05 | 1.64 | 1.82 | 2.08 | 2.47 | 2.82 | 3.00 | 3.23 | 3.42 | 3.70 | 3.85 | 3.83 | 3.63 | |
| | 160 | 0.74 | 1.32 | 2.09 | 2.32 | 2.66 | 3.17 | 3.62 | 3.86 | 4.15 | 4.40 | 4.75 | 4.89 | 4.80 | 4.46 | |
| | 180 | 0.88 | 1.59 | 2.53 | 2.81 | 3.22 | 3.85 | 4.39 | 4.68 | 5.02 | 5.30 | 5.67 | 5.76 | 5.52 | 4.92 | |
| | 200 | 1.02 | 1.85 | 2.96 | 3.30 | 3.77 | 4.50 | 5.13 | 5.46 | 5.83 | 6.13 | 6.47 | 6.43 | 5.95 | 4.98 | |
| | 224 | 1.19 | 2.17 | 3.47 | 3.86 | 4.42 | 5.26 | 5.97 | 6.33 | 6.73 | 7.02 | 7.25 | 6.95 | 6.05 | 4.47 | |
| | 250 | 1.37 | 2.50 | 4.00 | 4.46 | 5.10 | 6.04 | 6.82 | 7.20 | 7.63 | 7.87 | 7.89 | 7.14 | 5.60 | 5.12 | |
| | 280 | 1.58 | 2.89 | 4.61 | 5.13 | 5.85 | 6.90 | 7.76 | 8.13 | 8.46 | 8.60 | 8.22 | 6.80 | 4.26 | | |
| C | 200 | 1.39 | 2.41 | 3.69 | 4.07 | 4.58 | 5.29 | 5.84 | 6.07 | 6.28 | 6.34 | 6.02 | 5.01 | 3.23 | | |
| | 224 | 1.70 | 2.99 | 4.64 | 5.12 | 5.78 | 6.71 | 7.45 | 7.75 | 8.00 | 8.06 | 7.57 | 6.08 | 3.57 | | |
| | 250 | 2.03 | 3.62 | 5.64 | 6.23 | 7.04 | 8.21 | 9.08 | 9.38 | 9.63 | 9.62 | 8.75 | 6.56 | 2.93 | | |
| | 280 | 2.42 | 4.32 | 6.76 | 7.52 | 8.49 | 9.81 | 10.72 | 11.06 | 11.22 | 11.04 | 9.50 | 6.13 | | | |
| | 315 | 2.84 | 5.14 | 8.09 | 8.92 | 10.05 | 11.53 | 12.46 | 12.72 | 12.67 | 12.14 | 9.43 | 4.16 | | | |
| | 355 | 3.36 | 6.05 | 9.50 | 10.46 | 11.73 | 13.31 | 14.12 | 14.19 | 13.73 | 12.59 | 7.98 | | | | |
| | 400 | 3.91 | 7.06 | 11.02 | 12.10 | 13.48 | 15.04 | 15.53 | 15.24 | 14.08 | 11.95 | 4.34 | | | | |
| | 450 | 4.51 | 8.20 | 12.63 | 13.80 | 15.23 | 16.59 | 16.47 | 15.57 | 13.29 | 9.64 | | | | | |

表 6-6　单根普通 V 带额定功率的增量 $\Delta P_0$

| 带型 | 小带轮转速 $n_1$/（r·min$^{-1}$） | 传动比 $i$ | | | | | | | | | |
|---|---|---|---|---|---|---|---|---|---|---|---|
| | | 1.00~1.01 | 1.02~1.04 | 1.05~1.08 | 1.09~1.12 | 1.13~1.18 | 1.19~1.24 | 1.25~1.34 | 1.35~1.51 | 1.52~1.99 | ≥2.0 |
| Z 型 | 400 | 0.00 | 0.00 | 0.00 | 0.00 | 0.00 | 0.00 | 0.00 | 0.00 | 0.01 | 0.01 |
| | 700 | 0.00 | 0.00 | 0.00 | 0.00 | 0.00 | 0.00 | 0.01 | 0.01 | 0.01 | 0.02 |
| | 800 | 0.00 | 0.00 | 0.00 | 0.00 | 0.01 | 0.01 | 0.01 | 0.01 | 0.02 | 0.02 |
| | 950 | 0.00 | 0.00 | 0.00 | 0.01 | 0.01 | 0.01 | 0.01 | 0.02 | 0.02 | 0.02 |
| | 1200 | 0.00 | 0.00 | 0.01 | 0.01 | 0.01 | 0.01 | 0.02 | 0.02 | 0.02 | 0.03 |
| | 1450 | 0.00 | 0.00 | 0.01 | 0.01 | 0.01 | 0.02 | 0.02 | 0.02 | 0.02 | 0.03 |
| | 2800 | 0.00 | 0.01 | 0.02 | 0.02 | 0.03 | 0.03 | 0.03 | 0.04 | 0.04 | 0.04 |

| 带型 | 小带轮转速 $n_1/$ ($r \cdot min^{-1}$) | 传动比 $i$ | | | | | | | | | |
|---|---|---|---|---|---|---|---|---|---|---|---|
| | | 1.00~1.01 | 1.02~1.04 | 1.05~1.08 | 1.09~1.12 | 1.13~1.18 | 1.19~1.24 | 1.25~1.34 | 1.35~1.51 | 1.52~1.99 | ≥2.0 |
| A 型 | 400 | 0.00 | 0.01 | 0.01 | 0.02 | 0.02 | 0.03 | 0.03 | 0.04 | 0.04 | 0.05 |
| | 700 | 0.00 | 0.01 | 0.02 | 0.03 | 0.04 | 0.05 | 0.06 | 0.07 | 0.08 | 0.09 |
| | 800 | 0.00 | 0.01 | 0.02 | 0.03 | 0.04 | 0.05 | 0.06 | 0.08 | 0.09 | 0.10 |
| | 950 | 0.00 | 0.01 | 0.03 | 0.04 | 0.05 | 0.06 | 0.07 | 0.08 | 0.10 | 0.11 |
| | 1200 | 0.00 | 0.02 | 0.03 | 0.05 | 0.07 | 0.08 | 0.10 | 0.11 | 0.13 | 0.15 |
| | 1450 | 0.00 | 0.02 | 0.04 | 0.06 | 0.08 | 0.09 | 0.11 | 0.13 | 0.15 | 0.17 |
| | 2800 | 0.00 | 0.04 | 0.08 | 0.11 | 0.15 | 0.19 | 0.23 | 0.26 | 0.30 | 0.34 |
| B 型 | 400 | 0.00 | 0.01 | 0.03 | 0.04 | 0.06 | 0.07 | 0.08 | 0.10 | 0.11 | 0.13 |
| | 700 | 0.00 | 0.02 | 0.05 | 0.07 | 0.10 | 0.12 | 0.15 | 0.17 | 0.20 | 0.22 |
| | 800 | 0.00 | 0.03 | 0.06 | 0.08 | 0.11 | 0.14 | 0.17 | 0.20 | 0.23 | 0.25 |
| | 950 | 0.00 | 0.03 | 0.07 | 0.10 | 0.13 | 0.17 | 0.20 | 0.23 | 0.26 | 0.30 |
| | 1200 | 0.00 | 0.04 | 0.08 | 0.13 | 0.17 | 0.21 | 0.25 | 0.30 | 0.34 | 0.38 |
| | 1450 | 0.00 | 0.05 | 0.10 | 0.15 | 0.20 | 0.25 | 0.31 | 0.36 | 0.40 | 0.46 |
| | 2800 | 0.00 | 0.10 | 0.20 | 0.29 | 0.39 | 0.49 | 0.59 | 0.69 | 0.79 | 0.89 |
| C 型 | 400 | 0.00 | 0.04 | 0.08 | 0.12 | 0.16 | 0.20 | 0.23 | 0.27 | 0.31 | 0.35 |
| | 600 | 0.00 | 0.06 | 0.12 | 0.18 | 0.24 | 0.29 | 0.35 | 0.41 | 0.47 | 0.53 |
| | 800 | 0.00 | 0.08 | 0.16 | 0.23 | 0.31 | 0.39 | 0.47 | 0.55 | 0.63 | 0.71 |
| | 950 | 0.00 | 0.09 | 0.19 | 0.27 | 0.37 | 0.47 | 0.56 | 0.65 | 0.74 | 0.83 |
| | 1200 | 0.00 | 0.12 | 0.24 | 0.35 | 0.47 | 0.59 | 0.70 | 0.82 | 0.94 | 1.06 |
| | 1450 | 0.00 | 0.14 | 0.28 | 0.42 | 0.58 | 0.71 | 0.85 | 0.99 | 1.14 | 1.27 |
| | 2800 | 0.00 | 0.27 | 0.55 | 0.82 | 1.10 | 1.37 | 1.64 | 1.92 | 2.19 | 2.47 |

**表 6-7　小带轮包角修正系数 $K_\alpha$**

| 包角 $\alpha$ | 180° | 175° | 170° | 165° | 160° | 155° | 150° | 145° | 140° | 135° | 130° | 125° | 120° |
|---|---|---|---|---|---|---|---|---|---|---|---|---|---|
| 修正系数 $K_\alpha$ | 1.0 | 0.99 | 0.98 | 0.96 | 0.95 | 0.93 | 0.92 | 0.91 | 0.89 | 0.88 | 0.86 | 0.84 | 0.82 |

8)带轮的结构设计

带轮的结构设计根据带轮槽型、槽数、基准直径和轴的尺寸确定。可参看本节相关内容及机械设计手册有关章节。

## 6.3.3　V 带轮的材料及结构

V 带轮最常用的材料是灰铸铁,当带速≤30 m/s 时用 HT150 或 HT200;$v = 25 \sim 40$ m/s 时宜采用孕育铸铁或铸钢,也可以用钢板冲压焊接;小功率时可用铸铝和塑料制造。

V 带轮由轮缘、轮辐和轮毂三部分组成。轮辐部分有实心、腹板(或孔板)和轮辐式三种。根据 V 带轮基准直径的大小选择结构形式,当 V 带轮的基准直径 $d_d = (2.5 \sim 3)d$($d$ 为轴的直径)时,可采用实心式;当 $d_d \leq 400$ mm 时,可采用腹板式;当 $d_d > 400$ mm 时,可采用椭圆轮辐式。其结构尺寸的确定可参见图 6-7 所列的经验公式计算。根据带的类型确定轮缘尺寸。

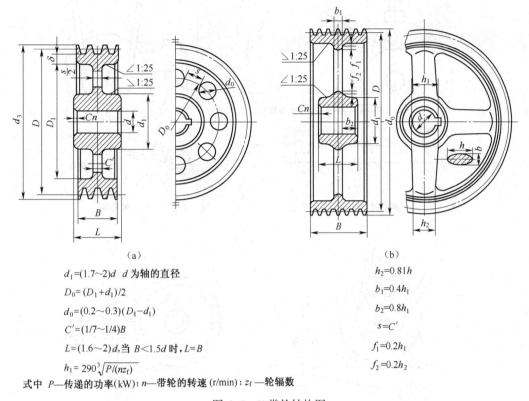

$d_1=(1.7\sim2)d$　$d$ 为轴的直径

$D_0=(D_1+d_1)/2$

$d_0=(0.2\sim0.3)(D_1-d_1)$

$C'=(1/7\sim1/4)B$

$L=(1.6\sim2)d$,当 $B<1.5d$ 时,$L=B$

$h_1=290\sqrt[3]{P/(nz_f)}$

$h_2=0.81h$

$b_1=0.4h_1$

$b_2=0.8h_1$

$s=C'$

$f_1=0.2h_1$

$f_2=0.2h_2$

式中　$P$—传递的功率(kW);$n$—带轮的转速(r/min);$z_f$—轮辐数

图 6-7　V 带轮结构图

## 6.3.4　带传动的张紧

带工作一段时间后会发生塑性伸长而松弛,使预紧力减少,传动能力降低,严重会产生打滑。为保持带传动的工作能力,设计时应有张紧装置。

常见的张紧装置有 3 类:

(1)定期张紧装置　常见的有滑道式[图 6-8(a)]和摆架式[图 6-8(b)]两种,均靠调节螺钉(杆)调节带的张紧程度。

(2)自动张紧装置[图 6-8(c)]利用电动机自重或配重使带始终在一定张紧力下工作。

(3)张紧轮张紧装置[图 6-8(d)]中心距不可调节时采用张紧轮张紧。张紧轮一般应放在松边内侧并尽量靠近大带轮处。张紧轮的轮槽尺寸与带轮相同,直径应小于小带轮直径。

V 带传动的安装和维护需要注意以下几点:

(1)安装 V 带时应先缩小中心距,将带套在带轮上后,再慢慢调大中心距使 V 带达到规定的初拉力。

(2)带轮两轴线必须平行,两轮轮槽要对齐,否则将加剧带的磨损。

(3)多根 V 带传动时,要选择公差组在同一档次的带配组使用,以免各带受力严重不均。

(4)使用中应定期检查胶带状况,发现其中某一根过度松弛或疲劳损坏时,应全部更换新带,不能新旧带并用。如果一些旧胶带尚可使用,应选长度相同的旧带组合使用。

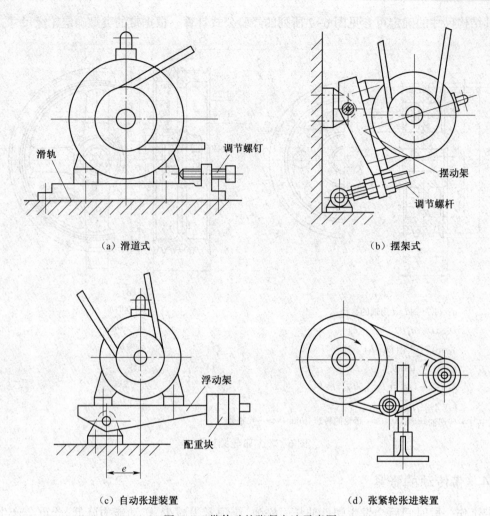

（a）滑道式 　　　　　　　　　　　　　（b）摆架式

（c）自动张进装置 　　　　　　　　　　（d）张紧轮张进装置

图 6-8　带传动的张紧方法示意图

（5）带传动装置应加保护罩,以保障人员安全;应防止胶带与酸、碱或油接触;带传动的工作温度不应超过 60℃。

**例 6-1**　设计一带式运输机的电动机与减速器之间的普通 V 带传动（图 6-9）。电动机型号为 Y160M-4,额定功率 $P=11$ kW,转速 $n_1 = 1\,460$ r/min,减速器输入轴转速 $n_2 = 584$ r/min,单班制工作,载荷变动小,要求中心距不大于 500 mm。

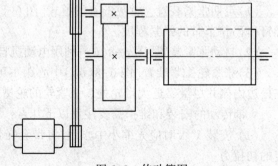

图 6-9　传动简图

**解:** ①确定计算功率

由表 6-4 查取工作情况系数,$K_A = 1.1$。

$$P_C = K_A P = 1.1 \times 11 = 12.1 \text{ kW}$$

②选择 V 带型号

根据 $P_C = 12.1$ kW 和 $n_1 = 1460$ r/min，查图 6-6，选用 B 型带。

③确定带轮直径

a. 由表 6-3 和 B 型带特点，取基准直径，$d_{d1} = 140$ mm。

b. 验算带速：

$$v = \frac{\pi d_{d1} n_1}{60 \times 1000} = \frac{\pi \times 140 \times 1460}{60 \times 1000} = 10.7 \text{ m/s}$$

在 5 ~ 25 m/s 范围内，合适。

c. 确定大带轮基准直径 $d_{d2}$，取 $\varepsilon = 0.02$，按公式计算大带轮基准直径 $d_{d2}$。

$$d_{d2} = \frac{n_1}{n_2} d_{d1}(1 - \varepsilon) = \frac{1460}{584} \times 140(1 - 0.02) = 343 \text{ mm}$$

由表 6-2 取 $d_{d2} = 355$ mm。

d. 验算传动比误差，理论传动比

$$i = n_1/n_2 = 1460/584 = 2.5$$

实际传动比

$$i' = \frac{d_{d2}}{d_{d1}(1 - \varepsilon)} = \frac{355}{140 \times (1 - 0.02)} = 2.587$$

传动比误差

$$\Delta i = \left| \frac{i - i'}{i} \right| = \left| \frac{2.587 - 2.5}{2.587} \right| = 3.36\% < 5\%，合适。$$

④确定中心距 $a$ 及带的基准长度 $L_d$

a. 初定中心距，由题目要求 $a_0 = 500$ mm。

b. 确定 V 带基准长度 $L_{d0}$，由式 6-12 计算 V 带的基准长度。

$$L_{d0} = 2a_0 + \frac{\pi}{2}(d_{d1} + d_{d2}) + \frac{(d_{d2} - d_{d1})^2}{4a_0}$$

$$= 2 \times 500 + \frac{\pi}{2}(140 + 355) + \frac{(355 - 140)^2}{4 \times 500} = 1\,800.66 \text{ mm}$$

由表 6-3 选带的基准长度 $L_d = 1\,800$ mm

c. 由式(6-13)计算实际中心距 $a$。

$$a \approx a_0 + (L_d - L_{d0})/2 = 500 + (1\,800 - 1\,800.66)/2 \approx 500 \text{ mm}$$

⑤验算小带轮包角 $\alpha_1$

$$\alpha_1 = 180° - \frac{d_{d2} - d_{d1}}{a} \times 57.3° = 180° - \frac{355 - 140}{500} \times 57.3° = 155.36° > 120°，合适。$$

⑥确定 V 带根数

由表 6-5 查得 $P_0 = 2.82$ kW，表 6-6 查得 $\Delta P_0 = 0.46$ kW，由表 6-7 查得 $K_\alpha = 0.93$，由表 6-2 查得 $K_L = 0.95$。

V 带根数

$$z = \frac{P_C}{(P_0 + \Delta P_0) K_\alpha K_L} = \frac{12.1}{(2.82 + 0.46) \times 0.93 \times 0.95} = 4.18$$

取 $z = 5$ 根。

⑦计算预紧力 $F_0$ 及压轴力 $F_r$

由式（6-16），可知 $F_0 = \dfrac{500P_c}{zv}\left(\dfrac{2.5}{K_\alpha} - 1\right) + qv^2$

$$= \dfrac{500 \times 12.1}{5 \times 10.7}\left(\dfrac{2.5}{0.93} - 1\right) + 0.17 \times 10.7^2 = 210.37 \text{ N}$$

由式（6-17），可知 $F_r = 2ZF_0\sin(\alpha_1/2) = 2 \times 5 \times 210.37 \times \sin(155.36°/2) = 2\,055.25 \text{ N}$

## 6.4 链传动特点、类型及应用

### 6.4.1 链传动的特点

链传动是由主动链轮1、从动链轮3和绕在链轮上的环形链条2组成的，如图6-10所示。链传动是以链条作为中间挠性件，通过链条的链节与链轮轮齿的啮合来传递运动和动力的，它属于啮合传动。

链传动兼有带传动与齿轮传动的一些特点。与摩擦带传动相比，链传动的主要优点是：无弹性滑动与打滑，能保持准确的平均传动比和较高的机械效率；预紧力小，因此对轴上的径向压力小；链传动中心距适应范围大，相同条件下比带传动紧凑；能在高温，甚至在可燃气氛下、有油污及腐蚀环境下工作。与齿轮传动相比，因为属非共轭啮合，链轮齿形可以有较大的灵活性，链轮制造安装精度要求低；链条与链轮多齿啮合，轮齿受力小、强度高；有较好的缓冲、吸振能力；中心距大，可实现远距离传动。

主要缺点是：瞬时传动比不恒定，传动不平稳；工作时有冲击、噪声；链节易磨损而使链条伸长，从而使链造成跳齿，甚至脱链，不宜在载荷变化大和急速反转的传动中应用。

### 6.4.2 链条的种类

传动链的主要类型有齿形链（图6-11）和套筒滚子链（图6-10）。其中，齿形链又称无声链，其运转平稳，噪声小，承载能力强，适用于高速或运动精度要求较高的传动，其缺点是重量大、结构复杂、成本高；套筒滚子链简称滚子链，其结构简单，质量较轻，成本较低，应用最为广泛。目前应用最广的是滚子链，它已经标准化了（GB/T 1243—2006）。本章重点介绍滚子链

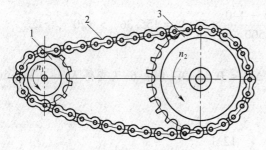

图6-10 套筒滚子链图

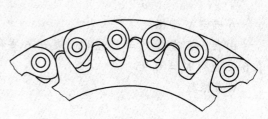

图6-11 齿形链图

的选择和计算。

### 6.4.3 链传动的应用

链传动作为主机的配件,是一种应用广泛的重要机械基础件。我国年产滚子链约 5 000 万 m,产值 10 亿元。主要用于农业机械、石油机械、起重运输机械、冶金矿山机械、工程机械等。现代链传动技术已使优质滚子链传动功率达 5 000 kW,速度可达 35 m/s;高速齿形链的速度可达 40 m/s,效率可达 0.98。

滚子链传动的工作范围是:传递的功率一般在 100 kW 以下,链速一般不超过 15 m/s,推荐使用的最大传动比 $i_{max} = 6$,常用 2~3,效率 $\eta = 0.94 \sim 0.96$。

## 6.5 滚子链与链轮

### 6.5.1 滚子链的结构型式、基本参数和主要尺寸

滚子链由内链节、外链节和连接链节组成。内链节由两个内链板 1、两个套筒 4 和两个滚子 5 组成(图 6-12)。内链板与套筒之间过盈配合,以防止二者发生相对转动。外链节由两个外链板 2 和两个销轴 3 组成。外链板与销轴之间固联。滚子与套筒之间、套筒与销轴之间均为间隙配合,可相对自由转动。工作时,滚子沿链轮齿廓滚动,这样可减轻磨损。链板为 8 字形钢板冲压而成,使截面具有等强度并减轻了链的质量和运动的惯性力。

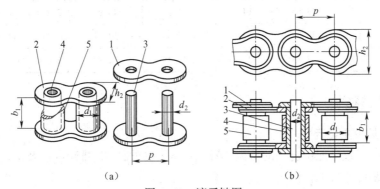

(a) (b)

图 6-12 滚子链图

当传递较大的载荷时,可采用双排滚子链(图 6-13)或多排链。排数越多承载能力越高,但由于制造与装配精度影响,很难达到各排链受力均匀,故排数不宜超过 4 排。

在组成环形链条时,链节数为偶数时连接链节可用开口销或弹性锁片锁紧,如设计要求链条节数为奇数时,就必须采用过渡链节。

滚子链有三个主要尺寸,即节距 $p$、滚子直径 $d_1$ 和内链节内宽 $b_1$(对于多排链还有排距 $p_t$,见图 6-13),

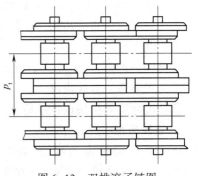

图 6-13 双排滚子链图

其中节距 $p$ 是链条的基本特性参数,滚子链的公称节距是指链条相邻两个铰接元件中心之间的距离公称值。

链条是标准件,短节距传动用精密滚子链标准见 GB/T1243—2006。表 6-8 摘录了 A 系列滚子链主要参数。表中的链号为用英制单位表示的节距,以 1/16 英寸为 1 个单位,因此,链号数乘以 25.4 mm/16,即为该型号链条的米制节距。滚子链的标记规定如下:

$$\boxed{链号} - \boxed{排数} - \boxed{整数链节数} \quad \boxed{标准编号}$$

例如:08A-1-88 GB/T1243—2006,表示 A 系列、8 号链、节距 12.7mm、单排、88 节的滚子链。

**表 6-8　A 系列滚子链主要参数**

| ISO 链号 | 节距 $p$ /mm | 排距 $p_t$ /mm | 滚子直径 $d_{1max}$ /mm | 销轴直径 $d_{2max}$ /mm | 内链节内宽 $b_{1max}$ /mm | 内链板高度 $h_{2max}$ /mm | 极限拉伸载荷 $Q$/kN 单排 | 极限拉伸载荷 $Q$/kN 双排 | 单排每米质量 $q/(kg \cdot m^{-1})$ |
|---|---|---|---|---|---|---|---|---|---|
| 08A | 12.70 | 14.38 | 7.92 | 3.98 | 7.85 | 12.07 | 13.8 | 27.6 | 0.65 |
| 10A | 15.875 | 18.11 | 10.16 | 5.09 | 9.40 | 15.09 | 21.8 | 43.6 | 1.00 |
| 12A | 19.05 | 22.78 | 11.91 | 5.96 | 12.57 | 18.08 | 31.1 | 62.3 | 1.50 |
| 16A | 25.40 | 29.29 | 15.88 | 7.94 | 15.75 | 24.13 | 55.6 | 111.2 | 2.60 |
| 20A | 31.75 | 35.76 | 19.05 | 9.54 | 18.90 | 30.18 | 86.7 | 173.5 | 3.80 |
| 24A | 38.10 | 45.44 | 22.23 | 11.11 | 25.22 | 36.20 | 124.6 | 249.1 | 5.60 |
| 28A | 44.45 | 48.87 | 25.4 | 12.71 | 25.22 | 42024 | 169 | 338.1 | 7.50 |
| 32A | 50.80 | 58.55 | 28.58 | 14.29 | 31.55 | 48.26 | 222.4 | 444.8 | 10.10 |
| 40A | 63.50 | 71.55 | 39.68 | 19.85 | 37.85 | 54.31 | 347 | 693.9 | 16.10 |
| 48A | 76.20 | 87.83 | 47.63 | 23.81 | 47.35 | 72.39 | 500.4 | 1000.8 | 22.60 |

## 6.5.2　滚子链链轮

**1. 基本参数及主要尺寸**

链轮的基本参数是配用链条的参数:节距 $p$、滚子的外径 $d_1$、排距 $p_t$ 以及链轮的齿数 $z$。

链轮的主要尺寸(图 6-15)

分度圆直径: $\qquad d = p/\sin(180/z)$

齿顶圆直径: $\quad d_{amax} = d + 1.25p - d_1, d_{amin} = d + (1 - 1.6/z)p - d_1$

若为三圆弧一直线齿形,则 $d_a = p[0.54 + \cot(180°/z)]$

齿根圆直径: $\qquad d_f = d - d_r$

分度圆弦齿高: $\quad h_{amax} = (0.625 + 0.8/z)p - 0.5d_1, h_{amin} = 0.5(p - d_1)$

若为三圆弧一直线齿形,则 $\qquad h_a = 0.27p$

其他尺寸可查机械设计手册。

**2. 链轮齿形**

滚子链与链轮齿的啮合属非共轭啮合,其链轮齿形的设计可以有较大的灵活性,GB 1243—2006 只规定了最大齿槽形状和最小齿槽形状及其极限参数,见表 6-8。凡在两个极限齿槽形状之间的各种标准齿形都可采用。试验和使用表明齿槽形状在一定范围内变动，在一般工况下对链传动的性能不会有很大影响。这样做为选择齿形参数留有较大余地，各种标准齿形的链轮可以进行互换。

我国一直延续使用的三圆弧—直线齿形(见图 6-14)，它由三段圆弧 $aa$、$ab$、$cd$ 和切线段 $bc$ 组成，它基本符合 GB 1243—2006 规定的齿形范围。

无论采用哪种齿形，在零件工作图上不必画出齿槽形状，但应注明：节距 $p$、滚子外径 $d_1$、齿数 $z$、量柱测量距 $M_R$、量柱直径 $d_R$、齿形标准等。工作图上要绘出轴向齿廓并注出尺寸，链轮的轴向齿廓见图 6-15。

**3. 链轮的材料及热处理**

链轮的材料应保证轮齿具有足够的耐磨性和强度，由于小链轮的啮合次数比大链轮轮齿的啮合次数多，所受的冲击较严重，故小链轮应选用较好的材料制造。链轮的常用材料和应用范围见表 6-9。

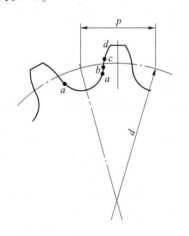

图 6-14　三圆弧—直线齿形图

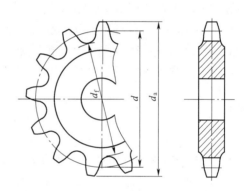

图 6-15　滚子链链轮图

表 6-9　常用链轮材料及齿面硬度

| 链轮材料 | 热　处　理 | 齿面硬度 | 应　用　范　围 |
|---|---|---|---|
| 15、20 | 渗碳、淬火、回火 | 50～60HRC | Z≤25 有冲击载荷的链轮 |
| 35 | 正火 | 160～200HBS | Z > 25 的主、从动链轮 |
| 45、50、45M$_n$ ZG310～570 | 淬火、回火 | 40～50HRC | 无剧烈冲击振动和的主、从动链轮 |
| 15Cr、20Cr | 渗碳、淬火、回火 | 55～60HRC | Z < 30 传递较大功率的重要链轮 |
| 40Cr、35SiMn、35CrMo | 淬火、回火 | 40～50HRC | 要求强度较高耐磨损的重要链轮 |
| Q235、Q2756 | 焊接后退火 | 约 140HBS | 中低速、功率不大的较大链轮 |
| 不低于 HT200 的灰铸铁 | 淬火、回火 | 260～280HBS | Z > 50 的从动链轮、形状复杂的链轮 |
| 夹布胶木 | — | — | P<6 kW、速度较高、要求传动平稳和噪声小的链轮 |

## 6.6 链传动的运动分析和受力分析

### 6.6.1 运动的不均匀性

由于链条是刚性链节用销轴铰接而成,当链与链轮啮合后便形成折线,链传动的运动情况与绕在多边形轮子上的带传动相似。

设 $z_1$、$z_2$ 为两链轮的齿数,$p$ 为两链轮的节距,$n_1$、$n_2$ 为两链轮的转速,则链速为

$$v = \frac{z_1 p n_1}{60 \times 1000} = \frac{z_2 p n_2}{60 \times 1000} \text{ m/s} \tag{6-18}$$

传动比

$$i = \frac{n_1}{n_2} = \frac{z_2}{z_1} \tag{6-19}$$

以上两式求得的链速和传动比都是平均值。实际上即使主动链轮的角速度 $\omega_1$ 为常数,瞬时链速和瞬时传动比都是变化的。

以图 6-16 来分析链速的变化规律。正确啮合的链条与链轮,销轴中心位于链轮分度圆上,当主动链轮以角速度 $\omega_1$ 转动时,销轴 $A$ 的圆周速度 $v_A = \omega_1 r_1$。为了便于说明问题,将链的紧边(上边)置于水平位置。这样 $v_A$ 可分解为沿链条方向的分速度 $v$ 和垂直链条方向的分速度 $v'$,其值为

$$v = v_A \cos\beta = r_1 \omega_1 \cos \beta$$
$$v' = v_A \sin\beta = r_1 \omega_1 \sin \beta \tag{6-20}$$

其中,$\beta$ 为啮入过程中销轴在主动轮上的相位角,$\beta$ 的变化范围是 $-\varphi_1/2 \sim \varphi_1/2$(即 $-180°/z_1 \sim 180°/z_1$)。当 $\beta = 0°$ 时,链速最大,$v_{max} = \omega_1 d_1/2$;当 $\beta = \pm 180°/z_1$ 时,链速最小,$v_{min} = \omega_1 d_1/2 \cdot \cos(180°/z_1)$。

即链轮每转过一个齿,瞬时链速和瞬时传动比都作周期性变化。同理,链条垂直于链速方向的分速度 $v'$ 也做周期性的变化。

这种链条速度 $v$ 忽快忽慢的变化,$v'$ 忽上忽下的变化的现象称之为多边形效应。链速的变化不可避免地要产生振动和动载荷。

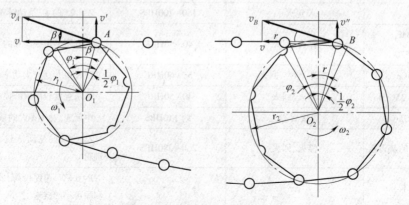

图 6-16 链传动的运动分析图

### 6.6.2　链传动的受力分析

如图 6-17 所示,如果不计动载荷,传动链条的紧边拉力 $F_1$ 由有效圆周力 $F_e$ 离心拉力 $F_c$ 及松边垂度引起的垂度拉力 $F_y$ 三部分组成;松边拉力 $F_2$ 则由 $F_c$、$F_y$ 两部分组成,即

$$F_1 = F_e + F_c + F_y, \quad F_2 = F_c + F_y$$
$$(6-21)$$

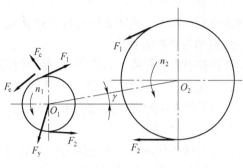

图 6-17　受力分析简图

**1. 有效圆周力**

$$F_e = \frac{1\,000P}{v} \ (\text{N}) \qquad (6-22)$$

**2. 离心拉力**

$$F_c = qv^2 \qquad\qquad (6-23)$$

式中　$q$——链条每米长质量,kg/m。

**3. 垂度拉力**

$$F_y = K_f qga \times 10^{-2} \ \text{N} \qquad\qquad (6-24)$$

$F_y$ 作用于链的全长,与松边中点垂度 y、中心距 $a(\text{mm})$ 和布置形式有关。垂度 y 越小,$F_y$ 越大。$K_f$ 为垂度系数,标准规定:链条松边中点允许的垂度为中心距的 0.01~0.03。当 $y/a = 0.02$ 时,$K_f$ 值由表 6-10 选取。

**表 6-10　链的垂度系数 $K_f$**

| $\gamma$ | 0° | 20° | 40° | 60° | 70° | 80° |
|---|---|---|---|---|---|---|
| $K_f$ | 6.5 | 5.8 | 4.5 | 2.7 | 1.7 | 0.7 |

**4. 作用于轴上的拉力**

对水平布置和倾斜布置的传动　$F_Q = (1.15 \sim 1.20) f_1 F_e$

对接近垂直布置的传动　$F_Q = 1.05 f_1 F_e$
$$(6-25)$$

## 6.7　滚子链传动的设计计算

### 6.7.1　链传动的失效形式

链条是链传动的易损件,一般链轮的寿命是链条的 2~3 倍,故研究链传动的失效形式主要是针对链条的失效。链条的失效形式主要有以下几种:

1)链板的疲劳破坏

链条在工作中不断经受紧边、松边的变载荷作用,经过一定的循环次数,就会在板孔两侧发生疲劳破坏。对于中低速闭式链传动(润滑密封良好),疲劳破坏比较常见。

2)套筒、滚子的冲击疲劳

当链条与链轮啮入时会产生冲击,滚子和套筒受到反复多次的冲击载荷,套筒与滚子会发生冲击疲劳。在中高速闭式链传动中这种失效比较常见。

3)销轴与套筒的胶合

链条铰链向链轮啮入过程中,销轴与套筒产生相对转动,并以冲击方式与链轮啮合。在高速重载工况下,铰链的摩擦表面会严重发热,产生局部黏着,导致销轴与套筒工作表面的胶合。这在一定程度上限制了链传动的极限速度。

4)链条铰链的磨损

销轴套筒工作表面既承受压力又产生相对转动,在润滑不良或载荷较大时,会产生严重磨损,随着磨损量的增加,链节节距过度伸长造成跳齿脱链现象。磨损是开式传动,润滑不良的主要失效形式。

5)链条的静强度破坏

低速重载的链条当过载时,易发生静强度拉断,反复启动、制动和正反转,滚子、套筒和销轴也易产生静强度冲击破坏。

## 6.7.2 链条额定功率曲线

链条的每一种失效形式都限定着链传动的承载能力(极限功率 $P_0$)。对于每一种失效形式,可通过实验做出图 6-18 所示的极限功率曲线。

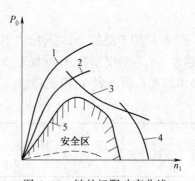

图 6-18 链的极限功率曲线

1 号线是良好润滑条件下,铰链磨损限定的极限功率曲线;2 号线是链板疲劳破坏限定的极限功率曲线;3 号线是滚子、套筒冲击疲劳破坏限定的极限功率曲线;4 号线是销轴与套筒胶合限定的极限功率曲线;虚线为恶劣工作环境或不良润滑不良条件下的极限功率曲线。链的传动能力很低,应避免这种情况发生。为避免以上各种失效形式发生,做出链传动的额定功率曲线 5 作为选择链条的依据,在图中的阴影部分为安全区。

国家标准"滚子链传动选择指导"(GB/T 18150—2000)给出了短节距传动用短节距精密滚子链 A、B 系列典型承载能力图表,也称为链条额定功率曲线图(图 6-19 所示为 A 系列滚子链的额定功率曲线)。

链条额定功率曲线图是在下列条件下建立的:

a. 安装在水平平行轴上的两链轮传动;

b. 主动链轮齿数为 25;

c. 无过渡链节的单排链;

d. 链长为 120 个链节(链长小于此长度时,使用寿命将按比例减少);

e. 传动减速比为 3;

f. 链条预期使用寿命为 15 000 h;

g. 工作环境温度为 -5~70 ℃;

h. 平稳运转,无过载、冲击或频繁启动;

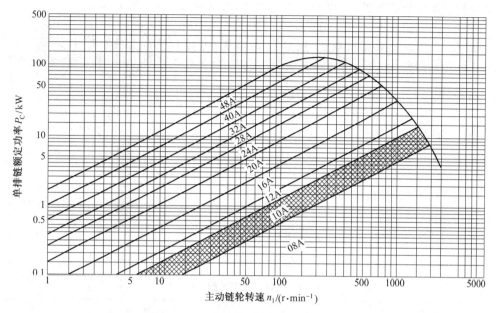

图 6-19 A 系列滚子链的额定功率曲线

注：1. 双排链的额定功率可以用单排链的 $P_C \times 1.75$ 计算得到。

2. 三排链的额定功率可以用单排链的 $P_C \times 2.5$ 计算得到。

i. 清洁和合适的润滑。

如不满足上述条件，则传递功率 $P$ 应予以修正。

## 6.7.3 链传动的设计计算

设计链传动的已知条件：所传递的功率 $P$，主动、从动机械的类型，主、从动轴的转速 $n_1$、$n_2$（r/min）和直径，中心距要求和布置，环境条件。设计计算内容有：确定两链轮齿数 $z_1$ 和 $z_2$，计算链轮的主要几何尺寸，选择链条，确定链节距 $p$，计算链长节数 $X$，计算最大中心距 $a$，选定润滑方式等。

链传动的设计步骤如下：

1）选择链轮齿数 $z_1$ 和 $z_2$

小链轮齿数 $z_1$ 对链传动平稳性和使用寿命有较大的影响，齿数过少会使链传递的圆周力增大，多边形效应显著，传动的不均匀性和动载荷增加，铰链磨损加剧。小链轮的齿数最小为 17，对高速传动或承受冲击载荷的链传动，小链轮的齿数至少取 25，且轮齿应淬硬。大链轮的齿数为 $z_2 = iz_1$。$z_2$ 不宜过多，否则磨损后链节距增大，易发生跳齿脱链现象，一般推荐 $z_{max} = 120$。

如图 6-20 所示，当链条铰链磨损后，套筒和销轴之间的间隙增加，这时，链条的实际节距将由 $p$ 增至 $p + \Delta p$，滚子将沿着轮齿齿廓向外移，链轮节圆直径将由 $d$ 增至 $d + \Delta d$。

由几何关系可得

$$d + \Delta d = \frac{p + \Delta p}{\sin(180°/z)}$$

则链轮分度圆直径增量：

$$\Delta d = \Delta p / \sin(180°/z)$$

可见 $\Delta p$ 一定时，链轮齿数愈多，增量 $\Delta d$ 就愈大，也越容易发生跳齿与脱链，所以大链轮齿数不宜过多。

2）计算修正功率

$$P_c = P \times f_1 \times f_2 \qquad (6\text{-}26)$$

式中　$P$——输入功率（传递功率），kW；

　　　$P_c$——修正功率，kW；

　　　$f_1$——工况系数，见表 6-11；

　　　$f_2$——主动链轮齿数系数，见表 6-12。

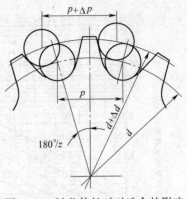

图 6-20　链节伸长时对啮合的影响

3）链条选择（确定链节距）

根据式（6-26）求出链的修正功率 $P_c$ 后，便可根据 $P_c$ 和 $n_1$ 选择节距最小的单排链。为使传动平稳，在高速下宜选用节距较小的双排链或多排链，这样还可以使传动布置更为紧凑。

表 6-11　工况系数 $f_1$

| 从 动 机 械 | | 主 动 机 械 | | |
|---|---|---|---|---|
| | | 平 稳 运 转 | 轻 微 冲 击 | 中 等 冲 击 |
| | | 电动机、汽轮机和燃气轮机、带有液力偶合器的内燃机 | 六缸或六缸以上带机械式联轴器的内燃机、经常启动的电动机 | 少于六缸带机械式联轴器的内燃机 |
| 平稳运转 | 离心式的泵和压缩机、印刷机械、均匀加料的带式输送机、自动扶梯、液体搅拌机和混料机、风机 | 1.0 | 1.1 | 1.3 |
| 中等冲击 | 三缸或三缸以上的泵和压缩机、混凝土搅拌机、载荷非恒定的输送机、固体搅拌机和混料机 | 1.4 | 1.5 | 1.7 |
| 严重冲击 | 刨煤机、电铲、轧机、球磨机、压力机、剪床、单缸或双缸的泵和压缩机、石油钻机 | 1.8 | 1.9 | 2.1 |

表 6-12　主动链轮的齿数系数 $f_2$

| $z_1$ | 15 | 17 | 21 | 23 | 25 | 30 | 35 | 40 | 50 |
|---|---|---|---|---|---|---|---|---|---|
| $f_2$ | 1.75 | 1.52 | 1.2 | 1.09 | 1 | 0.81 | 0.68 | 0.59 | 0.47 |

4）计算链条长度

根据安装位置要求初定 $a_0$，无特殊要求的链传动推荐 $a_0 = (30 \sim 50)p$，$a_{0max} = 80p$。中心距过小，链在小链轮上的包角减小，链节铰链受力增大，加剧链条的磨损。中心距过大，链条松边垂度增大，易产生抖动。

其次，由初选的 $a_0$ 和已知节距 $p$ 来计算链长节数 $X_0$，与带传动相似，链节数与中心距之间的关系式为

$$X_0 = \frac{2a_0}{p} + \frac{z_1 + z_2}{2} + \left(\frac{z_1 - z_2}{2\pi}\right)^2 \frac{p}{a_0} \qquad (6-27)$$

计算出的 $X_0$ 应圆整为整数 $X$，最好取偶数，以避免过渡链节，方便连接。$X$ 为实际的链长节数。

5）最大中心距（理论中心距）

根据圆整后的链节数计算理论中心距

$$a = \frac{p}{4}\left[\left(X - \frac{z_1 + z_2}{2}\right) + \sqrt{\left(X - \frac{z_1 + z_2}{2}\right)^2 - 8\left(\frac{z_2 - z_1}{2\pi}\right)^2}\right] \text{mm} \qquad (6-28)$$

为保证链条松边有一个合适的垂度 $y = (0.01 \sim 0.03)\, a$，实际中心距 $a'$ 应较理论中心距小一些，即 $a' = a - \Delta a$，$\Delta a = (0.002 \sim 0.004)\, a$。

6）计算链速

$$v = \frac{n_1 z_1 p}{60 \times 1000} \text{ (m/s)}$$

7）选择润滑方式

链传动的润滑方式可根据已确定的链号和链速按图 6-21 中所推荐的方式润滑。

范围 1：用油壶或油刷定期人工润滑；

范围 2：滴油润滑；

范围 3：油池润滑或油盘飞溅润滑；

范围 4：油泵压力供油润滑。

8）计算链传动作用在轴上的拉力（简称压轴力）$F_Q$

9）链条的静强度计算

通常 $v < 0.6$ m/s 视为低速链传动，其失效形式主要是链条因过载被拉断，故应按抗拉静强度条件进行计算。根据已知的传动条件，初选链条型号，然后校核安全系数 $S$

$$S = \frac{Q}{f_1 F_e + F_c + F_y} \geqslant [S] \qquad (6-29)$$

式中　$S$——静强度计算的安全系数；

　　　$Q$——链条的极限拉伸载荷，N；

　　　$[S]$——许用静强度安全系数，一般 $[S] = 4 \sim 8$。

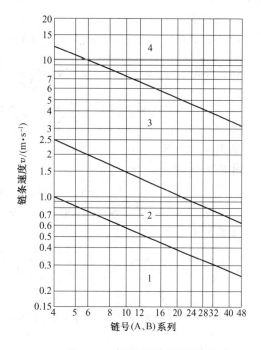

图 6-21　润滑范围选择图

**例 6-2**　设计一物料输送机用滚子链传动（传动简图 6-22）。已知传递功率 $P = 7.5$ kW，主动链轮转速 $n_1 = 960$ r/min，从动链轮转速 $n_2 = 320$ r/min，电动机驱动，载荷平稳，水平布置。

**解：**①选择链轮齿数 $z_1$、$z_2$

传动比 $i = \dfrac{n_1}{n_2} = \dfrac{960}{320} = 3$

取小链轮齿数 $z_1 = 23$，大链轮齿数 $z_2 = iz_1 = 3 \times 23 = 69$。

②链条计算与选择

a. 修正功率 $P_c$

由表 6-11、6-12 查得 $f_1 = 1.0$，$f_2 = 1.09$。

修正功率 $P_c = f_1 f_2 P = 1.0 \times 1.09 \times 7.5 = 8.175\ \text{kW}$

b. 链条选择

由 $P_c$ 和 $n_1$ 的数据，根据功率曲线图 6-19 上，可选取滚子链为 10A。链条节距为 15.875 mm。

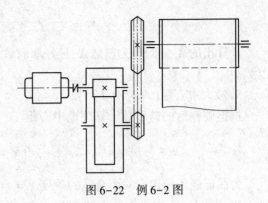

图 6-22 例 6-2 图

c. 链条长度

初定中心距 $a_0 = 40p = 40 \times 15.875 = 635\ \text{mm}$

链长节数 $X_0 = \dfrac{2a_0}{p} + \dfrac{z_1 + z_2}{2} + \left(\dfrac{z_2 - z_1}{2\pi}\right)^2 \dfrac{p}{a_0}$

$$= \dfrac{2 \times 40p}{p} + \dfrac{23 + 69}{2} + \left(\dfrac{69 - 23}{2\pi}\right)^2 \dfrac{p}{40p} = 127.34$$

取 $X_0 = 128$ 节。

③验算链速 $v$

$$v = \dfrac{z_1 p n_1}{60 \times 1000} = \dfrac{23 \times 15.875 \times 960}{60 \times 1000} = 5.842\ \text{m/s}$$

④最大中心距

$$a = \dfrac{p}{4}\left[\left(X - \dfrac{z_1 + z_2}{2}\right) + \sqrt{\left(X - \dfrac{z_1 + z_2}{2}\right)^2 - 8\left(\dfrac{z_2 - z_1}{2\pi}\right)^2}\right]$$

$$= \dfrac{15.875}{4}\left[\left(128 - \dfrac{23 + 69}{2}\right) + \sqrt{\left(128 - \dfrac{23 + 69}{2}\right)^2 - 8\left(\dfrac{69 - 23}{2\pi}\right)^2}\right]$$

$$= 640.33\ \text{mm}$$

⑤实际中心距

$$a' = a - \Delta a = 640.33 - 0.003 \times 640.33 = 638.41\ \text{mm}$$

⑥选择润滑方式

根据链速 $v = 5.842$ m/s，链号 10A，按图 6-21 选择油池润滑或油盘飞溅润滑。

⑦作用在轴上的力

有效圆周力 $F_e = 1000P/v = 1000 \times 7.5/5.842 = 1\ 284\ \text{N}$

作用在轴上的拉力 $F_Q = 1.2 f_1 F_e = 1.2 \times 1.0 \times 1284 = 1540.8\ \text{N}$

⑧链轮尺寸及结构设计

$$d_1 = \dfrac{p}{\sin(180°/z_1)} = \dfrac{15.875}{\sin(180°/23)} = 116.585\ \text{mm}$$

$$d_2 = \frac{p}{\sin(180°/z_2)} = \frac{15.875}{\sin(180°/69)} = 348.789 \text{ mm}$$

其他尺寸及结构设计查设计手册。

## 实训九　V 带传动的设计与选型

**【任务】**

图 6-23 所示为带传动实验台,已知电动机参数、主动轮直径 $D_1$、从动轮转速 $n_2$,求此传动实验台 V 带的选型与设计及从动轮直径确定。

**【任务实施】**

(1)观察电动机铭牌,得到电动机额定功率和额定转速,得到电动机计算功率(安全功率);

(2)根据电动机转速和从动轮转速得到带传动系统的传动比;

(3)初步确定 V 带型号

(4)计算并选择从动轮直径;

(5)确定中心距;

(6)验证带轮包角和初拉力。

图 6-23　带传动实验台

### 知识梳理与总结

(1)带传动是利用带和带轮的摩擦(或啮合)进行工作的,链传动是利用链条和链轮轮齿的啮合来实现传动;

(2)按带的截面形状,带可分平带、V 带、多楔带、圆形带和同步齿形带等;

(3)带传动,打滑可以避免,弹性滑动不可避免;

(4)带传动三种张紧方式:定期张紧装置、自动张紧装置、张紧轮张紧装置;

(5)目前应用最广泛的是滚子链;

(6)滚子链的特点:无弹性滑动、耐高温、传动距离远、吸振性好,但传动比不精确、有噪声等;

(7)滚子链的选用。

## 同 步 练 习

### 6-1　选择题

(1)V 带传动用张紧轮张紧时,张紧轮一般应布置在_____。

A. 紧边内侧近大轮处　　　　　B. 紧边外侧近小轮处

C. 松边内侧近小轮处　　　　　D. 松边内侧近大轮处

(2)采用三根 V 带传动,若损坏一根时应更换_____。

A. 一根                  B. 两根               C. 三根

(3) V 带的基准长度 $L_d$ 是带的_____。

A. 内周长度             B. 外周长度          C. 节面的圆周长度

(4) V 带传动中 V 带的最大应力在_____处。

A. 紧边进入小轮         B. 紧边绕出大轮       C. 松边进入大轮

## 6-2 判断题

(1) 在设计 V 带传动时, V 带的型号是根据小带轮转速和计算功率选取的。      (     )

(2) 普通 V 带中的 A 型 V 带横截面积最小。      (     )

(3) 带传动的弹性滑动可以避免。      (     )

(4) V 带传动的张紧力越大越好。      (     )

## 6-3 简答题

(1) 带传动的类型及特点。

(2) 试解释和比较打滑和弹性滑动。

(3) 带传动的张紧方式。

(4) 链传动的特点。

## 6-4 设计题

设计一拖动某带式运输机的滚子链传动。已知小链轮轴功率 $P = 10$ kW, 小链轮转速 $n_1 = 960$ r/min, 大链轮转速 $n_2 = 260$ r/min, 电动机驱动, 载荷平稳, 单班工作。

# 第7章 齿轮传动

## 本章知识导读

**【知识目标】**

1. 掌握渐开线直齿圆柱齿轮传动的啮合原理、几何尺寸计算及设计计算；

2. 了解齿轮的结构、了解齿轮的加工原理和变位齿轮传动概念；

3. 了解斜齿轮传动的啮合原理、几何尺寸计算及设计计算；

4. 了解直齿锥齿轮传动啮合原理、几何尺寸计算；

5. 了解蜗杆传动类型、特点及其主要参数和几何尺寸计算；

6. 理解根切现象；

7. 理解齿轮的结构设计及齿轮传动润滑和效率；

8. 理解蜗杆传动的主要参数；

9. 掌握齿轮传动的失效形式和设计准则、传动受力分析、接触(弯曲)疲劳强度计算、参数选择、设计步骤。

**【能力目标】**

1. 能正确理解齿轮传动的类型、特点、主要参数及几何尺寸计算；

2. 会运用图标、公式设计、校核齿轮传动机构；

3. 会正确选用传动方式、运用好设计准则。

**【重点、难点】**

1. 直齿圆柱齿轮的啮合原理；

2. 渐开线齿廓啮合特点；

3. 直齿圆柱齿轮的基本参数、几何尺寸的计算；

4. 直齿圆柱齿轮的设计计算方法；

5. 齿轮传动的失效形式和设计准则、齿轮传动的受力分析；

6. 渐开线齿轮传动。

## 7.1 齿轮传动的特点和类型

### 7.1.1 齿轮传动的特点

齿轮传动的主要特点有：

(1)效率高。在常用的机械传动中，以齿轮传动的效率为最高，如一级圆柱齿轮传动的效率可达99%。

(2)结构紧凑。在同样的使用条件下，齿轮传动所需的空间尺寸一般较小。

（3）工作可靠,使用寿命长。设计制造正确合理、使用维护良好的齿轮传动,工作十分可靠,寿命可长达一、二十年。

（4）传动比稳定。传动比稳定往往是对传动性能的基本要求。

齿轮传动的主要缺点是对制造及安装精度要求高,价格较贵,且不宜用于传动距离过大的场合。

### 7.1.2 齿轮传动的基本类型

**1. 按照两轴的相对位置和齿向分**

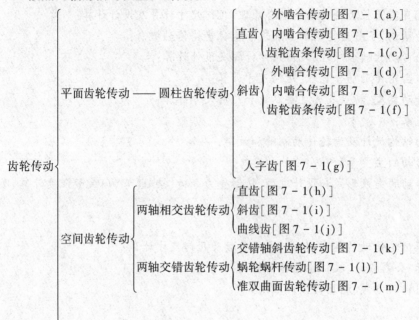

**2. 按齿轮传动的工作条件分**

（1）开式齿轮传动。齿轮结构外露,结构简单,但由于易落入灰尘和不能保证良好的润滑,轮齿极易磨损,为克服此缺点,常加设防护罩。多用于农业机械、建筑机械及简易机械设备中的低速齿轮传动。

（2）闭式齿轮传动:齿轮密闭于刚性较大的箱壳内,润滑条件好,安装精确,可保证良好的工作条件,应用较广。如机床主轴箱中的齿轮、齿轮减速器等。

**3. 按齿轮齿面硬度分**

（1）软齿面齿轮传动:两齿轮之一或者两个齿轮齿面硬度均小于350HBW的齿轮传动。

（2）硬齿面齿轮传动:齿面硬度大于350HBW的齿轮传动。

**4. 按齿轮齿廓曲线的形状分**

齿轮可分为渐开线齿轮、摆线齿轮和圆弧齿轮三种,其中渐开线齿轮应用最广。

(a)       (b)       (c)

(d)       (e)       (f)

(g)       (h)       (i)

(j)       (k)       (l)       (m)

图 7-1 齿轮传动的分类

## 7.2 齿廓啮合基本定律

图 7-2 为一对互相啮合的齿轮,设主、从动轮分别绕 $O_1$、$O_2$ 转动,角速度分别为 $\omega_1$、$\omega_2$ 两齿轮在 $K$ 点接触,它们在 $K$ 处的线速度分别为 $v_{K1}$、$v_{K2}$,则

$$v_{K1} = \omega_1 \overline{O_1 K}$$
$$v_{K2} = \omega_2 \overline{O_2 K} \tag{7-1}$$

且 $v_{K1}$ 和 $v_{K2}$ 在法线 $nn$ 上的分速度应相等,否则两齿廓将会压坏或分离。即

$$v_{K1}\cos \alpha_{K1} = v_{K2}\cos \alpha_{K2} \tag{7-2}$$

由式(7-1)和式(7-2)得

$$\frac{\omega_1}{\omega_2} = \frac{\overline{O_2K}\cos\alpha_{K2}}{\overline{O_1K}\cos\alpha_{K1}} \qquad (7\text{-}3)$$

过 $O_1$、$O_2$ 分别作 $nn$ 的垂线 $O_1N_1$ 和 $O_2N_2$，得 $\angle KO_1N_1 = \alpha_{K1}$、$\angle KO_2N_2 = \alpha_{K2}$，故式(7-3)可以改写为

$$\frac{\omega_1}{\omega_2} = \frac{\overline{O_2K}\cos\alpha_{K2}}{\overline{O_1K}\cos\alpha_{K1}} = \frac{\overline{O_2N_2}}{\overline{O_1N_1}} \qquad (7\text{-}4)$$

又因 $\triangle PO_1N_1 \backsim \triangle PO_2N_2$，则式(7-4)又可写成

$$\frac{\omega_1}{\omega_2} = \frac{\overline{O_2N_2}}{\overline{O_1N_1}} = \frac{\overline{O_2P}}{\overline{O_1P}} \qquad (7\text{-}5)$$

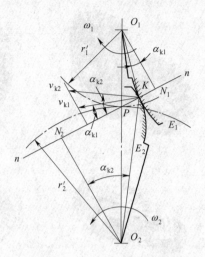

图 7-2　齿廓的啮合传动示意图

式(7-5)说明互相啮合传动的一对齿轮,在任一位置时的传动比都与其连心线 $O_1$、$O_2$ 被齿廓接触点处公法线所分割的两线段成反比。这一规律称为齿廓啮合的基本定律。

由此推论,欲使两齿轮瞬时传动比恒定不变,必须使 $P$ 点为连心线上的固定点。因此,对于定传动比的齿轮传动,其齿廓必须满足的条件是:两轮的齿廓不论在何处接触,其接触点的公法线必须与两轮连心线相交于一定点。

过两啮合齿廓接触点所做的两齿廓公法线与两齿轮连心线 $O_1O_2$ 的交点 $P$ 称为两齿轮的啮合节点(简称节点)。分别以 $O_1$、$O_2$ 为圆心,以 $O_1P$、$O_2P$ 为半径所做的两个相切圆称为节圆,节圆半径分别用 $r_1'$ 和 $r_2'$ 表示。由于 $v_{P1} = v_{P2}$ ,因此齿轮传动时,可以看成是这对齿轮的节圆在做纯滚动。

注意:节圆是一对齿轮啮合传动时产生的,所以单个齿轮没有节圆,也不存在节点。

## 7.3　渐开线及渐开线齿廓的啮合特性

### 7.3.1　渐开线的形成

如图 7-3 所示,一直线 $n$—$n$,沿半径为 $r_b$ 的圆周做纯滚动,该直线上任一点 $K$ 的轨迹 $AK$ 称为该圆的渐开线,这个圆称为渐开线的基圆,直线 $n$—$n$,称为渐开线的发生线。渐开线上任一点 $K$ 的向径 $r_k$ 与起点 $A$ 的向径间的夹角 $\theta_k$ 称为渐开线在 $K$ 点的展角。

### 7.3.2　渐开线的性质

根据渐开线的形成可知,渐开线具有如下性质:

(1)发生线沿基圆滚过的长度等于基圆上被滚过的弧长,即 $NK = NA$。

(2)因为发生线在基圆上做纯滚动,所以切点 $N$ 就是渐开线上 $K$ 点的瞬时中心,发生线 $NK$ 就是渐开线在 $K$ 点的法线,同时它也是基圆在 $N$ 点的切线。

(3)切点 $N$ 是渐开线上 $K$ 点的曲率中心,$NK$ 是渐开线上 $K$ 点的曲率半径。离基圆越近,

曲率半径越小,在基圆上(即 $A$ 点处)其曲率半径为零。

(4)渐开线的形状取决于基圆的大小。如图 7-4 所示,基圆越大,渐开线越平直,当基圆半径为无穷大时,渐开线为直线。

(5)基圆内无渐开线。

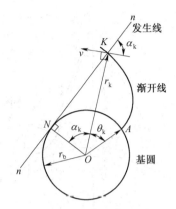

图 7-3　渐开线的形成示意图

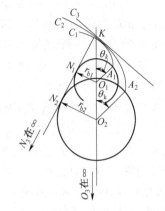

图 7-4　不同基圆的渐开线比较图

### 7.3.3　渐开线的方程

如图 7-3 所示,渐开线上任一点 $K$ 的位置可用向径 $r_k$ 和展角 $\theta_k$ 表示。当以此渐开线作为齿轮的齿廓在 $K$ 点啮合时,齿廓上 $K$ 点所受的正压力方向(即 $NK$ 的方向)与 $K$ 点速度方向之间所夹的锐角称为渐开线在 $K$ 点的压力角,用 $\alpha_k$ 表示。

由图 7-3 可知 $\alpha_k = \angle NOK$。由 $\triangle NOK$ 可得:

$$r_K = \frac{r_b}{\cos \alpha_K} \tag{7-6}$$

$$\tan \alpha_K = \frac{NK}{NO} = \frac{NA}{NO} = \frac{r_b(\alpha_k + \theta_k)}{r_b} = \alpha_k + \theta_k \tag{7-7}$$

即

$$\theta_k = \tan \alpha_k - \alpha_k \tag{7-8}$$

此式表明 $\theta_k$ 随 $\alpha_k$ 的变化而变化,故称展角 $\theta_k$ 为压力角 $\alpha_k$ 的渐开线函数,用 $inv(\alpha_k)$ 表示。

渐开线的极坐标方程为:

$$\begin{cases} r_k = \dfrac{r_b}{\cos \alpha_k} \\ \theta_k = \tan \alpha_k - \alpha_k \end{cases} \tag{7-9}$$

式中　　$\theta_k$ ——展角(rad);

　　　　$\alpha_k$ ——压力角(rad)。

### 7.3.4 渐开线齿廓啮合的特点

渐开线齿廓的啮合特点如下：

#### 1. 四线合一

如图 7-5 所示，一对渐开线齿廓 $E_1$、$E_2$ 在任意点 $K$ 啮合，过 $K$ 点作两齿廓的公法线 $N_1N_2$，根据渐开线的性质，该公法线就是两基圆的内公切线。当两齿廓转到 $K'$ 点啮合时，过 $K'$ 点所作公法线 $nn$ 也是两基圆的公切线。

由于齿轮基圆的大小和位置均固定，公法线 $nn$ 是唯一的，因此不管齿轮在哪一点啮合，啮合点总在这条公法线上，该公法线也称为啮合线。由于两个齿轮啮合传动时其正压力是沿着公法线方向的，因此对渐开线齿廓的齿轮传动来说，啮合线、过啮合线的公法线、基圆的内公切线和正压力作用线四线合一。

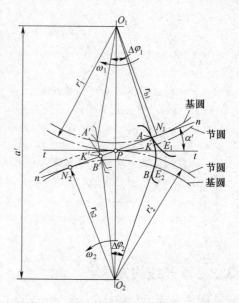

图 7-5 渐开线齿廓的啮合传动示意图

#### 2. 渐开线齿廓传动比恒定

由式(7-5)和图 7-5 所示可知

$$i_{12} = \frac{\omega_1}{\omega_2} = \frac{O_2P}{O_1P} \qquad (7-10)$$

不管齿轮在哪一点啮合，过接触点的公法线 $N_1N_2$ 为一条固定的直线，它与两齿轮的连心线 $O_1O_2$ 的交点 $P$ 必为一固定点。因此，渐开线齿廓能保持定传动比传动，即

$$i_{12} = \frac{\omega_1}{\omega_2} = \frac{O_2P}{O_1P} = \frac{r'_2}{r'_1} = 常数 \qquad (7-11)$$

#### 3. 中心距可变性

由式(7-5)及图 7-5 所示中 $\Delta O_1N_1P \sim \Delta O_2N_2P$，所以

$$\frac{O_2P}{O_1P} = \frac{O_2N_2}{O_1N_1} = \frac{r_{b2}}{r_{b1}} \qquad (7-12)$$

于是可得传动比为

$$i_{12} = \frac{\omega_1}{\omega_2} = \frac{r_{b2}}{r_{b1}} \qquad (7-13)$$

式(7-13)说明传动比等于两轮基圆半径的反比。齿轮一旦加工完毕，基圆的大小就确定了，所以传动比是常数。即使两轮的实际中心距与设计中心距有点偏差，也不会改变其传动比，这种性质称为中心距可变性。

#### 4. 啮合角不变

啮合角是啮合线与两节圆公切线所夹的锐角，用 $\alpha'$ 表示。实际上，啮合角就是渐开线在节圆上的压力角。显然齿轮传动时啮合角不变，力的作用线方向不变。若传递的转矩不变，则其压力大小也保持不变，因而传动较平稳。

分度圆与节圆、压力角与啮合角的区别：①就单独一个齿轮而言，只有分度圆和压力角，而无节圆和啮合角；只有当一对齿轮互相啮合时，才有节圆和啮合角；②当一对标准齿轮啮合时，分度圆是否与节圆重合，压力角与啮合角是否相等，取决于两齿轮是否为标准安装。如果标准安装，则两圆重合、两角相等；否则均不相等。

## 7.4 渐开线标准直齿圆柱齿轮的基本尺寸

### 7.4.1 渐开线标准直齿圆柱齿轮各部分的名称和符号

图7-6(a)所示为一标准直齿圆柱齿轮的一部分，齿轮的轮齿均匀分布在圆柱面上。每个轮齿两侧的齿廓都是由形状相同、方向相反的渐开线曲面组成，其各部分名称和符号如下；

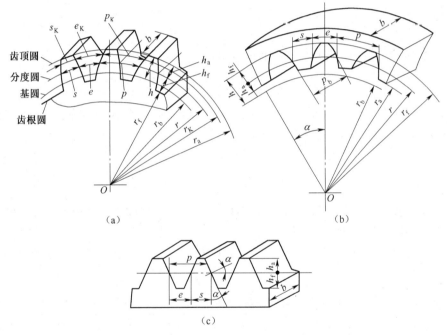

图7-6 直齿圆柱齿轮各部分名称、代号图

齿顶圆是指由齿顶所确定的圆，其半径用 $r_a$ 表示，其直径用 $d_a$ 表示。

齿根圆是指由齿槽底部所确定的圆，其半径用 $r_f$ 表示，其直径用 $d_f$ 表示。

齿厚是指在任意半径 $r_K$ 的圆周上，同一轮齿齿廓间的弧长，用 $s_K$ 表示

齿槽宽是指在任意半径 $r_K$ 的圆周上，轮齿两侧齿槽之间的弧长，用 $e_K$ 表示。

齿距是指在任意半径 $r_K$ 的圆周上，相邻两齿同侧齿廓间的弧长，用 $p_K$ 表示。显然，$p_K = s_K + e_K$。在基圆上相邻两齿同侧齿廓间的弧长称为基圆齿距，用 $p_b$ 表示，显然 $p_b = s_b + e_b$。

法向齿距是指相邻两齿同侧齿廓在法线上的距离，用 $p_n$ 表示。由渐开线的性质可知 $p_n = p_b$。

分度圆是指为了便于设计、制造、测量和互换，在齿顶圆和齿根圆之间，取一个圆作为计算

齿轮各部分几何尺寸的基准,其半径和直径分别用 $r$ 和 $d$ 表示。规定分度圆上的齿厚、齿槽宽、齿距、压力角等符号一律不加角标,如 $s$、$e$、$p$、$a$、$d$ 等。

齿宽是指沿齿轮轴线方向测得的齿轮宽度,用 $b$ 表示。

齿顶高:是指分度圆与齿顶圆之间的径向距离,用 $h_a$ 表示。

齿根高:是指分度圆与齿根圆之间的径向距离,用 $h_f$ 表示。

全齿高:是指齿顶圆与齿根圆之间的径向距离,用 $h$ 表示。显然,$h = h_f + h_a$。

图 7-6(b)所示为直齿内齿轮,它的轮齿分布在齿圈的内表面上。

图 7-6(c)所示为直齿齿条。

## 7.4.2 直齿圆柱齿轮的基本尺寸

**1. 齿数**

齿数是在齿轮整个圆周上分布的轮齿总数,用 $z$ 表示。

**2. 模数**

分度圆上齿距 $p$ 对 $\pi$ 的比值称为模数,其数学表达式为

$$m = p/\pi$$

分度圆直径 $d$ 与齿距 $p$ 及齿数 $z$ 之间的关系为

$$\pi d = pz \Leftrightarrow d = \frac{p}{\pi} z$$

由于式中包含了无理数 $\pi$,为了便于计算、制造和检验,特规定 $p/\pi$ 为一个简单的有理数值,并把它称为模数,用 $m$ 表示,单位为 mm。由式

$$d = mz$$

得

$$m = \frac{p}{\pi}$$

模数是决定齿轮尺寸的一个基本参数,我国已经规定了标准模数系列。设计齿轮时,应采用我国规定的标准模数系列,见表 7-1。

由模数的定义可知,模数越大,齿轮尺寸也越大,承载能力也就越高;反之则齿轮尺寸约小,承载能力也就越低。

**表 7-1　渐开线圆柱齿轮标准模数系列表**(GB/T 1357—2008)

| 第一系列 | 0.12 | 0.15 | 0.2 | 0.25 | 0.3 | 0.4 | 0.5 | 0.6 | 0.8 | 1 | 1.25 | 1.5 | 2 | 2.5 |
|---|---|---|---|---|---|---|---|---|---|---|---|---|---|---|
| | 3 | 4 | 5 | 6 | 8 | 10 | 12 | 16 | 20 | 25 | 32 | 40 | 50 | |
| 第二系列 | 0.35 | 0.7 | 0.9 | 1.75 | 2.25 | 2.75 | (3.25) | 3.5 | (3.75) | 4.5 | 5.5 | (6.5) | 7 | 9 |
| | (11) | 14 | 18 | 22 | 28 | (30) | 36 | 45 | | | | | | |

**3. 压力角**

通常把渐开线在分度圆上的压力角简称为压力角,用 $\alpha$ 表示。我国规定标准压力角 $\alpha = 20°$。于是,分度圆的定义为:分度圆是具有标准模数和标准压力角的圆。

由式(7-6)可得

$$\cos \alpha = \frac{r_b}{r} = \frac{d_b}{d} = \frac{d_b}{mz} \tag{7-14}$$

#### 4. 齿顶高系数和顶隙系数

为了以模数 $m$ 为基本参数进行计算,齿顶高和齿根高可取为

$$h_a = h_a^* m \tag{7-15}$$

$$h_f = h_a^* m + c = (h_a^* + c^*)m \tag{7-16}$$

对于圆柱齿轮,标准规定齿顶高系数和顶隙系数分别为

正常齿制　　　　　　$h_a^* = 1.0$ , 　$c^* = 0.25$

短齿制　　　　　　　$h_a^* = 0.8$ , 　$c^* = 0.3$

短齿制齿轮主要应用于汽车、坦克、拖拉机、电力机车等的齿轮传动系统。

对于模数、压力角、齿顶高系数及顶隙系数均为标准值,且分度圆上的齿厚等于齿槽宽的齿轮,称为标准齿轮。

#### 5. 标准直齿圆柱齿轮几何尺寸计算

标准直齿圆柱齿轮所有尺寸均可由以上 5 个参数来表示或计算,其几何尺寸的计算公式见表 7-2。

表 7-2　标准直齿圆柱齿轮几何尺寸的计算公式

| 名　称 | 符　号 | 计　算　公　式 |
|---|---|---|
| 齿顶高 | $h_a$ | $h_a = h_a^* m$ |
| 齿根高 | $h_f$ | $h_f = h_a^* m + c = (h_a^* + c^*)m$ |
| 全齿高 | $h$ | $h = h_a + h_f = (2h_a^* + c^*)m = 2.25m$ |
| 齿距 | $p$ | $p = m\pi$ |
| 齿厚 | $s$ | $s = p/2 = m\pi/2$ |
| 齿槽宽 | $e$ | $e = s = m\pi/2$ |
| 基圆齿距 | $p_b$ | $p_b = \pi m\cos\alpha$ |
| 分度圆直径 | $d$ | $d = mz$ |
| 基圆直径 | $d_b$ | $d_b = d\cos\alpha = mz\cos\alpha$ |
| 齿顶圆直径 | $d_a$ | $d_a = d \pm 2h_a = (z \pm 2h_a^*)m$ |
| 齿根圆直径 | $d_f$ | $d_f = d \mp 2h_f = (z \mp 2h_a^* \mp 2c^*)m$ |
| 标准中心距 | $a$ | $a = (d_1 \pm d_2)/2 = m(z_1 \pm z_2)/2$ |

### 7.4.3　例题

**例 7-1**　一齿轮传动箱中有一对渐开线标准直齿圆柱齿轮传动,已知 $m = 7$ mm, $z_1 = 21$, $z_2 = 37$, $\alpha = 20°$, $h_a^* = 1$, $c^* = 0.25$。试计算分度圆直径、齿顶圆直径、齿根圆直径、基圆直径、齿厚和标准中心距。

**解:**该齿轮传动为标准直齿圆柱齿轮传动,计算如下:

分度圆直径　　　　　　　　$d_1 = mz_1 = 7 \times 21 = 147$ mm

$$d_2 = mz_2 = 7 \times 37 = 259 \text{ mm}$$

齿顶圆直径

$$d_{a1} = d_1 + 2h_a = (z_1 + 2h_a^*)m = (21 + 2 \times 1) \times 7 = 161 \text{ mm}$$

$$d_{a2} = d_2 + 2h_a = (z_2 + 2h_a^*)m = (37 + 2 \times 1) \times 7 = 273 \text{ mm}$$

齿根圆直径

$$d_{f1} = d_1 - 2h_f = (z_1 - 2h_a^* - 2c^*)m = (21 - 2 \times 1 - 2 \times 0.25) \times 7 = 129.5 \text{ mm}$$

$$d_{f2} = d_2 - 2h_f = (z_2 - 2h_a^* - 2c^*)m = (37 - 2 \times 1 - 2 \times 0.25) \times 7 = 241.5 \text{ mm}$$

基圆直径 $\qquad d_{b1} = d_1 \cos \alpha = 147 \times \cos 20° = 138.18 \text{ mm}$

$$d_{b2} = d_2 \cos \alpha = 259 \times \cos 20° = 243.46 \text{ mm}$$

齿厚 $\qquad s_1 = s_2 = m\pi/2 = \pi/2 \times 7 = 10.99 \text{ mm}$

标准中心距 $\qquad a = m(z_1 + z_2)/2 = 7 \times (21 + 37) \times 0.5 = 203 \text{ mm}$

## 7.5 渐开线直齿圆柱齿轮的啮合传动

### 7.5.1 渐开线标准直齿圆柱齿轮正确啮合的条件

如图 7-7 所示，设相邻两齿同侧齿廓与啮合线 $N_1N_2$ 的交点分别为 $K$ 和 $K'$，线段 $KK$ 的长度称为齿轮的法向齿距。显然，要使两齿轮正确啮合，他们的法向距离必须相等。根据渐开线的性质可知，法向齿距等于两齿轮基圆上的齿距，因此要使两齿轮正确啮合，必须满足 $p_{b1} = p_{b2}$，而 $p_b = \pi m \cos \alpha$，故可得：

$$\pi m_1 \cos \alpha_1 = \pi m_2 \cos \alpha_2$$

由于渐开线齿轮的模数与压力角都是标准值，所以两轮正确啮合的条件为

$$\begin{cases} m_1 = m_2 = m \\ \alpha_1 = \alpha_2 = \alpha \end{cases} \tag{7-17}$$

即两齿轮模数和压力角分别相等。

因此一对渐开线直齿圆柱齿轮的传动比又可以表达为

$$i_{12} = \frac{\omega_1}{\omega_2} = \frac{r_2'}{r_1'} = \frac{r_{b2}}{r_{b1}} = \frac{r_2 \cos \alpha}{r_1 \cos \alpha} = \frac{r_2}{r_1} = \frac{z_2}{z_1} \tag{7-18}$$

### 7.5.2 渐开线标准中心距

一对渐开线外啮合标准齿轮，如果安装正确，在理论上是没有齿侧间隙（简称侧隙）的。否则，两齿轮在啮合过程中就会出现冲击和噪声，正反转会出现空程。

标准齿轮正确安装，实现无侧隙啮合的条件是：

$$s_1 = e_2 = \frac{\pi m}{2} = s_2 = e_1$$

因此正确安装的两标准齿轮，两分度圆正好相切，节圆和分度圆重合，这时的中心距称为标准中心距（简称中心距），用 $\alpha$ 表示，如图 7-8 所示，即

$$\alpha = r_1' + r_2' = r_1 + r_2 = \frac{m}{2}(z_1 + z_2) \tag{7-19}$$

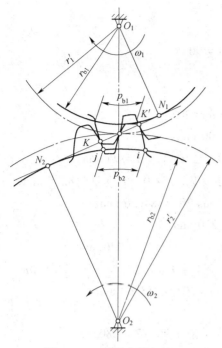 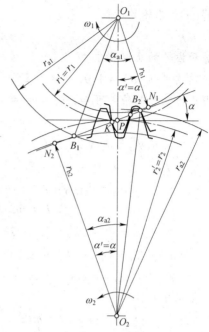

图 7-7　正确啮合的条件图　　　　　图 7-8　正确安装的一对标准齿轮

标准齿轮按标准中心距安装时,节圆与分度圆重合,啮合角才等于分度圆压力角。

### 7.5.3　渐开线齿轮连续传动的条件

为使齿轮能连续传动,必须在前一对轮齿尚未脱离啮合时,后一对轮齿能及时进入啮合。如图 7-8 所示。主动轮齿根与从动轮的齿顶 $B_2$ 点开始进入啮合,然后在两齿廓上各点沿啮合线 $N_1N_2$ 依次啮合,转至 $B_1$ 点退出啮合,线段 $B_1B_2$ 为齿廓啮合点实际轨迹,称为实际啮合线。

当两轮齿顶圆加大时,点 $B_2$ 和 $B_1$ 越接近点 $N_1$ 和 $N_2$,$N_1N_2$ 为理论上可能最长的啮合线段,称为理论啮合线。

保证齿轮连续传动的条件是使实际啮合线长度大于或至少等于齿轮的法线齿距,即 $B_1B_2 \geqslant p_n = p_b$。

通常把实际啮合线长度与基圆齿距的比称为重合度,用 $\varepsilon$ 表示,即

$$\varepsilon = \frac{B_1B_2}{P_b} \geqslant 1 \qquad (7-20)$$

理论上,$\varepsilon = 1$ 就能保证连续传动,但是由于齿轮的制造和安装误差以及传动中齿轮的变形等因素,必须使 $\varepsilon > 1$。机械制造中,一般取 $\varepsilon = 1.1 \sim 1.4$。重合度大小表明同时参与啮合的齿轮的对数多少,其值大则传动平稳,每对齿轮承受的载荷也小,也相对提高了齿轮的承载能力。故 $\varepsilon$ 是衡量齿轮传动质量的指标之一。

**例 7-2**　一对渐开线标准直齿圆柱齿轮(正常齿)传动,已知传动比 $i_{12} = 3$,小齿轮齿数

$z_1 = 30$,模数 $m = 3$ mm,求两齿轮的几何尺寸及传动中心距。

**解：**①大齿轮的齿数

$$z_2 = i_{12}z_1 = 3 \times 30 = 90$$

②两齿轮的几何尺寸

由题意可知，$h_a^* = 1.0, c^* = 0.25$。

由正确啮合的条件可知，$m_1 = m_2 = m, \alpha_1 = \alpha_2 = \alpha = 20°$

$$d_1 = mz_1 = 3 \times 30 = 90 \text{ mm}$$

$$d_{a1} = d_1 + 2h_a = (z_1 + 2h_a^*)m = (30 + 2 \times 1) \times 3 = 96 \text{ mm}$$

$$d_{f1} = d_1 - 2h_f = (z_1 - 2h_a^* - 2c^*)m = (30 - 2 \times 1 - 2 \times 0.25) \times 3 = 82.5 \text{ mm}$$

$$d_{b1} = d_1\cos \alpha = mz_1\cos \alpha = 30 \times 3\cos 20° = 84.56 \text{ mm}$$

$$d_2 = mz_2 = 3 \times 90 = 270 \text{ mm}$$

$$d_{a2} = d_2 + 2h_a = (z_2 + 2h_a^*)m = (90 + 2 \times 1) \times 3 = 276 \text{ mm}$$

$$d_{f2} = d_2 - 2h_f = (z_2 - 2h_a^* - 2c^*)m = (90 - 2 \times 1 - 2 \times 0.25) \times 3 = 262.5 \text{ mm}$$

$$d_{b2} = d_2\cos \alpha = mz_2\cos \alpha = 90 \times 3\cos 20° = 253.69 \text{ mm}$$

③传动中心距

$$a = (d_1 + d_2)/2 = m(z_1 + z_2)/2 = 3 \times (30 + 90)/2 = 180 \text{ mm}$$

## 7.6 渐开线齿轮的切削原理及变位齿轮的概念

### 7.6.1 渐开线齿轮的加工原理

齿轮轮齿的加工方法很多，如铸造、冲压、锻造、热轧和切削等方法，最常用的是切削加工齿廓，按切齿原理可分为仿形法和范成法。

**1. 仿形法**

仿形法是指用与齿轮齿槽形状相同的渐开线齿形铣刀在铣床上进行加工，如图 7-9 所示。铣削完一个齿槽后，将齿轮坯转过 $360°/z$，再铣削第二个齿槽，依次类推，直到铣削出所有的齿槽。

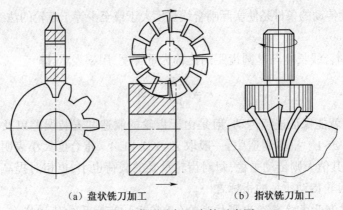

（a）盘状铣刀加工　　　（b）指状铣刀加工

图 7-9 仿形法加工齿轮示意图

采用的刀具在其轴线剖面内,刀刃的形状和被切齿轮的齿槽形状相同。常用的有盘状铣刀[图7-9(a)]和指状铣刀[图7-9(b)]。

由于渐开线齿廓的形状取决于基圆大小,齿轮参数$m$、$z$、$\alpha$三个参数影响基圆半径进而影响齿廓形状。在模数和压力角相同的情况下,齿数不同,基圆半径就不同,齿形也不同,这样加工模数相同而齿数不同的齿轮,要得到正确的齿形,就需要不同的铣刀,这显然是不可能的。为了减少刀具的数量,对同一模数的铣刀只备有8把或15把,每把刀加工一定齿数范围的齿轮,见表7-3。

表7-3 齿轮铣刀的刀号及加工的齿数范围

| 刀号 | 1 | 2 | 3 | 4 | 5 | 6 | 7 | 8 |
|---|---|---|---|---|---|---|---|---|
| 加工齿数范围 | 12~13 | 14~16 | 17~20 | 21~25 | 26~34 | 35~54 | 55~134 | >135 |

采用仿形法加工出的齿轮齿形误差大、精度低、效率低、所需刀具数量多、造价昂贵。但设备简单、刀具价廉,主要适用于修配或单件生产,且精度要求不高的齿轮。

**2. 范成法**

范成法又称展成法、包络法,是指利用一对齿轮(或齿轮与齿条)无侧隙啮合时其共轭齿廓互为包络线的原理来切齿的,其实质是在保证刀具和轮坯间按渐开线齿轮啮合关系而运动的,同时对齿坯进行切削,以切出与刀具齿廓共轭的渐开线齿廓。

范成法加工常使用的刀具有齿轮插刀、齿条插刀和齿轮滚刀三种。其中,齿轮滚刀加工过程连续,生产效率高,广泛应用于大批量生产中。

齿轮插刀加工齿轮时,刀具与轮坯之间的相对运动主要有四种,如图7-10所示。

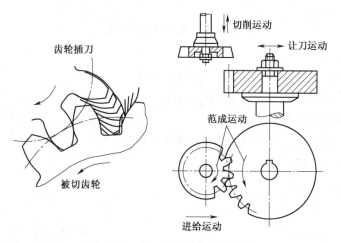

图7-10 齿轮插刀法加工示意图

(1)范成运动。即齿轮插刀与轮坯以恒定的传动比作回转运动,如同一对齿轮啮合传动一样,也称为范成运动。

(2)切削运动。即齿轮插刀沿着轮坯的轴线(齿宽)方向作往复切削运动。

(3)进给运动。即为了切出轮齿的齿全高,在切削过程中,齿轮插刀还需向轮坯中心移动,直至达到规定的中心距为止。

(4) 让刀运动。即为避免刀具与轮坯发生碰摩,损伤已切好的齿面,在齿轮插刀退刀时,轮坯需要一个径向让刀运动。

范成法加工齿轮时,只要刀具和被加工齿轮的模数和压力角相同,不管被加工齿轮的齿数是多少,都可以用同一把刀具来加工,这给生产带来了很大的方便,因此展成法得到了广泛的应用。

### 7.6.2 渐开线齿廓的根切现象及不产生根切的最小齿数

#### 1. 渐开线齿廓的根切现象

如图 7-11(a)所示,用范成法加工齿轮时,若刀具的齿顶线(或齿顶圆)超过理论啮合线极限点 $N_1$ 时,则由基圆以内无渐开线的性质可知,超过 $N_1$ 点的刀刃不仅不能切出渐开线齿廓,而且会将根部已加工的渐开线切去一部分,如图 7-11(b)所示,这种现象称为根切。根切大大削弱了轮齿的弯曲强度,降低了齿轮传动的平稳性和重合度,故应避免。

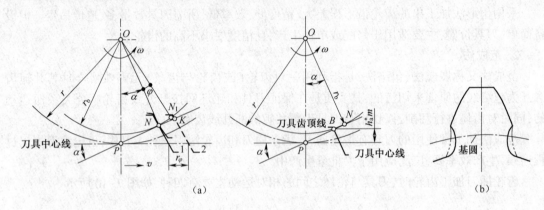

（a）                          （b）

图 7-11　根切现象示意图

#### 2. 最小齿数

如图 7-12 所示,要使被切齿轮不产生根切,刀具的齿顶线不得超过齿条刀具与齿轮啮合的极限点 $N_1$,这一要求与被切齿轮的齿数有关。

若点 $B$ 为刀具齿顶线与啮合线的交点,则要避免根切,显然应使 $PN_1 \geqslant PB$,由于

$$PN_1 = \frac{mz\sin \alpha}{2}, \quad PB = \frac{h_a^* m}{\sin \alpha}$$

由此可得

$$Z \geqslant \frac{2h_a^*}{\sin^2\alpha}$$

即

$$z_{min} = \frac{2h_a^*}{\sin^2\alpha} \qquad (7-21)$$

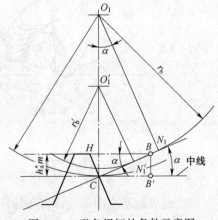

图 7-12　避免根切的条件示意图

因此,我们可以得出如下结论:

(1) 正常齿制:

$\alpha = 20°, h_a^* = 1.0$ 时,$z_{min} = 17$

（2）短齿制：

$\alpha = 20°, h_a^* = 0.8$ 时, $z_{min} = 14$。

### 7.6.3 变位齿轮

#### 1. 概述

如图 7-13 所示, 若要避免根切, 可以将刀具远离轮心 $O_1$ 一段距离（$xm$）至实线位置, 使刀具的齿顶线低于极限点 $N_1$。这种在不改变被切齿轮齿数的情况下, 通过改变刀具与齿坯相对位置而达到不发生根切的方法称为变位, 按照这种方法切制出来的齿轮称为变位齿轮。

刀具移动的距离称为变位量, 用 $xm$ 表示, 单位为 mm。其中, $x$ 称为变位系数, $m$ 为模数。刀具远离轮心的变位称为正变位, 此时 $x>0$; 刀具移近轮心的变位称为负变位, 此时 $x<0$。标准齿轮就是变位系数 $x$ $=0$ 的齿轮。

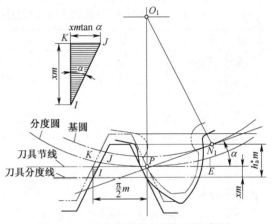

图 7-13 变位齿轮的切削加工示意图

变位齿轮的模数、齿数、分度圆和基圆与标准齿轮 的一样, 无变化; 但变位齿轮的齿厚、齿顶圆、齿根圆与标准齿轮不同, 发生了变化。

在齿形方面, 变位齿轮的齿廓曲线和相应的标准齿轮的齿廓曲线是由相同基圆展成的渐开线, 只是各自所取的部位不同。

采用变位齿轮, 不仅在被切齿轮的齿数 $z<z_{min}$ 时, 可以避免根切, 而且当实际中心距与标准中心距不等时, 可用变位齿轮来凑配中心距, 还可采用变位齿轮来提高轮齿的强度和承载能力。

#### 2. 变位齿轮传动的类型和特点

1）零传动

（1）标准齿轮传动（第一类零传动）：$x_1 + x_2 = 0$, 且 $x_1 = x_2 = 0$。互换性好, 设计简单, 齿数受最小齿数限制。适用于无特殊要求的场合。

（2）等变位齿轮传动（第二类零传动或高度变位齿轮传动）：$x_1 + x_2 = 0$, 且 $x_1 = - x_2$。小齿轮采用正变位, 其齿数可小于 $Z_{min}$ 而不产生根切, 使两齿轮的抗弯强度大致相等。没有互换性, 必须成对设计、制造和使用。

2）正传动

$x_1 + x_2 > 0$; 正传动可以减小齿轮机构的尺寸, 使其承载能力有较大提高, 但重合度 $\varepsilon_\alpha$ 减小较多。没有互换性, 必须成对设计、制造和使用。

3）负传动

$x_1 + x_2 < 0$; 负传动的重合度 $\varepsilon_\alpha$ 略有增加, 但齿轮的强度有所下降, 承载能力降低, 所以负传动应用较少, 一般仅用于配凑中心距这种特殊需要的场合。没有互换性, 必须成对设计、制造和使用。

正传动和负传动也称为不等变位齿轮传动,即 $x_1 + x_2 \neq 0$,其特点是齿顶高 $h_a$、齿根高 $h_f$ 发生了变化,且啮合角也发生了变化,故又称为角度变位齿轮传动。

### 3. 变位齿轮几何尺寸计算

由变位齿轮的切制原理可知,变位齿轮的模数、压力角仍与刀具相同,所以分度圆直径、基圆直径和齿距也都与标准齿轮相同。但轮齿尺寸有所变化,具体计算公式见表 7-4。

**表 7-4　外啮合变位直齿圆柱齿轮的几何尺寸计算公式**

| 名　　称 | 符　号 | 计　算　公　式 |
|---|---|---|
| 分度圆直径 | $d$ | $d = mz$ |
| 齿厚 | $s$ | $s = m\pi/2 + 2xm\tan\alpha$ |
| 啮合角 | $\alpha'$ | $\operatorname{inv}(\alpha') = \operatorname{inv}(\alpha) + \dfrac{2(x_1 + x_2)}{z_1 + z_2}\tan\alpha$ 或 $\cos\alpha' = \dfrac{\alpha}{\alpha'}\cos\alpha$ |
| 节圆直径 | $d'$ | $d' = d\cos\alpha/\cos\alpha'$ |
| 中心距变动系数 | $\Delta y$ | $\Delta y = x_1 + x_2 - y$ |
| 齿高变动系数 | $y$ | $y = \dfrac{a' - a}{m} = \dfrac{z_1 + z_2}{2}\left(\dfrac{\cos\alpha}{\cos\alpha'} - 1\right)$ |
| 齿顶高 | $h_a$ | $h_a = h_a^* m$ |
| 齿根高 | $h_f$ | $h_f = h_a^* m + c = (h_a^* + c^*)m$ |
| 齿全高 | $h$ | $h = h_a + h_f = (2h_a^* + c^*)m = 2.25\,m$ |
| 齿顶圆直径 | $d_a$ | $d_a = d \pm 2h_a = (z \pm 2h_a^*)m$ |
| 齿根圆直径 | $d_f$ | $d_f = d \mp 2h_f = (z \mp 2h_a^* \mp 2c^*)m$ |
| 中心距 | $a$ | $a = (d_1 \pm d_2)/2 = m(z_1 \pm z_2)/2$ |

## 7.7　齿轮的失效形式及设计准则

齿轮传动的失效主要是轮齿失效。由于在工作条件、材料及热处理等方面的差异,轮齿又有不同的失效形式。

### 7.7.1　齿轮失效形式

#### 1. 轮齿折断

轮齿折断是指齿轮的一个或多个轮齿的整体或局部断裂(图 7-14),是轮齿最危险的失效形式。轮齿折断有多种形式,正常情况下主要是齿根弯曲疲劳折断。齿轮工作时,轮齿相当于悬臂梁,作用在轮齿上的载荷使齿根部分产生的弯曲应力最大,同时齿根过渡部分尺寸和形状的突变及加工刀痕等引起应力集中,当轮齿重复受载后,齿根处将会产生疲劳裂纹,并逐步扩展,最终导致轮齿的疲劳折断。此外,当轮齿受到突然过载、冲击载荷或轮齿严重磨损减薄以后,也会因静强度不足而发生过载折断。

对直齿圆柱齿轮(简称直齿轮),疲劳裂纹一般从齿根沿齿向扩展,发生全齿折断。斜齿圆柱齿轮(简称斜齿齿轮)和人字齿齿轮,由于轮齿工作面上的接触线为一斜线,轮齿受载后,疲劳裂纹往往从齿根向齿顶扩展,发生局部折断。若齿轮制造或安装精度不高或轴的弯曲变形过大,使轮齿局部受载过大时,即使是直齿轮,也会发生局部折断。

增大齿根过渡圆角半径、降低表面粗糙度值以减小齿根应力集中,选择适当的齿轮材料和热处理方法,使齿轮心部分有足够的韧性,采用喷丸、滚压等工艺对齿根处作强化处理等,均可提高轮齿抗疲劳折断的能力。

### 2. 齿面点蚀

在润滑良好的闭式齿轮传动中,由于齿面啮合点处的接触应力是脉动循环应力,且应力值很大,因此齿轮工作一定时间后首先使节线附近的根部齿面产生细微的疲劳裂纹,润滑油的挤入又加速这些疲劳裂纹的扩展,导致金属微粒剥落,形成图 7-15 所示的细小凹坑,这种现象称为点蚀。点蚀出现后,齿面不再是完整的渐开线曲面,从而影响轮齿的正常啮合,产生冲击和噪声,进而凹坑扩展到整个齿面而失效。点蚀常发生在润滑良好的闭式软齿面齿轮传动中。

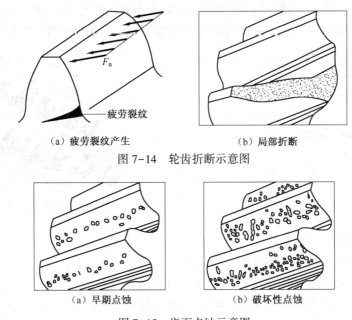

（a）疲劳裂纹产生  　（b）局部折断

图 7-14　轮齿折断示意图

（a）早期点蚀　　　（b）破坏性点蚀

图 7-15　齿面点蚀示意图

实践表明,点蚀通常首先出现在靠近节线的齿根面上,然后再向其他部位扩展,这是因为轮齿在啮合过程中,齿面间的相对滑动起着形成润滑油膜的作用,相对滑动速度愈高,愈易在齿面间形成油膜,润滑也就愈好。当轮齿在靠近节线处啮合时,由于相对滑动速度低,不易形成润滑油膜,同时啮合齿对数也少,特别是直齿轮传动,这时只有一对齿啮合,因此轮齿所受接触应力最大,所以节线附近最易产生疲劳点蚀。在开式齿轮传动中,由于轮齿表面磨损较快,点蚀未形成之前已被磨掉,因而一般看不到点蚀破坏。

齿面硬度、采用合理的变位系数及提高润滑油的黏度,均可增强齿轮抗点蚀的能力。

### 3. 齿面磨损

齿轮啮合传动时,两渐开线齿廓之间存在相对滑动,在载荷作用下,齿面间的灰尘、硬屑粒会引起齿面磨损(图 7-16)。严重的磨损将使齿面渐开线齿形失真,齿侧间隙增大,从而产生冲击和噪声,甚至发生轮齿折断。在开式传动中,特别在多灰尘场合,齿面磨损是轮齿失效的主要形式。

采用闭式传动、提高齿面硬度并选择合理的齿面硬度匹配、降低齿面粗糙度值和保持良好润滑,可大大减轻齿面磨损。

**4. 齿面胶合**

润滑良好的啮合齿面间保持一层润滑油膜,在高速重载传动中,常因啮合区温度升高或因齿面的压力很大而导致润滑油膜破裂,使齿面金属直接接触。在高温高压条件下,相接触的金属材料熔黏在一起,并由于两齿面间存在相对滑动,导致较软齿面上的金属被撕下,从而在齿面上形成与滑动方向一致的沟槽状伤痕,如图 7-17 所示,这种现象称为齿面胶合。传动时齿面瞬时温度愈高、相对滑动速度愈大的地方,愈易发生胶合。在低速重载齿轮传动中,因齿面的压力很大,润滑油膜不易形成,也可能产生胶合破坏,此时,齿面的瞬时温度并无明显增高,故称为冷胶合。

为防止产生齿面胶合,除适当提高齿面硬度和降低表面粗糙度值外,对于低速齿轮传动应采用黏度大的润滑油,高速传动应采用抗胶合能力强的润滑油,并在润滑油中加入极压添加剂等。

图 7-16  齿面磨损示意图

图 7-17  齿面胶合示意图

**5. 齿面塑性变形**

当齿轮材料较软而载荷及摩擦力较大时,啮合轮齿的相互滚压与滑动将引起齿轮材料的塑性流动,由于材料的塑性流动方向与齿面上所受的摩擦力方向一致,而齿轮工作时主动轮齿面受到的摩擦力方向背离节圆,从动轮齿面受到的摩擦力方向指向节圆,所以在主动轮轮齿上节线处被碾出沟槽,从动轮轮齿上节线处被挤出脊棱,使齿廓失去正确的齿形,瞬时传动比发生变化,引起附加动载荷,如图 7-18 所示。这种失效形式多发生在低速、重载和启动频繁的传动中。

提高轮齿齿面硬度、减小接触应力、改善润滑状况及采用高黏度的或加有极压添加剂的润滑油等,均有助于减缓或防止轮齿产生塑性变形。

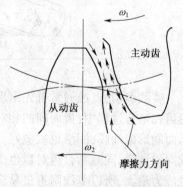

图 7-18  齿面塑性变形示意图

## 7.7.2  齿轮传动设计准则

齿轮传动虽然有多种失效形式,但对于某一具体工作条件下工作的齿轮传动,通常只有一种失效形式是主要的失效形式,理论上应针对其主要失效形式选择相应的设计准则和计算方法确定其传动尺寸,以保证该传动在整个工作寿命期间不发生失效。但是,对齿面磨损、塑性变形等失效形式,目前尚未建立行之有效的、成熟的计算方法和完整的设计数据,所以,目前设计一般工况下工作的齿轮传动时,通常都只依据保证齿面接触疲劳强度和齿根弯曲疲劳强度两准则进行计算。而对高速重载易发生胶合失效的齿轮传动,则还应进行齿面抗胶合能力的核算。至于抵抗其他失效的能力,仅根据失效的原因,在设计中采取相应的对策而不作精确的计算。

一般工况下齿轮传动的设计准则为:

(1)对闭式软齿面齿轮传动,主要失效形式是齿面点蚀,故按齿面接触疲劳强度进行设计计算,再按齿根弯曲疲劳强度进行校核;

(2)对闭式硬齿面齿轮传动,其齿面抗点蚀能力较强,主要失效形式表现为齿根弯曲疲劳折断,故按齿根弯曲疲劳强度进行设计计算,再按齿面接触疲劳强度进行校核;

(3)对开式齿轮传动,主要失效形式是齿面磨损和齿根弯曲疲劳折断,故先按齿根弯曲疲劳强度进行设计计算,然后考虑磨损的影响,将强度计算所求得的齿轮模数适当增大。

## 7.8　齿轮的材料和强度计算

齿轮传动的失效主要是轮齿的折断和轮齿齿面的失效。因此,理想的齿轮材料所制成的齿轮,其轮齿应具有表面硬度高、心部韧性好的特点。齿面具有足够的硬度,轮齿抵抗齿面磨损、点蚀、胶合及塑性变形的能力均强;齿心韧性好,轮齿便具有足够的弯曲强度以防止轮齿的折断。常用的齿轮材料有各种钢材、铸铁及非金属材料。

### 7.8.1　齿轮常用材料

齿轮的材料以锻钢(包括轧制钢材)为主,其次是铸钢、铸铁。此外还有有色金属和非金属材料等。

**1. 钢**

钢的韧性好,耐冲击,经热处理或化学热处理可提高齿面硬度,从而提高齿轮接触强度和耐磨性,故最适于用来制造齿轮。

1)锻钢

除尺寸过大或者是结构形状复杂只宜铸造者外,一般都用锻钢制造齿轮。常用的是含碳量在 0.15% ~ 0.6% 的碳钢或合金钢。按热处理方法和齿面硬度的不同,制造齿轮的锻钢可分为以下两种情况:

(1)经热处理后切齿的齿轮所用的锻钢。对于强度、速度及精度都要求不高的齿轮,常采用软齿面。常用材料有 35、45、50 钢及 40Cr、35SiMn 等合金钢。齿轮毛坯经过正火或调质处理后切齿,切制后即为成品,其精度一般为 8 级,精切时可达 7 级。制造简便、经济,生产效率高。此类齿轮传动中,考虑到小齿轮齿根较薄,且受载次数较多,弯曲强度较低,为使大、小齿轮使用寿命比较接近,一般应使小齿轮齿面硬度比大齿轮高 30~50HBS。

(2)需进行精加工的齿轮所用的锻钢。对于高速、重载及精密机器所用的主要齿轮传动,要求齿轮材料性能优良、轮齿具有高强度、齿面具有高硬度(如 58~65HRC)及高精度。常用材料有 45、40Cr、40CrNi、20Cr、20CrMnTi、20MnB、20CrMnMo 等。齿轮毛坯是经过正火或调质处理后切齿,再做表面硬化处理,最后进行精加工,精度可达 5 级或 4 级。常用热处理方法有表面淬火、渗碳、渗氮及碳氮共渗等,具体加工方法及热处理方法视材料而定。这类齿轮精度高,价格较贵。

根据合金钢所含金属的成分及性能,可通过不同的热处理或化学热处理方法改善材料的力学性能和提高齿面的硬度,以分别获得较高的韧性、耐冲击性、耐磨性及抗胶合的性能。所以对于既是高速、重载又要求尺寸小、质量轻的航空用齿轮,常用性能优良的合金钢(如20CrMnTi)来制造。

2)铸钢

铸钢的耐磨性及强度均较好,但切齿前须经退火、正火及调质处理。当齿轮直径 $d>400$ mm,结构复杂,锻造有困难时,可采用铸钢齿轮。常用铸钢材料有 ZG310-570、ZG340-640 等。

**2. 铸铁**

灰铸铁性质较脆,抗胶合及抗点蚀能力强,具有良好的减摩性,加工工艺性和较低的价格,但抗冲击及耐磨性能差。常用于制造工作平稳、速度较低、功率不大场合或尺寸较大、形状复杂的齿轮及开式传动中的齿轮。

球墨铸铁的强度比灰铸铁高很多,具有良好的韧性和塑性。在冲击不大的情况下,可代替钢制齿轮。

**3. 非金属材料**

对高速轻载及精度不高的齿轮传动,为了降低噪声,常用非金属材料(如夹布塑胶、尼龙等)做小齿轮,大齿轮仍用钢或铸铁制造,以利于散热。为使大齿轮具有足够的耐磨损和抗点蚀的能力,齿面的硬度应为 250~350HBS。

常用的齿轮材料及力学性能见表 7-5。

表 7-5  常用齿轮材料及力学特性

| 材料牌号 | 热处理方法 | 强度极限 $\sigma_b$/MPa | 屈服极限 $\sigma_s$/MPa | 硬  度/HBS | |
|---|---|---|---|---|---|
| | | | | 齿芯硬度/HBS | 齿面硬度/HBS |
| HT250 | 人工时效 | 250 | — | 170~241 | |
| HT300 | 人工时效 | 300 | — | 187~255 | |
| HT350 | 人工时效 | 350 | — | 197~269 | |
| QT500-7 | 正火 | 500 | 320 | 170~230 | |
| QT600-3 | 正火 | 600 | 370 | 190~270 | |
| ZG310-570 | 正火 | 570 | 310 | 163~197 | |
| ZG340-640 | 正火 | 640 | 340 | 179~207 | |
| | 调质 | 700 | 380 | 241~269 | |
| 45 | 正火 | 580 | 290 | 162~217 | |
| | 调质 | 650 | 360 | 217~286 | |
| | 调质后表面淬火 | | | 217~286 | 40~50 |

续表

| 材 料 牌 号 | 热处理方法 | 强度极限 $\sigma_b$/MPa | 屈服极限 $\sigma_s$/MPa | 硬　度/HBS | |
|---|---|---|---|---|---|
| | | | | 齿芯硬度/HBS | 齿面硬度/HBS |
| 40Cr | 调质 | 700 | 500 | 241~285 | |
| | 调质后表面淬火 | | | 241~285 | 48~55 |
| 42SiMn | 调质 | 785 | 510 | 229~286 | |
| | 调质后表面淬火 | | | 229~286 | 45~55 |
| 30CrMnSi | — | 1100 | 900 | 310~360 | — |
| 20Cr | 渗碳后淬火 | 650 | 400 | >178 | 58~62 |
| 20CrMnTi | | 1100 | 850 | 240~300 | 58~62 |
| 12Cr2Ni4 | | 1100 | 850 | 302~338 | 58~62 |
| 20Cr2Ni4 | | 1200 | 1100 | 305~405 | 58~62 |
| 35CrΛlΛ | 调质后渗氮(渗氮层厚 | 950 | 750 | 255~321 | >850HV |
| 38CrMoAlA | 0.3~0.5 mm) | 1000 | 850 | | |
| 夹布塑料 | | 100 | — | 25~35 | |

注:40Cr 钢可用 4MnB 或 40MnVB 钢代替;20CrMnTi 钢可用 20CrMn2B 或 20MnVB 钢代替。

### 7.8.2　直齿圆柱齿轮强度计算

#### 1. 齿轮受力分析

为了计算齿轮的计算强度以及设计轴和轴承,应先分析轮齿上所受的作用力。

图 7-19 所示为一对标准直齿圆柱齿轮传动,当忽略齿面间的摩擦力时,齿轮上的法向力 $F_n$ 应沿啮合线 $N_1N_2$ 方向且垂直于齿面。图 7-19 所示的法向力为作用于主动轮上的力,可用 $F_{n1}$ 表示,在分度圆上,$F_{n1}$ 可正交分解为两个互相垂直的分力,即切于分度圆的圆周力 $F_{t1}$ 和沿半径方向的径向力 $F_{r1}$。根据力平衡条件可得主动轮上所受力的大小分别为

$$\left. \begin{array}{l} \text{圆周力} \quad F_t = \dfrac{2T_1}{d_1} \\[2mm] \text{径向力} \quad F_r = F_t \tan \alpha \\[2mm] \text{法向力} \quad F_n = \dfrac{F}{\cos\alpha} \end{array} \right\} \tag{7-22}$$

式中,$T_1$ 为主动齿轮传递的名义转矩(N·m),$T_1 = 9.55 \times 10^6 \dfrac{P_1}{n_1}$,其中 $P_1$ 为主动齿轮传递的功率(kW),$n_1$ 为主动齿轮的转速(r/min);$d_1$ 为主动齿轮的分度圆直径(mm);$\alpha$ 为分度圆压力角(°)。

作用在主动轮和从动轮上的各对分力等值反向。各分力的方向可用下列方法来判断:

1)圆周力 $F_t$

主动轮上的圆周力 $F_{t1}$ 是阻力,其方向与主动轮的回转方向相反;从动轮上的圆周力 $F_{t2}$ 是

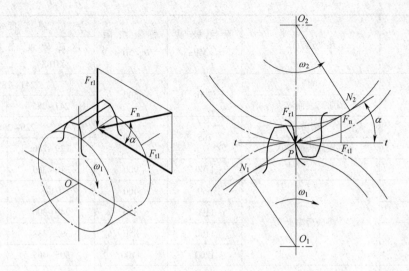

图 7-19  标准直齿圆柱齿轮传动示意图

驱动力,其方向与从动轮的回转方向相同,即 $F_{t1} = -F_{t2}$(负号表示方向相反),如图 7-20 所示。

2)径向力

两轮的径向力 $F_{r1}$、$F_{r2}$,其方向分别指向各自的轮心,即 $F_{r1} = -F_{r2}$(负号表示方向相反),如图 7-20 所示。

**2. 计算载荷**

按式(7-11)计算,轮齿受力分析中的法向力 $F_n$ 是作用在轮齿的理想状况下的载荷,该载荷称为名义载荷。当齿轮在实际状况下工作时,由于原动机和工作机的

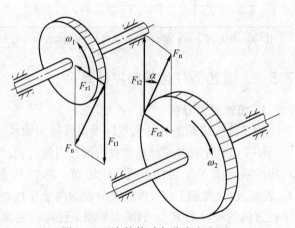

图 7-20  齿轮传动各分力方向图

载荷特性不同,必然产生附加的动载荷。此外,由于齿轮、轴和轴承等的加工、安装误差及受载后产生的弹性变形,使实际载荷增大。因此,在进行强度计算时,应使用计算载荷 $F_{nc}$ 取代名义载荷。计算载荷等于名义载荷乘以载荷系数,即

$$F_{nc} = KF_n \tag{7-23}$$

式中  $K$——载荷系数。

选择载荷系数通常考虑以下几个因素:

(1)考虑原动机和工作机的工作特性、轴和联轴器系统的质量与刚度以及运行状态等外部因素引起的附加动载荷;

(2)考虑齿轮副在啮合过程中因制造及啮合误差(基圆齿距误差、齿形误差和齿轮变形等)和运转速度而引起的内部附加载荷;

(3)考虑由于轴的变形和齿轮制造误差等引起载荷沿齿宽方向分布不均匀的影响;

(4)考虑同时参与啮合的各对轮齿间载荷分配不均匀的影响。载荷系数 $K$ 可由表 7-6 查取。

表 7-6　载荷系数

| 动力源状况 | 工作机的载荷特性 | | |
|---|---|---|---|
| | 平稳或比较平稳 | 中等冲击 | 强烈冲击 |
| 工作平稳(电动机或汽轮机) | 1.0 ~ 1.2 | 1.2 ~ 1.6 | 1.6 ~ 1.8 |
| 轻度冲击(多缸内燃机) | 1.2 ~ 1.6 | 1.6 ~ 1.8 | 1.9 ~ 2.1 |
| 中等冲击(单缸内燃机) | 1.6 ~ 1.8 | 1.8 ~ 2.0 | 2.2 ~ 2.4 |

注:斜齿、圆周速度低、精度高、齿宽系数小、齿轮在两轴间对称布置时取小值。直齿、圆周速度高、精度低、齿宽系数大、齿轮在两轴间不对称分布时取大值。

### 3. 齿面接触疲劳强度计算

齿面接触疲劳强度计算主要是针对齿面点蚀失效进行。一对齿轮传动时,可将两齿廓在接触处的曲率半径 $\rho_1$ 和 $\rho_2$ 看作是两圆柱体的半径,如图 7-21(a)所示。齿面的疲劳点蚀,主要与齿面接触应力大小有关,点蚀一般是因接触应力过大而引起的。接触应力可用赫兹应力公式计算,即

$$\sigma_H = \sqrt{\dfrac{F_n}{\pi b}\dfrac{\dfrac{1}{\rho_1} \pm \dfrac{1}{\rho_2}}{\dfrac{1-\mu_1^2}{E_1} + \dfrac{1-\mu_2^2}{E_2}}} \tag{7-24}$$

式中　$\sigma_H$——最大接触应力或赫兹应力;

　　　$F_n$——作用在齿轮上的法向力;

　　$E_1$、$E_2$——两圆柱体材料的弹性模量;

　　　$b$——两圆柱体接触线的长度;

　　$\rho_1$、$\rho_2$——齿廓接触处的曲率半径;

　　$\mu_1$、$\mu_2$——两齿轮材料的泊松比。

由于齿轮啮合时,齿廓上的啮合点是变化的,因此式(7-24)中的 $\rho$ 也是变化的。实验表明,齿根部分靠近接线处最易发生点蚀,通常接触疲劳强度以节点为计算点,如图 7-21(b)所示。在节点处两齿廓的曲率半径为

$$\frac{1}{\rho} = \frac{1}{\rho_1} \pm \frac{1}{\rho_2} = \frac{2(d_2 \pm d_1)}{d_1 d_2 \sin\alpha} = \frac{2}{d_1 \sin\alpha}\frac{\mu \pm 1}{\mu} \tag{7-25}$$

其中,曲率半径 $\rho_1 = N_1 P = \dfrac{d_1}{2}\sin\alpha$,$\rho_2 = N_2 P = \dfrac{d_2}{2}\sin\alpha$,两齿数齿轮比 $\mu = \dfrac{Z_2}{Z_1} = \dfrac{d_2}{d_1}$。

同时在应用式(7-24)时,$F_n$ 应换算成计算载荷式(7-23)。对于直齿圆柱齿轮传动,计算载荷为

$$F_{nc} = KF_n = \frac{KF_t}{\cos\alpha} = \frac{2KT_1}{d_1\cos\alpha} \tag{7-26}$$

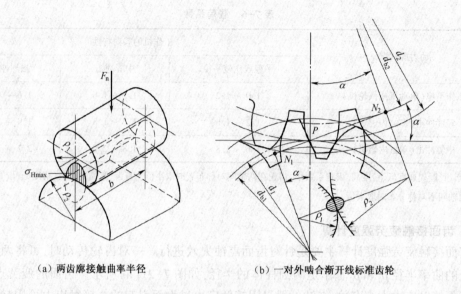

（a）两齿廓接触曲率半径　　　　（b）一对外啮合渐开线标准齿轮

图7-21　齿轮啮合传动示意图

将式（7-25）和式（7-26）代入式（7-24）可得

$$\sigma_H = \sqrt{\frac{2KT_1}{bd_1\cos\alpha}\frac{2}{d_1\sin\alpha}\frac{\mu\pm1}{\mu}\frac{1}{\pi\left(\frac{1-\mu_1^2}{E_1}+\frac{1-\mu_2^2}{E_2}\right)}} \tag{7-27}$$

因泊松比 $\mu$ 和弹性模量 $E$ 都与材料有关，为简化计算，令

$$Z_E = \sqrt{\frac{1}{\pi\left(\frac{1-\mu_1^2}{E_1}+\frac{1-\mu_2^2}{E_2}\right)}} \tag{7-28}$$

式中　$Z_E$——材料的弹性系数，其值见表7-7。

表7-7　弹性系数　　　　　　　　　　（单位：$\sqrt{\text{MPa}}$）

| 材料1 ＼ 材料2 | 锻　钢 | 铸　钢 | 球墨铸铁 | 灰铸铁 |
|---|---|---|---|---|
| 锻钢 | 189.8 | 188.9 | 181.4 | 162.0 |
| 铸钢 | | 188.0 | 180.5 | 161.4 |
| 球墨铸铁 | — | | 173.9 | 156.6 |
| 灰铸铁 | | — | — | 143.7 |

为简化式(7-27),同时令

$$Z_H = \sqrt{\frac{2}{\sin \alpha \cdot \cos \alpha}} \tag{7-29}$$

其中,$Z_H$ 为节点区域系数,用以考虑节点处齿廓曲率对接触应力的影响,并将分度圆上圆周力折算为节圆上的法向力的系数。当为标准齿轮时,$\alpha = 20°$,$Z_H \approx 2.5$。

将式(7-28)和式(7-29)代入式(7-27)可得齿面接触强度条件为

$$\sigma_H = Z_E Z_H \sqrt{\frac{2KT_1}{bd_1^2} \frac{\mu \pm 1}{\mu}} \leqslant [\sigma_H] \tag{7-30}$$

式中  $[\sigma_H]$——许用接触应力。

将 $b = \psi_d d_1$($\psi_d$ 为齿宽系数)代入式(7-30)并整理得

$$d_1 \geqslant \sqrt[3]{\frac{2KT_1}{\psi_d} \frac{\mu \pm 1}{\mu} \left(\frac{Z_E Z_H}{\alpha_H}\right)^2} \tag{7-31}$$

其中,"+"号用于外啮合;"-"号用于内啮合。

参数选择和公式说明以下几点:

1)齿数比 $\mu$

齿数比恒大于1,对于减速运动 $\mu = i$,对于增速运动 $\mu = \frac{1}{i}$;对于一般单级减速运动,$i \leqslant 8$,常用范围为 3~5,过大时,一般采用多级传动,以避免传动的外廓尺寸过大。

2)齿宽系数 $\psi_d$

由式(7-31)可知,增加齿宽系数,齿轮分度圆直径减小,中心距减小,传动结构紧凑,但随着齿宽系数的增加,齿轮宽度增加,齿轮上载荷分别不均匀、载荷集中现象也更严重。推荐:闭式传动,①软齿面,齿轮对称轴承布置并靠近轴承时,取 $\psi_d = 0.8 \sim 1.4$;齿轮不对称轴承布置或悬臂布置且轴刚性较大时,取 $\psi_d = 0.6 \sim 1.2$;轴刚性较小时,取 $\psi_d = 0.4 \sim 0.9$。②硬齿面,$\psi_d$ 的值应该降为原值一半。对于开始传动,取 $\psi_d = 0.3 \sim 0.5$。

3)许用接触应力 $[\sigma_H]$

齿轮的许用接触应力可按下式计算

$$[\sigma_H] = \frac{Z_{NT} \sigma_{Hlim}}{S_H} \tag{7-32}$$

式中  $Z_{NT}$——接触疲劳寿命系数,按图 7-22 查取,图中 $N$ 指齿轮传动预定寿命期内的应力循环次数,$N = 60njL_h$。其中 $n$ 为齿轮的转速,单位为 r/min;$j$ 为齿轮每转一圈时同一齿面的啮合次数;$L_h$ 为齿轮的工作寿命,单位为 h。

$\sigma_{Hlim}$——试验齿轮的接触疲劳极限,该数值由试验获得,按图 7-23 查取。

$S_H$——接触疲劳强度的安全系数,按表 7-8 选取。

一对齿轮相啮合时,齿面间的接触应力相等,即 $\sigma_{H1} = \sigma_{H2}$。由于大、小齿轮的材料有可能不同,因此许用接触应力 $[\sigma_H]_1$、$[\sigma_H]_2$ 也不一定相等。在计算时,应取二者中较小的值代入式(7-31)计算。

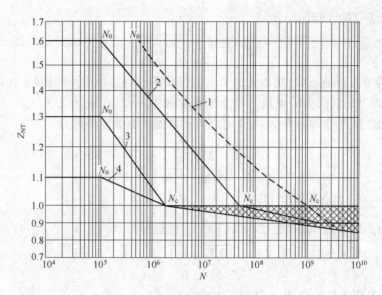

图 7-22　接触疲劳寿命系数 $Z_{NT}$

注：1——允许有限点蚀时的结构钢；调质钢；球墨铸铁（珠光体、贝氏体）；珠光体可锻铸铁；渗碳淬火钢。

2——结构钢；调质钢；渗碳淬火钢；火焰或感应淬火的钢、球墨铸铁；球墨铸铁光体、贝氏体；珠光体可锻铸铁，不允许出现点蚀。

3——灰铸铁；球墨铸铁（铁素体）；渗氮钢调质钢、渗碳钢。

4——氮碳共渗的调质钢、渗碳钢。

$N > N_c$ 时可根据经验在网纹区内取 $Z_{NT}$ 值。

表 7-8　安全系数 $S_H$ 和 $S_F$

| 安全系数 | 软 齿 面（≤350HBV） | 硬 齿 面（>350HBV） | 重要的传动、渗碳淬火齿轮或铸铁齿轮 |
| --- | --- | --- | --- |
| $S_H$ | 1.0~1.1 | 1.1~1.2 | 1.3 |
| $S_F$ | 1.3~1.4 | 1.4~1.6 | 1.6~2.2 |

**4. 齿根弯曲疲劳强度计算**

轮齿受载时，齿根所受的弯矩最大，因此齿根处的弯曲疲劳强度最弱。将轮齿看作宽度为 $b$ 的悬臂梁，用30°切线法可确定齿根危险截面（图7-24），作与轮齿对称线成30°角并与齿根过渡圆弧相切的两条切线，则过两切点并平行于齿轮轴线的截面即为齿根危险截面。

因直齿轮传动的重合度 $1 < \varepsilon_\alpha < 2$，当某一对轮齿为齿根与齿顶啮合时，传动必处于双对齿啮合状态，此时齿顶受载轮齿所受弯矩的力臂虽然最大，但受力并不是最大，因此弯矩并不是最大。根据分析，齿根承受最大弯矩时载荷作用点应为单对齿啮合区的最高点，但按该点计算齿根弯曲疲劳强度比较复杂，只用于高精度（6级精度以上）齿轮传动的弯曲强度计算。对于精度较低（如7、8、9级精度）的齿轮传动，为了简化计算，通常假设全部载荷作用于齿顶并仅由一对齿承担。

如图7-24所示可知，可沿啮合线作用在齿顶的法向力 $F_n$ 分解为相互垂直的两个分力 $F_n \cos \alpha_F$ 和 $F_n \sin \alpha_F$ 其中，$F_n \cos \alpha_F$ 将对齿根产生弯曲应力；$F_n \sin \alpha_F$ 将产生压缩应力。因压应力较小，对抗弯强度计算的影响较小，故可忽略不计。齿根的最大弯矩为

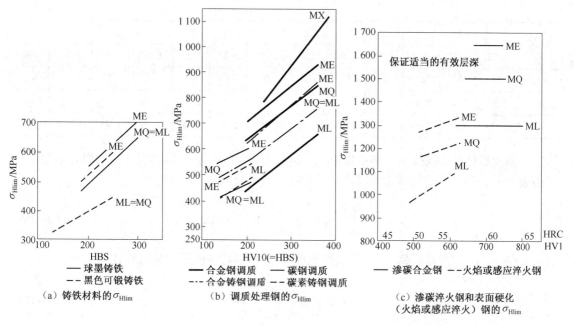

(a) 铸铁材料的 $\sigma_{Hlim}$

—— 球墨铸铁
-- 黑色可锻铸铁

(b) 调质处理钢的 $\sigma_{Hlim}$

—— 合金钢调质　—— 碳钢调质
-·- 合金铸钢调质　--- 碳素铸钢调质

(c) 渗碳淬火钢和表面硬化
（火焰或感应淬火）钢的 $\sigma_{Hlim}$

—— 渗碳合金钢　-- 火焰或感应淬火钢

图 7-23　齿轮的接触疲劳极限 $\sigma_{Hlim}$

$$M = F_n \cos \alpha_F \cdot h_F = \frac{KF_t}{\cos \alpha} h_F \cos \alpha_F \qquad (7-33)$$

式中　$K$——载荷系数；

　　　$h_F$——弯曲力臂。

由于抗弯截面系数 $W$ 为

$$W = \frac{b s_F^2}{6} \qquad (7-34)$$

危险截面的弯曲应力为

$$\sigma_F = \frac{M}{W} = \frac{6KF_t h_F \cos \alpha_F}{b s_F^2 \cos \alpha} = \frac{KF_t}{bm} \frac{6\left(\dfrac{h_F}{m}\right) \cos \alpha_F}{\left(\dfrac{s_F}{m}\right)^2 \cos \alpha} \qquad (7-35)$$

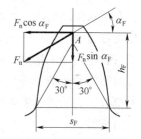

图 7-24　齿根应力图

令 $Y_F = \dfrac{6\left(\dfrac{h_F}{m}\right) \cos \alpha_F}{\left(\dfrac{s_F}{m}\right)^2 \cos \alpha}$，称为齿形系数，它只与齿形有关，而与模数 $m$ 无关；$Y_F$ 值根据齿形系

数表 7-9 查得。

表 7-9　标准外齿轮的齿形系数 $Y_F$ 及应力修正系数 $Y_s$

| $z(z_V)$ | 17 | 18 | 19 | 20 | 21 | 22 | 23 | 24 | 25 | 26 | 27 | 28 | 29 |
|---|---|---|---|---|---|---|---|---|---|---|---|---|---|
| $Y_F$ | 2.97 | 2.91 | 2.85 | 2.80 | 2.76 | 2.72 | 2.69 | 2.65 | 2.62 | 2.60 | 2.57 | 2.55 | 2.53 |

续表

| $z(z_v)$ | 17 | 18 | 19 | 20 | 21 | 22 | 23 | 24 | 25 | 26 | 27 | 28 | 29 |
|---|---|---|---|---|---|---|---|---|---|---|---|---|---|
| $Y_S$ | 1.52 | 1.53 | 1.54 | 1.55 | 1.56 | 1.57 | 1.575 | 1.58 | 1.59 | 1.595 | 1.60 | 1.61 | 1.62 |
| $z(z_v)$ | 30 | 35 | 40 | 45 | 50 | 60 | 70 | 80 | 90 | 100 | 150 | 200 | $\infty$ |
| $Y_F$ | 2.52 | 2.45 | 2.40 | 2.35 | 2.32 | 2.28 | 2.24 | 2.22 | 2.20 | 2.18 | 2.14 | 2.12 | 2.06 |
| $Y_S$ | 1.625 | 1.65 | 1.67 | 1.68 | 1.70 | 1.73 | 1.75 | 1.77 | 1.78 | 1.79 | 1.83 | 1.865 | 1.97 |

考虑齿根过渡曲线处应力集中效应,以及切应力和压应力的影响,引入应力修正系数 $Y_S$,可由表 7-9 查得。由此可得齿根弯曲疲劳强度的校核公式:

$$\sigma_F = \frac{2KT_1}{bmd_1}Y_F Y_S = \frac{2KT_1}{bm^2 z_1}Y_F Y_S \leqslant [\sigma_F] \tag{7-36}$$

引入 $b = \psi_d d_1$($\psi_d$ 为齿宽系数)代入上式并整理,可得齿根弯曲疲劳强度计算式:

$$m \geqslant 1.26 \sqrt[3]{\frac{KT_1 Y_F Y_S}{\psi_d z_1^2 [\sigma_F]}} \tag{7-37}$$

模数 $m$ 计算后应按表 7-2 取标准值。参数的选择和公式的说明如下:

1)齿数 $z_1$

对于软齿面的闭式传动,容易产生齿面点蚀,在满足弯曲强度的条件下,中心距不变,适当增加齿数,减小模数,能增大传动重合度,对传动的平稳有利,并减小了轮坯直径和齿高,减少加工量和提高加工精度。一般推荐 $z_1 = 24 \sim 40$。

对于开始传动及硬齿面或铸铁齿轮的闭式传动,容易发生轮齿折断,应适当减小齿数,以增大模数。为了避免发生根切,对于标准齿轮一般不少于 17 齿。

2)模数 $m$

设计求出的模数应圆整为标准值。模数影响齿轮的齿根弯曲疲劳强度,一般在满足轮齿抗弯疲劳强度的条件下,宜取较小的模数,以利于增多齿数。对于传递动力的齿轮,模数不宜小于 1.5 ~ 2mm。

3)许用弯曲应力 $[\sigma_F]$

大、小齿轮的许用弯曲应力可按下式计算:

$$[\sigma_F] = \frac{Y_{NT} \sigma_{Flim}}{S_F} \tag{7-38}$$

式中　$\sigma_{Flim}$ ——实验齿轮的齿根弯曲疲劳极限,该数值由实验获得,按图 7-25 查取;
　　　$Y_{NT}$ ——弯曲疲劳寿命系数,按图 7-26 查取,其中 $N$ 为应力循环次数,$N$ 值计算同前;
　　　$S_F$ ——弯曲疲劳强度的安全系数,按表 7-9 选取。

图 7-25 中的数据适合于齿轮单向传动情况,对于长期双侧工作的齿轮传动,其齿根弯曲应力是对称循环变应力,故应将由图 7-25 所得数据乘以系数 0.7。

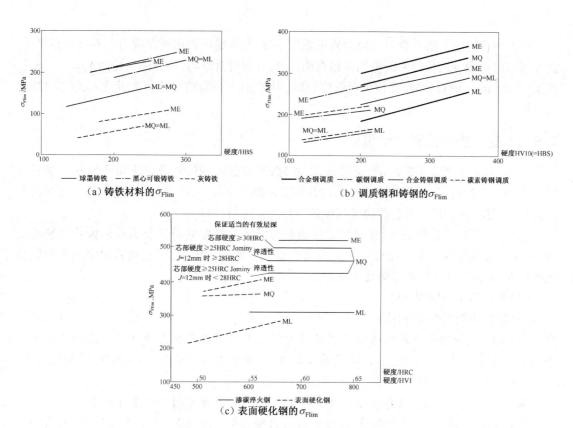

（a）铸铁材料的 $\sigma_{Flim}$ ——— 球墨铸铁 ─·─ 黑心可锻铸铁 ----- 灰铸铁

（b）调质钢和铸钢的 $\sigma_{Flim}$ ——— 合金钢调质 ─·─ 碳钢调质 ——— 合金铸钢调质 ----- 碳素铸钢调质

（c）表面硬化钢的 $\sigma_{Flim}$ ——— 渗碳淬火钢 ----- 表面硬化钢

图 7-25 试验齿轮的弯曲疲劳强度极限图

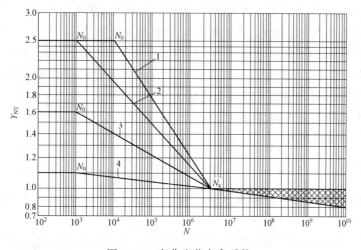

图 7-26 弯曲疲劳寿命系数

注：1—— 调质钢；球墨铸铁（珠光体、贝氏体）；珠光体可锻铸铁。

2—— 渗碳淬火钢；全齿廓火焰或感应淬火的钢、球墨铸铁。

3—— 渗氮钢；球墨铸铁（铁素体）；灰铸铁；结构钢。

4—— 氮碳共渗的调质钢、渗碳钢。

$N > N_c$ 时可根据经验在网纹区内取 $Y_{NT}$ 值。

4）系数

通常两齿轮的齿形系数以及应力修正系数不等，两齿轮的许用弯曲应力也不一定相等，因此在校核时必须分别校核两齿轮的齿根弯曲强度；在设计计算时，应将两齿轮的 $Y_{F1}Y_{S1}/[\sigma_F]_1$ 和 $Y_{F2}Y_{S2}/[\sigma_F]_2$ 进行比较，比值大者强度较弱，因此，计算时应将其比值大者代入式（7-37）进行计算。

### 7.8.3 直齿圆柱齿轮传动设计

（1）对软齿面闭式齿轮传动，先根据齿面接触疲劳强度的设计公式求得小齿轮分度圆直径 $d_1$，再根据参数选择原则和齿轮传动的几何关系确定模数 $m$，齿数 $z$ 和齿宽 $b$ 等主要参数和几何尺寸，然后再应用齿根弯曲疲劳强度的校核公式进行校核。

（2）对于开式齿轮传动，设计时只需按齿根弯曲疲劳强度的设计公式求出齿轮传动的模数 $m$，并将求得的模数增大 $10\% \sim 15\%$，以补偿磨损对轮齿强度的削弱，然后确定主要参数和几何尺寸，不需校核其齿面接触疲劳强度。

（3）校核齿轮的圆周速度。

（4）绘制齿轮零件工作图。

**例 7-3** 设计用于带式输送机传动装置的闭式单级直齿圆柱齿轮传动。已知传递功率 $P = 8$ kW，小齿轮转速 $n_1 = 955$ r/min，传动比 $i = 3.9$。输送机工作平稳，单向运转，单班制工作，齿轮对称分布，预期寿命为 10 年，每年工作 300 天。

**解：**①确定传动方式，选择齿轮的材料和热处理方法，并确定相应的许用应力。

a. 因载荷平稳，传动功率小，可采用软齿面齿轮。小齿轮选用 45 钢调质处理，大齿轮选用 45 钢正火处理，由表 7-5 可知，小齿轮的硬度为 217~255 HBS；大齿轮的硬度为 169~217 HBS。计算时取小齿轮的硬度为 220 HBS，大齿轮的硬度为 180 HBS。

b. 带式输送机属于一般机械，且转速不高，故选择 8 级精度。

c. 选小齿轮齿数 $z_1 = 25$，则 $z_2 = iz_1 = 97.5$，取 $z_2 = 98$。齿数比 $\mu = 98/25 = 3.92$。

②根据设计准则进行设计和校核计算。对于齿面硬度小于 350HBS 的闭式齿轮传动，应按齿面接触强度设计，再按齿根弯曲强度校核。

a. 由表 7-6 选择载荷系数，取 $K = 1.1$。

b. 小齿轮传递的转矩为

$$T_1 = 9.55 \times 10^6 \frac{P_1}{n_1} = 9.55 \times 10^6 \times \frac{8}{955} = 80\ 000 \text{ N} \cdot \text{mm}$$

c. 由已知条件可知，该传动为单级齿轮传动，齿轮对称分布，因此齿宽系数 $\psi_d$ 为 $0.8 \sim 1.4$，取 $\psi_d = 1$。

d. 由于大、小齿轮的材料都为锻钢，因此由表 7-6 所示可知，弹性系数 $Z_E = 189.8$ MPa。

e. 节点区域系数 $Z_H = 2.5$。

f. 确定接触疲劳许用应力。

因为小齿轮的硬度为 220HBS，由图 7-23 所示可得 $\sigma_{Hlim1} = 560$ MPa；因为大齿轮的硬度为 180HBS，由图 7-23 所示可得 $\sigma_{Hlim2} = 530$ MPa。

计算应力循环次数，即

$$N_1 = 60njL_h = 60 \times 955 \times 1 \times (1 \times 8 \times 300 \times 10) = 13.75 \times 10^8$$

$$N_2 = N_1/i = 13.75 \times 108 \div 3.9 = 3.53 \times 10^8$$

根据应力循环次数,由图 7-22 所示可得,$Z_{NT1} = 1$,$Z_{NT2} = 1.06$。

查表 7-8 得,$S_{Hmin} = 1.1$。

计算许用接触应力,即

$$[\sigma_{H1}] = \frac{\sigma_{Hlim1}Z_{NT1}}{S_H} = \frac{560 \times 1}{1.1} = 509.09 \text{ MPa}$$

$$[\sigma_{H2}] = \frac{\sigma_{Hlim2}Z_{NT2}}{S_H} = \frac{530 \times 1.06}{1.1} = 510.73 \text{ MPa}$$

g. 计算小齿轮的直径。

许用接触应力选取小值,即选取 $[\sigma_{H1}] = 509.09$ MPa,于是根据式(7-31)可得小齿轮的直径为

$$d_1 \geqslant \sqrt[3]{\frac{2KT_1}{\psi_d} \frac{\mu + 1}{\mu} \left(\frac{Z_E Z_H}{[\sigma_H]}\right)^2} = \sqrt[3]{\frac{2 \times 1.1 \times 80\,000}{1} \times \frac{3.92 + 1}{3.92} \times \left(\frac{189.8 \times 2.5}{509.09}\right)^2} = 57.56 \text{ mm}$$

h. 主要尺寸计算。

模数 $m = \dfrac{d_1}{z_1} = \dfrac{57.56}{25} = 2.3$ mm,取标准值 $m = 2.5$ mm。

分度圆直径 $d_1 = mz_1 = 2.5 \times 25 = 62.5$ mm;$d_2 = mz_2 = 2.5 \times 98 = 245$ mm

中心距 $a = \dfrac{d_1 + d_2}{2} = \dfrac{62.5 + 245}{2} = 153.75$ mm

齿宽 $b = \psi_d d_1 = 62.5$ mm,取 $b_1 = 70$ mm,$b_2 = 65$ mm。

③按齿根弯曲疲劳强度校核。

a. 因为齿轮的齿数 $z_1 = 25$,$z_2 = 98$,查表 7-10 可得 $Y_{F1}Y_{S1} = 2.65 \times 1.59 = 4.21$,$Y_{F2}Y_{S2} = 3.96$。

b. 确定许用应力。因为小齿轮的硬度为 220HBS,由图 7-25 所示可得 $\sigma_{Flim1} = 210$ MPa;因为大齿轮的硬度为 180HBS,由图 7-25 所示可得 $\sigma_{Flim2} = 190$ MPa。

根据应力循环次数,由图 7-26 所示可得,$Y_{N1} = Y_{N2} = 1$。

查表 7-8 得 $S_{Fmin} = 1.3$。

计算许用应力:

$$[\sigma_{F1}] = \frac{\sigma_{Flim1}Y_{N1}}{S_F} = \frac{210 \times 1}{1.3} = 162 \text{ MPa}$$

$$[\sigma_{F2}] = \frac{\sigma_{Flim2}Y_{N2}}{S_F} = \frac{190 \times 1}{1.3} = 146 \text{ MPa}$$

c. 校核计算。

$$\sigma_{F1} = \frac{2KT_1}{bmd_1}Y_F Y_S = \frac{2 \times 1.1 \times 8\,000 \times 4.2}{65 \times 62.5 \times 2.5} = 73 \text{ MPa} \leqslant [\sigma_{F1}]$$

$$\sigma_{F2} = \sigma_{F1}\frac{Y_{F2}Y_{S2}}{Y_{F1}Y_{S1}} = 73 \times \frac{3.96}{4.12} = 69 \text{ MPa} \leqslant [\sigma_{F2}]$$

因此,该齿轮的弯曲强度足够。

④验算齿轮的圆周速度。

齿轮的圆周速度为

$$v = \frac{\pi d_1 n_1}{60 \times 1\,000} = \frac{3.14 \times 62.5 \times 955}{60 \times 1\,000} = 3.12 \text{ m/s}$$

查设计手册可知,选 8 级精度是合适的。

⑤结构设计(略)。

## 7.9 斜齿圆柱齿轮传动

### 7.9.1 齿廓曲面的形成及啮合特点

**1. 齿廓曲面的形成**

直齿圆柱齿轮渐开线曲面的形成如图 7-27(a)所示,平面 $S$ 与基圆柱相切于母线 $NN$,当平面 $S$ 沿基圆柱作纯滚动时,其上与母线平行的直线 $KK$ 在空间所走过的轨迹即为渐开线曲面,平面 $S$ 称为发生面,形成的曲面即为直齿轮的齿廓曲面。

斜齿圆柱齿轮的齿廓曲面的形成方法与直齿齿轮的形成方法基本相同,不同点在于直线 $NN$ 不平行于轴线而与它成一定角度 $\beta_b$,如图 7-27(b)所示。当发生面 $S$ 相对基圆柱面作纯滚动时,$NN$ 直线在空间形成渐开螺旋面,此螺旋面即为斜齿轮的齿廓曲面。$\beta_b$ 称为基圆柱上的螺旋角。

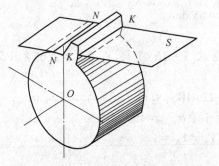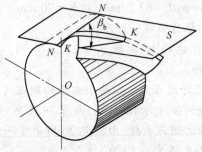

(a) 直齿圆柱齿轮渐开线齿廓曲面形成　　(b) 斜齿圆柱齿轮渐开线齿廓曲面形成

图 7-27　齿廓曲面的形成图

**2. 啮合特点**

直齿圆柱齿轮啮合时,每一瞬时都是直线接触,各接触线均为平行于轴线的直线,如图 7-28(a)所示。因此轮齿是沿整个齿宽同时进入和同时脱离啮合的,载荷沿齿宽也是突然产生或突然卸去。因而直齿圆柱齿轮传动的平稳性较差,容易产生冲击和噪声,不适用于高速和重载的传动。

一对平行轴斜齿圆柱齿轮啮合时,齿廓曲面的接触线是斜直线,如图 7-28(b)所示。其啮合过程是在前端面从动轮的齿顶一点开始接触,然后接触线由短变长,再由长变短,最后在后端面从动轮的齿根部的某一点分离。因此,齿轮上所受的力,是由小到大,再由大到小渐变,故传动平稳,承载能力大,冲击和噪声小。

## 7.9.2 斜齿圆柱齿轮基本参数及几何尺寸

斜齿圆柱齿轮齿廓曲面的渐开线螺旋面在垂直于齿轮轴线的端面和垂直于齿廓螺旋面的法面齿形不同,故参数有端面和法面之分。加工斜齿轮时,刀具通常沿着螺旋方向进给切割,因此斜齿轮的法面参数为标准值。计算斜齿轮的几何尺寸一般按端面参数进行。

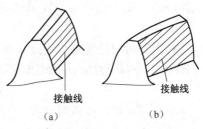

图 7-28 齿廓曲面接触线示意图

### 1. 基本参数

(1)螺旋角

图 7-29 所示为斜齿轮分度圆柱面展开图,螺旋线展开成一直线,该直线与轴线的夹角为 $\beta$,称为斜齿轮在分度圆上的螺旋角,简称斜齿轮的螺旋角。

由图可知

$$\tan \beta = \frac{\pi d}{p_s}$$

因为斜齿圆柱齿轮各圆柱上螺旋线的导程相同,所以对于基圆柱同理可得其螺旋角 $\beta_b$ 为

$$\tan \beta_b = \frac{\pi d_b}{p_s}$$

即

$$\tan \beta_b = \tan \beta \left( \frac{\pi d_b}{d} \right) = \tan \beta \cdot \cos \alpha_t \tag{7-39}$$

式中 $\alpha_t$——斜齿轮端面压力角。

一般斜齿轮 $\beta = 8° \sim 20°$。

按其齿廓渐开螺旋面的旋向,斜齿圆柱齿轮可分为右旋和左旋两种,其旋向的判定与螺旋相同:当外齿轮轴线竖直放置时,螺旋线向左上升为左旋齿轮,向右上升为右旋齿轮,如图 7-30 所示。

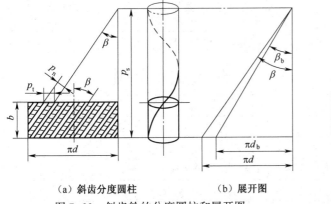

（a）斜齿分度圆柱　　　（b）展开图

图 7-29　斜齿轮的分度圆柱和展开图

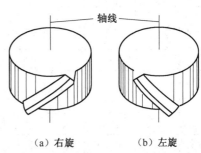

（a）右旋　　　（b）左旋

图 7-30　斜齿轮的旋向示意图

(2)模数

由图 7-29 所示可知,$p_n = p_t \cos \beta$。其中,$p_t$ 为端面齿距,$p_n$ 为法向齿距。由于 $p = \pi m$,因此

$\pi m_n = \pi m_t \cos \beta$，于是可得斜齿圆柱齿轮的法向模数和端面模数的关系为

$$m_n = m_t \cos \beta \tag{7-40}$$

（3）因斜齿圆柱齿轮与斜齿条啮合时，它们的法面压力角和端面压力角分别相等，所以斜齿圆柱齿轮法面压力角 $\alpha_n$ 和端面压力角 $\alpha_t$ 的关系可通过斜齿条得到。由图 7-31 可得：

$$\tan \alpha_n = \tan \alpha_t \cdot \cos \beta \tag{7-41}$$

（4）齿顶高系数及顶隙系数

斜齿圆柱齿轮的齿顶高和齿根高不论从端面还是从法面来看都是相等的，即

$$h_{an}^* m_n = h_{at}^* m_t, \quad c_n^* m_n = c_t^* m_t$$

将式（7-40）分别代入上式可得

$$\left. \begin{array}{l} h_{at}^* = h_{an}^* \cos \beta \\ c_t^* = c_n^* \cos \beta \end{array} \right\} \tag{7-42}$$

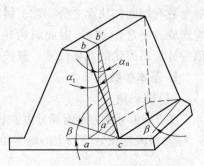

图 7-31　斜齿条的压力角示意图

式中　$h_{an}^*$——法面齿顶高系数（标准值）；

　　　$c_n^*$——法面顶隙系数（标准值）；

　　　$h_{at}^*$——端面齿顶高系数（非标准值）；

　　　$c_t^*$——端面顶隙系数（非标准值）。

**2. 几何尺寸**

斜齿圆柱齿轮的啮合在端面上相当于一对直齿圆柱齿轮的啮合，因此将斜齿圆柱齿轮的端面参数带入直齿圆柱齿轮的计算公式，就可得到斜齿圆柱齿轮的相应尺寸，见表 7-10。

表 7-10　外啮合标准斜齿圆柱齿轮传动的几何尺寸计算公式

| 名　称 | 符　号 | 计　算　公　式 |
|---|---|---|
| 端面模数 | $m_t$ | $m_t = \dfrac{m_n}{\cos \beta}$，$m_n$ 为标准值 |
| 端面压力角 | $\alpha_t$ | $\alpha_t = \arctan \dfrac{\tan \alpha_n}{\cos \beta}$ |
| 螺旋角 | $\beta$ | 一般 $\beta = 10° \sim 25°$ |
| 分度圆直径 | $d$ | $d = m_t z = \dfrac{m_n}{\cos \beta} z$ |
| 齿顶高 | $h_a$ | $h_a = m_n h_{an}^*$ |
| 齿根高 | $h_f$ | $h_f = (h_{an}^* + c_n^*) m_m$ |
| 齿全高 | $h$ | $h = h_a + h_f = (2h_{an}^* + c_n^*) m_n$ |
| 顶隙 | $c$ | $c = c_n^* m_n = 0.25 m_n$ |
| 齿顶圆直径 | $d_a$ | $d_a = d + 2h_a$ |
| 齿根圆直径 | $d_f$ | $d_f = d - 2h_f$ |
| 标准中心距 | $a$ | $a = \dfrac{1}{2}(d_1 + d_1) = \dfrac{1}{2} m_t(z_1 + z_2) = \dfrac{m_n}{2\cos \beta}(z_1 + z_2)$ |

### 7.9.3 斜齿轮传动正确啮合的条件和重合度

#### 1. 正确啮合的条件

一对外啮合斜齿圆柱齿轮传动正确啮合的条件为两斜轴齿轮的法面模数和法面压力角分别相等,螺旋角大小相等,旋向相反。即

$$\begin{cases} m_{n1} = m_{n2} = m_n \\ \alpha_{n1} = \alpha_{n2} = \alpha_n \\ \beta_1 = \pm\beta_2 (\text{内啮合时取“ + ”,外啮合时取“ - ”}) \end{cases} \tag{7-43}$$

#### 2. 斜齿轮传动的重合度

图 7-32 所示为斜齿圆柱齿轮与斜齿条在前端面的啮合情况,齿廓在 $A$ 点进入啮合,在 $E$ 点终止啮合。但从俯视图上来分析,当前端面开始脱离啮合时,后端面仍处在啮合区内,只有当后端面脱离啮合,这对齿才终止啮合。当后端面脱离啮合时,前端面已到达 $H$ 点,所以,从前端面进入啮合到后端面脱离啮合,前端面走了 $FH$ 段,故斜齿圆柱齿轮传动的重合度为

$$\varepsilon = \frac{FH}{p_t} = \frac{FG + GH}{p_t} = \varepsilon_t + \frac{b\tan\beta}{p_t} \tag{7-44}$$

式中　$\varepsilon$ ——斜齿圆柱齿轮重合度;

　　　$\varepsilon_t$ ——端面重合度,其值等于与斜齿轮端面齿廓及尺寸相同的直齿圆柱齿轮传动的重合度。

### 7.9.4 斜齿轮的当量齿轮和当量齿数

在进行强度计算和用成形法加工齿轮选择铣刀时,必须知道斜齿轮的法向齿形。但要精确地求出法向齿形比较困难,故通常采用近似方法,即当量齿轮法对其进行研究。

如图 7-33 所示,过斜齿圆柱齿轮分度圆柱面上的 $P$ 点作轮齿螺旋线的法平面 $nn$,该法平面与分度圆柱的交线为一椭圆。

椭圆的长半轴:$a = \dfrac{r}{\cos\beta}$,椭圆的短半轴:$b = r$,由高等数学知,$C$ 点的曲率半径:

$$\rho = \frac{a^2}{b} = \frac{r}{\cos^2\beta} = \frac{m_n z}{2\cos^3\beta} \tag{7-45}$$

现以 $\rho$ 为分度圆半径,以 $m_n$ 为模数,以 $\alpha_n$ 为压力角作一直齿轮,该直齿轮的齿形可近似认为是斜齿轮的法向齿形,该直齿轮称为斜齿轮的当量齿轮,其齿数称为当量齿数,用 $z_v$ 表示,于是:

$$\rho = \frac{m_n z_v}{2} \tag{7-46}$$

式(7-45)和式(7-46)联立得:

$$z_v = \frac{z}{\cos^3\beta} \tag{7-47}$$

斜齿圆柱齿轮的当量齿数总是大于实际齿数。

选择铣刀号码或进行强度计算时要用到当量齿数 $z_v$,用式(7-47)求出的当量齿轮若不是整数,使用时不用圆整。

标准斜齿圆柱齿轮不发生根切的最少齿数为：

$$z_{min} = z_{vmin} \cos^3 \beta = 17 \cos^3 \beta \tag{7-48}$$

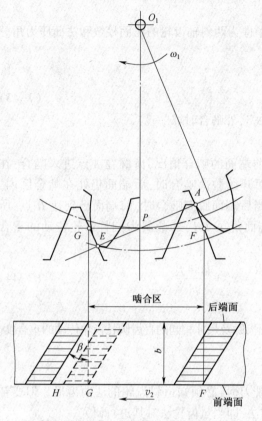 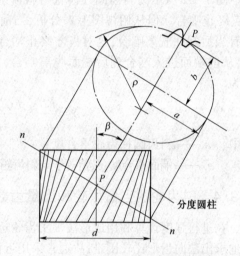

图 7-32 斜齿圆柱齿轮与斜齿条在前端面的啮合示意图          图 7-33 斜齿轮的当量齿轮示意图

### 7.9.5 斜齿圆柱齿轮受力分析

图 7-34 所示为斜齿圆柱齿轮的受力分析图。图中 $F_{n1}$ 作用在齿面的法面内，忽略摩擦力的影响，可将 $F_{n1}$ 分解为圆周力 $F_{t1}$、径向力 $F_{r1}$ 和轴向力 $F_{a1}$ 三个相互垂直的分力，其值分别为

$$\left. \begin{array}{l} \text{圆周力} \quad F_{t1} = \dfrac{2T_1}{d_1} \\[3mm] \text{径向力} \quad F_{r1} = F_{t1} \dfrac{\tan \alpha_n}{\cos \beta} \\[3mm] \text{轴向力} \quad F_{a1} = F_{t1} \tan \beta \end{array} \right\} \tag{7-49}$$

式中    $\alpha_n$——法向压力角，对标准斜齿轮 $\alpha_n = 20°$；

   $\beta$——分度圆柱上的螺旋角；

   $T_1$——主动轮传递的转矩（N·mm）；

   $d_1$——主动轮分度圆直径（mm）。

作用于主动齿轮与从动齿轮上各分力，即 $F_{t1}$ 与 $F_{t2}$、$F_{r1}$ 与 $F_{r2}$、$F_{a1}$ 与 $F_{a2}$ 分别相等，但方向

相反。各分力方向判定如下：

（1）圆周力 $F_t$。主动齿轮上的圆周力 $F_{t1}$ 为阻力，方向与其旋转方向相反；从动齿轮上的圆周力 $F_{t2}$ 为驱动力，方向与其旋转方向相同。简称为"主反从同"。

（2）径向力 $F_r$。$F_{r1}$ 与 $F_{r2}$ 分别指向各自的轮心。

（3）轴向力 $F_a$。轴向力的方向与轮齿旋向、齿轮旋转方向及是否为主动轮或从动轮而不同。可用"主动轮左、右手法则"来判断：右旋轮齿用"右手法则"（左旋轮齿用"左手法则"），四指半曲指向齿轮的旋转方向，拇指伸直，与四指垂直。若为主动齿轮，拇指指向即为其轴向力 $F_{a1}$ 的方向；若是从动齿轮，拇指指向的相反方向即为其轴向力 $F_{a2}$ 的方向。

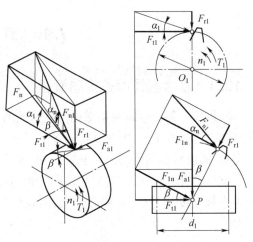

图 7-34 斜齿圆柱齿轮轮齿受力分析图

### 7.9.6 斜齿圆柱齿轮强度计算

在斜齿圆柱齿轮传动中，作用于齿面上的力仍垂直于齿面，故斜齿圆柱齿轮的强度计算按法向进行分析。可通过其当量直齿轮来对斜齿圆柱齿轮进行强度分析和计算。

**1. 齿面接触疲劳强度计算**

校核公式为

$$\sigma_H = 3.17 Z_E \sqrt{\frac{KT_1}{bd_1^2} \frac{\mu \pm 1}{\mu}} \leqslant [\sigma_H] \tag{7-50}$$

设计公式为

$$d_1 \geqslant \sqrt[3]{\frac{KT_1}{\psi_d} \frac{\mu \pm 1}{\mu} \left(\frac{3.17 Z_E}{\sigma_H}\right)^2} \tag{7-51}$$

式中参数的意义同直齿圆柱齿轮。

**2. 齿根弯曲疲劳强度计算**

校核公式为

$$\sigma_F = \frac{1.6 KT_1}{bm_n d_1} Y_F Y_S = \frac{1.6 KT_1 Y_F Y_S \cos \beta}{bm_n^2 d_1} \leqslant [\sigma_F] \tag{7-52}$$

设计公式为

$$m_n \geqslant \sqrt[3]{\frac{2KT_1 \cos^2 \beta}{\varphi_d z_1^2} \left(\frac{Y_F Y_S}{[\sigma_F]}\right)} \tag{7-53}$$

式中 $m_n$ ——法向模数（mm）。

$Y_F$、$Y_S$ 应根据斜齿圆柱齿轮当量齿数 $z_v = \dfrac{z}{\cos^3 \beta}$ 由表 7-9 查取，其他参数的意义同直齿圆柱齿轮。

## 7.10 直齿锥齿轮传动

### 7.10.1 直齿圆锥齿轮传动概述

锥齿轮是传递空间两相交轴之间运动的齿轮。锥齿轮传动的轮齿分布在圆锥体上,从大端到小端逐渐减小,如图 7-35(a)所示。锥齿轮传动两轮轴线间夹角 $\Sigma$ 可以是任意角,称为轴交角,其值可根据传动需要确定,一般多采用 90°角。

锥齿轮可分为直齿、斜齿和曲齿三种,直齿锥齿轮设计、制造和安装较简单,且应用较广。曲齿锥齿轮传动平稳、承载能力大,但设计制造较复杂,常用于高速重载的传动,斜齿轮应用较少。

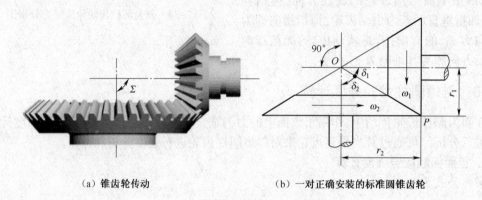

(a) 锥齿轮传动  (b) 一对正确安装的标准圆锥齿轮

图 7-35 直齿锥齿轮传动示意图

图 7-35(b)所示为一对正确安装的标准圆锥齿轮,其分度圆锥与节圆锥重合,两齿轮的分度圆锥角分别为 $\delta_1$ 和 $\delta_2$,大端分度圆半径分别为 $r_1$ 和 $r_2$,齿数分别为 $z_1$ 和 $z_2$,则两齿轮的传动比为

$$i = \frac{\omega_1}{\omega_2} = \frac{n_1}{n_2} = \frac{z_1}{z_2} = \frac{r_2}{r_1} = \frac{OP\sin\delta_2}{OP\sin\delta_1} \tag{7-54}$$

当 $\Sigma = \delta_1 + \delta_2 = 90°$ 时

$$i = \tan\delta_2 = \cot\delta_1$$

### 7.10.2 锥齿轮的齿廓曲线、背锥和当量齿数

#### 1. 锥齿轮的齿廓曲线

直齿圆锥齿廓曲线是一条空间球面渐开线,其形成过程与圆柱齿轮类似。以半球截面的圆平面 $S$ 为发生面,$S$ 与基圆锥相切于 $ON$。$ON$ 既是圆平面 $S$ 的半径 $R$,又是基圆锥的锥距 $R$。圆平面 $S$ 的圆心 $O$(球心)又是基圆锥的锥顶。当发生面 $S$ 绕基圆锥作纯滚动时,该平面上任一点 $B$ 的空间轨迹 $\overset{\frown}{BA}$ 是位于以锥距 $R$ 为半径的球面上的曲线,称为球面渐开线,如图 7-36 所示。

**2. 背锥**

如图 7-37 所示，△$OAB$ 为锥齿轮的分度圆锥，过分度圆锥上的点 $A$ 作球面的切线 $AO_1$ 与分度圆锥的轴线交于 $O_1$ 点。以 $OO_1$ 为轴，$O_1A$ 为母线作一圆锥体，它的轴截面为 △$AO_1B$，此圆锥称为背锥。背锥母线与分度圆锥上的切线的交点 $a'$、$b'$，与球面渐开线上的点 $a$、$b$ 非常接近；由于背锥可展开成平面，其上面的平面渐开线齿廓可代替直齿圆锥齿轮的球面渐开线。

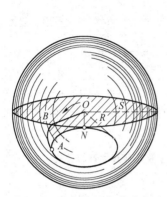

图 7-36　锥齿轮的齿廓形成图

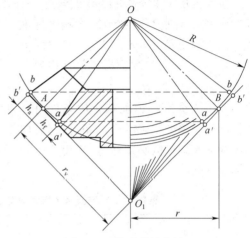

图 7-37　锥齿轮的背锥

**3. 当量齿数**

如图 7-38 所示，将背锥展开成平面，则成为两个扇形齿轮，其分度圆半径即为背锥的锥距，分别以 $r_{v1}$ 和 $r_{v2}$ 表示。将两扇形齿轮补充完整，则补充完整后形成的两个圆柱齿轮称为锥齿轮的当量齿轮，其齿数称为当量齿数，用 $z_v$ 表示。

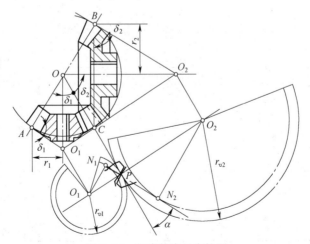

图 7-38　锥齿轮当量齿轮图

由图可知

$$r_v = \frac{r}{\cos\delta} = \frac{mz}{2\cos\delta} \tag{7-55}$$

又因为 $r_v = mz_v/2$，所以

$$z_v = \frac{z}{\cos \delta}$$

### 7.10.3 直齿圆锥齿轮传动的几何尺寸计算

按照 GB/T 12369—1990 的规定，直齿圆锥齿轮的基本参数是以大端为标准的。当两轴交角 $\Sigma = \delta_1 + \delta_2 = 90°$ 时（见图 7-39），标准直齿圆锥齿轮的几何尺寸计算如表 7-11 所示。

直齿圆锥齿轮正确啮合的条件可从当量圆柱齿轮的正确啮合的条件得到，即两齿轮的大端模数必须相等，压力角也必须相等，即 $m_1 = m_2 = m$，$\alpha_1 = \alpha_2 = \alpha$。

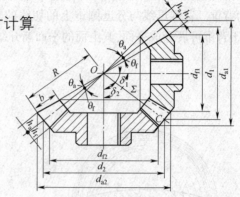

图 7-39 标准直齿圆锥齿轮（$\Sigma = 90°$）传动几何尺寸

**表 7-11 标准直齿圆锥齿轮传动（$\Sigma = 90°$）主要几何尺寸计算公式**

| 名　称 | 符　号 | 计　算　公　式 | |
|---|---|---|---|
| | | 小　齿　轮 | 大　齿　轮 |
| 模数 | $m$ | 以大端模数为标准，按强度条件确定 | |
| 压力角 | $\alpha$ | 以大端压力角为标准值，$\alpha = 20°$ | |
| 传动比 | $i$ | $i_{12} = \dfrac{n_1}{n_2} = \dfrac{z_2}{z_1} = \dfrac{d_2}{d_1} = \cot \delta_1 = \tan \delta_2$ | |
| 分锥角 | $\delta$ | $\delta_1 = \arctan(z_1/z_2)$ | $\delta_2 = 90° - \delta_1$ |
| 齿顶高 | $h_a$ | $h_{a1} = h_{a2} = h_a^* m$ | |
| 齿根高 | $h_f$ | $h_{f1} = h_{f2} = (h_a^* + c^*)m$ | |
| 齿全高 | $h$ | $h_1 = h_2 = (2h_a^* + c^*)m$ | |
| 分度圆直径 | $d$ | $d_1 = mz_1$ | $d_2 = mz_2$ |
| 齿顶圆直径 | $d_a$ | $d_{a1} = d_1 + 2h_a\cos \delta_1$ | $d_{a2} = d_2 + 2h_a\cos \delta_2$ |
| 齿根圆直径 | $d_f$ | $d_{f1} = d_1 - 2h_f\cos \delta_1$ | $d_{f2} = d_2 - 2h_f\cos \delta_2$ |
| 锥距 | $R$ | $R = \dfrac{1}{2}\sqrt{d_1^2 + d_2^2} = \dfrac{m}{2}\sqrt{z_1^2 + z_2^2} = \dfrac{d_1}{2\sin \delta_1} = \dfrac{d_2}{2\sin \delta_2}$ | |
| 齿顶角 | $\theta_a$ | $\theta_{a1} = \theta_{a2} = \arctan(h_a/R)$ | |
| 齿根角 | $\theta_f$ | $\theta_{f1} = \theta_{f2} = \arctan(h_f/R)$ | |
| 顶锥角 | $\delta_a$ | $\delta_{a1} = \delta_1 + \theta_{a1}$ | $\delta_{a2} = \delta_2 + \theta_{a2}$ |
| 根锥角 | $\delta_f$ | $\delta_{f1} = \delta_1 - \theta_{f1}$ | $\delta_{f2} = \delta_2 - \theta_{f2}$ |
| 当量齿数 | $z_v$ | $z_{v1} = z_1/\cos \delta_1$ | $z_{v2} = z_2/\cos \delta_2$ |
| 齿宽 | $b$ | $b \leqslant R/3$ 或 $b \leqslant 10$（圆整），取其中较小值 | |

### 7.10.4 直齿圆锥齿轮传动设计

**1. 直齿锥齿轮受力分析**（图 7-40）

当齿轮上作用的转矩为 $T_1$ 时，若忽略接触面上摩擦力的影响，法向力 $F_n$ 可分解为圆周力

$F_{t1}$、径向力 $F_{r1}$ 以及轴向力 $F_{a1}$。这三个力相互垂直,其计算公式为

$$\left.\begin{aligned}
\text{圆周力}\quad & F_{t1} = \frac{2T_1}{d_{m1}} \\
\text{径向力}\quad & F_{r1} = F'\cos\delta = F_{t1}\tan\alpha\cos\delta \\
\text{轴向力}\quad & F_{a1} = F'\sin\delta = F_{t1}\tan\alpha\sin\delta
\end{aligned}\right\}\tag{7-56}$$

式中　$\delta$——小齿轮分度圆锥角;

　　$d_{m1}$——小齿轮齿宽中点的分度圆直径(mm),$d_{m1} = d_1 - b\sin\delta_1$。

各分力方向的判别如下:

(1)圆周力 $F_t$。主动轮上的圆周力 $F_{t1}$ 是阻力,其方向与主动轮回转方向相反;从动轮上的圆周力 $F_{t2}$ 是驱动力,其方向与从动轮回转方向相同。

(2)径向力 $F_r$。两齿轮的径向力 $F_{a1}$ 和 $F_{a2}$ 分别沿径向指向各自的轮心。

(3)轴向力 $F_a$。两齿轮的轴向力 $F_{a1}$ 和 $F_{a2}$ 的方向总是沿着各个的轴线由锥齿轮的小端指向大端。

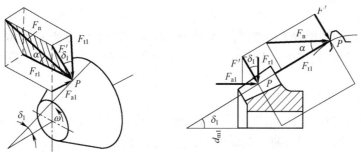

图 7-40　直齿锥齿轮传动受力分析图

**2. 直齿圆锥齿轮传动的强度计算**

直齿锥齿轮传动的强度计算比较复杂,通常是把直齿锥齿轮传动转化为齿宽中点处的一对当量直齿圆柱齿轮传动作近似计算。

1)齿面接触疲劳强度计算

一对轴交角 $\Sigma = 90°$ 的钢制直齿锥齿轮轮齿面接触疲劳强度的校核公式为

$$\sigma_H = \frac{4.98 z_E}{1 - 0.5\psi_R}\sqrt{\frac{KT_1}{\psi_R d_1^3 \mu}} \leqslant [\sigma_H] \tag{7-57}$$

设计公式为

$$d_1 \geqslant \sqrt[3]{\frac{KT_1}{\psi_R \mu}\left[\frac{4.98 z_E}{(1 - 0.5\psi_R)[\sigma_H]}\right]^2} \tag{7-58}$$

齿宽系数 $\psi_R = b/R$,分度圆直径 $d_1$,其他符号的意义同直齿圆柱齿轮。

2)齿根弯曲疲劳强度

一对轴交角 $\Sigma = 90°$ 的钢制直齿锥齿轮齿根弯曲疲劳强度的校核公式为

$$\sigma_F = \frac{4KT_1 Y_F Y_S}{\psi_R(1 - 0.5\psi_R)^2 z_1^2 m^3 \sqrt{\mu^2 + 1}} \leqslant [\sigma]_F \tag{7-59}$$

设计公式为

$$m \geq \sqrt[3]{\dfrac{4KT_1Y_FY_S}{\psi_R\left(1-0.5\psi_R\right)^2z_1^2\sqrt{\mu^2+1}\left[\sigma_F\right]}} \tag{7-60}$$

$Y_F$、$Y_S$应根据斜齿圆柱齿轮当量齿数 $z_v = \dfrac{z}{\cos^3\beta}$ 由表 7-9 查取。计算得到的模数 $m$ 应按表 7-12 进行圆整。

**表 7-12　锥齿轮模数系列**(摘自 GB/T 12368—1990)

| 0.1 | 0.35 | 0.9 | 1.75 | 3.25 | 5.5 | 10 | 20 | 36 |
|---|---|---|---|---|---|---|---|---|
| 0.12 | 0.4 | 1 | 2 | 3.5 | 6 | 11 | 22 | 40 |
| 0.15 | 0.5 | 1.125 | 2.25 | 3.75 | 6.5 | 12 | 25 | 45 |
| 0.2 | 0.6 | 1.25 | 2.5 | 4 | 7 | 14 | 28 | 50 |
| 0.25 | 0.7 | 1.375 | 2.75 | 4.5 | 8 | 16 | 30 | — |
| 0.3 | 0.8 | 1.5 | 3 | 5 | 9 | 18 | 32 | — |

3)参数选择

(1)模数 $m$。大端模数为标准值,模数过小时加工、检验都不方便,一般取 $m\geqslant 2\text{mm}$。

(2)齿数 $z$。锥齿轮锥齿轮不产生根切的齿数比圆柱齿轮少,可用下式进行计算:

$$z_{min}\geqslant 17\cos\delta$$

一般最小齿数指小齿轮齿数。

(3)分度圆锥角 $\delta$。锥齿轮分度圆锥角 $\delta$ 取决于两轴间夹角 $\Sigma$ 及齿数比 $\mu$。

(4)齿宽 $b$。锥齿轮沿齿宽各截面大小不等,受力不均匀,齿越宽,偏载越严重,故齿宽不宜取大,一般 $\psi_R = b/R = 0.15\sim0.35$。传动比大时 $\psi_R$ 取小值,常用 $\psi_R = 0.25\sim0.3$。

## 7.11　蜗　杆　传　动

### 7.11.1　蜗杆传动的类型、特点、参数和尺寸

**1. 蜗杆传动的组成和类型**

蜗杆传动用于传递空间两交错轴之间的运动和动力,通常两交错轴的交错角为 90°。如图 7-41 所示。

蜗杆传动由蜗杆、涡轮组成,蜗杆为主动件,涡轮为从动件,具有自锁性,做减速运动,广泛应用于各种机械和仪器设备之中。

按蜗杆形状的不同,蜗杆传动可分为圆柱蜗杆传动[图 7-42(a)]、环面蜗杆传动[图 7-42(b)]和锥面蜗杆传动[图 7-42(c)]三类。圆柱蜗杆传动应用最广。

圆柱蜗杆传动按蜗杆齿廓形状可分为普通圆柱蜗杆传动和圆弧圆柱蜗杆传动。根据齿廓曲线不同,普通

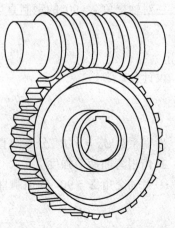

图 7-41　蜗杆传动示意图

圆柱蜗杆传动可分为阿基米德蜗杆(ZA 型)、渐开线蜗杆(ZI 型)、法向直廓蜗杆(ZN 型)和锥面包络圆柱蜗杆(ZK 型)四种。括号中的字母 Z 表示圆柱蜗杆,字母 A、I、N 和 K 为蜗杆齿形标记。其中阿基米德蜗杆由于加工方便,应用最为广泛。

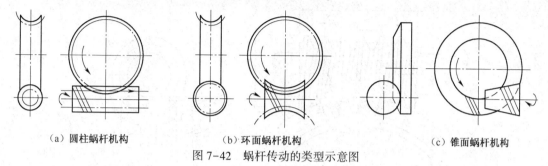

（a）圆柱蜗杆机构      （b）环面蜗杆机构      （c）锥面蜗杆机构

图 7-42　蜗杆传动的类型示意图

图 7-43 所示为阿基米德蜗杆,在垂直于蜗杆轴线的截面内齿廓为阿基米德螺旋线,轴向齿廓为直线,法向齿廓为外凸曲线。一般在车床上用成形车刀切制而成。

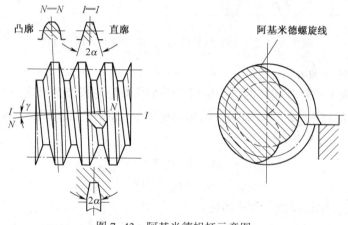

图 7-43　阿基米德蜗杆示意图

按螺旋方向不同,蜗杆可分为左旋和右旋。

**2. 蜗杆传动的特点**

蜗杆传动的主要优点有:

(1)传动比大,结构紧凑。传递动力时,一般 $i=8\sim100$(常用 $i=15\sim50$);传递运动或在分度机构中,$i$ 可达 1 000。

(2)蜗杆传动相当于螺旋传动,为多齿啮合传动,故传动平稳、振动小、噪声低。

(3)当蜗杆的导程角小于当量摩擦角时,可实现反向自锁,即具有自锁性。

其主要缺点有:

(1)因传动时啮合齿面间相对滑动速度大,故摩擦损失大,效率低。一般效率为 $\eta=0.7\sim0.9$;具有自锁性时,其效率 $\eta<0.5$。所以不宜用于大功率传动(尤其在大传动比时)。

(2)为减轻齿面的磨损及防止胶合,蜗轮一般使用贵重的减摩材料制造,故成本高。

(3)对制造和安装误差很敏感,安装时对中心距的尺寸精度要求较高。

**3. 蜗杆传动的主要参数**

如图 7-44 所示,通过蜗杆轴线并垂直于蜗杆轴线的剖面称为中间剖面。在中间平面上普通圆柱蜗杆传动相当于斜齿齿条与斜齿轮的啮合传动。因此,传动的基本参数、几何尺寸和强度计算,均以中间平面为准。

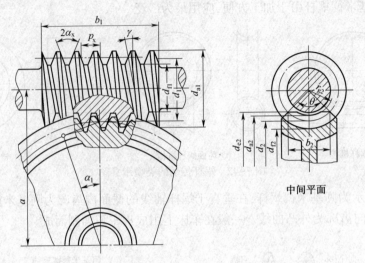

图 7-44　普通圆柱蜗杆传动的主要参数和几何尺寸图

1)模数 $m$ 和压力角 $\alpha$

由于中间平面上蜗轮与蜗杆的啮合相当于渐开线齿轮与齿条的啮合,因此蜗杆的轴向齿距 $p_{a1}$ 应等于蜗轮的端面齿距 $p_{t2}$,即蜗杆的轴向模数 $m_{a1}$ 和轴向压力角 $\alpha_{a1}$ 与蜗轮的端面模数 $m_{t2}$ 和端面压力角 $\alpha_{t2}$ 分别相等,即

$$\begin{cases} m_{a1} = m_{t2} = m \\ \alpha_{a1} = \alpha_{t2} = 20° \end{cases} \tag{7-61}$$

2)蜗杆头数 $z_1$、蜗轮齿数 $z_2$ 和传动比 $i$

蜗杆头数 $z_1$ 即为蜗杆螺旋线的数目,一般取 1、2、4。当传动比大于 40 或要求蜗杆自锁时,取 $z_1 = 1$;当传递功率较大时,为提高传动效率,可取 $z_1$ 为 2 或 4。蜗杆头数越多,加工精度越难保证。

蜗轮齿数 $z_2 = iz_1$,一般取 28~80。当 $z_2 < 28$ 时易使蜗轮轮齿发生根切和干涉,影响传动的平稳性;当 $z_2 > 80$ 时,蜗轮直径增大,与之相应的蜗杆的长度增加,刚度减小,从而影响啮合精度。

对于蜗杆为主动件的蜗杆传动,其传动比为

$$i = \frac{n_1}{n_2} = \frac{z_2}{z_1} \tag{7-62}$$

3)蜗杆分度圆上的导程角 $\gamma$

将蜗杆分度圆柱展开,其螺旋线与端面的夹角即为蜗杆分度圆上的导程角 $\gamma$,又称螺旋升角,如图 7-50 所示。由图 7-45 可知,蜗杆螺旋线的导程为

$$L = z_1 p_{a1} = z_1 \pi m \tag{7-63}$$

蜗杆分度圆上的导程角 $\gamma$ 与导程的关系为

$$\tan \gamma = \frac{L}{\pi d_1} = \frac{z_1 \pi m}{\pi d_1} = \frac{z_1 m}{d_1} \cdot \tag{7-64}$$

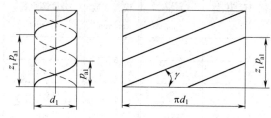

图 7-45　蜗杆分度圆柱展开图

4）蜗杆分度圆直径 $d_1$ 和蜗杆直径系数 $q$

当用滚刀切制蜗轮时，滚刀的参数应与相啮合的蜗杆完全相同。由上式可知，蜗杆分度圆直径可写成

$$d_1 = m \frac{z_1}{\tan \gamma} \tag{7-65}$$

国标 GB/T 10085—2018 规定，每一个模数 $m$ 对应 1~4 种分度圆直径 $d_1$，现令 $q = d_1/m$，$q$ 称为蜗杆直径系数（$q$ 值为导出量，不一定是整数），即

$$\tan \gamma = \frac{z_1 m}{d_1} = \frac{z_1}{q} \tag{7-66}$$

5）中心距 $a$

蜗杆传动的标准中心距为

$$a = 0.5(d_1 + d_2) = 0.5m(q + z_2) \tag{7-67}$$

6）蜗杆和蜗轮的转动方向

蜗杆、蜗轮转动方向的确定可借助于螺母和螺杆的相对运动来确定，即将蜗杆看成螺杆，与蜗杆啮合的蜗轮部分看成螺母。具体的方法是采用左右手法则来确定，如图 7-46 所示。

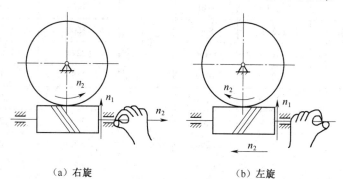

（a）右旋　　　　　　　　　　（b）左旋

图 7-46　左右手法则判别旋向示意图

蜗杆基本参数见表 7-13。

**4. 蜗杆传动的几何尺寸计算**

蜗轮的分度圆直径为

$$d_2 = m_{t2} z_2 = m z_2 \tag{7-68}$$

标准圆柱蜗杆机构的几何尺寸计算公式见表 7-14。

**表 7-13　动力蜗杆传动($\Sigma = 90°$)蜗杆基本参数及其匹配**

| 模　数 $m$/mm | 分度圆直径 $d_1$/mm | 蜗杆头数 $z_1$ | $m^2 d_1$ /mm³ | 模　数 $m$/mm | 分度圆直径 $d_1$/mm | 蜗杆头数 $z_1$ | $m^2 d_1$ /mm³ |
|---|---|---|---|---|---|---|---|
| 1 | 18 | 1 | 18 | 6.3 | (80) | 1,2,4 | 3 175 |
| 1.25 | 20 | 1 | 31 | | 112 | 1 | 4 445 |
| | 22.4 | 1 | 35 | 8 | (63) | 1,2,4 | 4 032 |
| 1.6 | 20 | 1,2,3 | 51 | | 80 | 1,2,4,6 | 5 120 |
| | 28 | 1 | 72 | | (100) | 1,2,4 | 6 400 |
| 2 | (18) | 1,2,4 | 72 | | 140 | 1 | 8 960 |
| | 22.4 | 1,2,4,6 | 90 | 10 | (71) | 1,2,4 | 7 100 |
| | (28) | 1,2,4 | 112 | | 90 | 1,2,4,6 | 9 000 |
| | 35.5 | 1 | 142 | | (112) | 1 | 11 200 |
| 2.5 | (22.4) | 1,2,4 | 140 | | 160 | 1 | 16 000 |
| | 28 | 1,2,4,6 | 175 | 12.5 | (90) | 1,2,4 | 14 062 |
| | (35.5) | 1,2,4 | 222 | | 112 | 1,2,4 | 17 500 |
| | 45 | 1 | 281 | | (140) | 1,2,4 | 21 875 |
| 3.15 | (28) | 1,2,4 | 278 | | 200 | 1 | 31 250 |
| | (35.5) | 1,2,4,6 | 352 | 16 | (112) | 1,2,4 | 28 672 |
| | (45) | 1,2,4 | 447 | | 140 | 1,2,4 | 35 840 |
| | 56 | 1 | 556 | | (180) | 1,2,4 | 46 080 |
| 4 | (31.5) | 1,2,4 | 504 | | 250 | 1 | 64 000 |
| | 40 | 1,2,4,6 | 640 | 20 | (140) | 1,2,4 | 56 000 |
| | (50) | 1,2,4 | 800 | | 160 | 1,2,4 | 64 000 |
| | 71 | 1 | 1 136 | | (224) | 1,2,4 | 89 600 |
| 5 | (40) | 1,2,4 | 1000 | | 315 | 1 | 126 000 |
| | 50 | 1,2,4,6 | 1 250 | 25 | (180) | 1,2,4 | 112 500 |
| | (63) | 1,2,4 | 1 575 | | 200 | 1,2,4 | 125 000 |
| | 90 | 1 | 2250 | | (280) | 1,2,4 | 175 000 |
| 6.3 | (50) | 1,2,4 | 1 985 | | 400 | 1 | 250 000 |
| | 63 | 1,2,4,6 | 2 500 | | | | |

**表 7-14　标准圆柱蜗杆机构的几何尺寸计算公式**

| 名　称 | 计算公式 | |
|---|---|---|
| | 蜗　杆 | 蜗　轮 |
| 分度圆直径 | $d_1 = mq$ | $d_2 = mz_2$ |

| 名　　称 | 计 算 公 式 | |
| --- | --- | --- |
| | 蜗 杆 | 蜗 轮 |
| 齿顶高 | $h_{a1} = m$ | $h_{a2} = m$ |
| 齿根高 | $h_{f1} = 1.2m$ | $h_{f2} = 1.2m$ |
| 齿顶圆直径 | $d_{a1} = m(q+2)$ | $d_{a2} = (z_2+2)$ |
| 齿根圆直径 | $d_{f1} = m(q-2.4)$ | $d_{f2} = m(z_2-2.4)$ |
| 顶隙 | $c = 0.2m$ | |
| 蜗杆轴向齿距蜗轮端面齿距 | $p_{a1} = p_{t2} = \pi m$ | |
| 蜗杆分度圆柱的导程角 | $\gamma = \arctan \dfrac{z_1}{q}$ | — |
| 中心距 | $a = 0.5m(q+z_2)$ | |

注:标准圆柱蜗杆 $h_a^* = 1$。

## 7.11.2　蜗杆传动的失效形式、设计准则和常用材料

**1. 蜗杆传动的失效形式及设计准则**

蜗杆传动的失效形式与齿轮传动基本相同,主要有轮齿的点蚀、弯曲折断、磨损及胶合失效等。由于该传动啮合齿面间的相对滑动速度大,效率低,发热量大,故更易发生磨损和胶合失效。而蜗轮无论在材料的强度或结构方面均较蜗杆弱,所以失效多发生在蜗轮轮齿上,设计时一般只需对蜗轮进行承载能力计算。

由于胶合和磨损的计算目前尚无较完善的方法和数据,而滑动速度和接触应力的增大将会加剧胶合和磨损。故为了防止胶合和减轻磨损,除选用减摩性好的配对材料和保证良好的润滑外,还应限制其接触应力。

综上所述,蜗杆传动的设计准则为:开式蜗杆传动以保证蜗轮齿根弯曲疲劳强度进行设计;闭式蜗杆传动以保证蜗轮齿面接触疲劳强度进行设计,校核齿根弯曲疲劳强度;此外因闭式蜗杆传动散热较困难,故需进行热平衡计算;当蜗杆轴细长且支承跨距大时,还应进行蜗杆轴的刚度计算。

**2. 蜗杆传动的材料选择**

由蜗杆传动的失效形式可知,制造蜗杆副的组合材料应具有足够的强度和良好的跑合性、减摩性和耐磨性。故蜗杆一般用碳钢或合金钢制造,并经过热处理提高其齿面硬度。常用材料见表 7-15。蜗轮齿圈应采用耐磨性好、抗胶合能力强的材料,常用材料见表 7-16。

**表 7-15　蜗杆材料**

| 材　料 | 热　处　理 | 硬　　度 | 齿面粗糙度 | 使　用　条　件 |
| --- | --- | --- | --- | --- |
| 15CrMn;20Cr<br>20CrMnTi<br>20MnVB | 渗碳淬火 | 58~63 HRC | $Ra1.6~0.4 \mu m$ | 高速重载,载荷变化大 |

| 材 料 | 热 处 理 | 硬 度 | 齿面粗糙度 | 使 用 条 件 |
|---|---|---|---|---|
| 45,40Cr<br>42SiMn,40CrNi | 表面淬火 | 45~55 HRC | $Ra1.6~0.4~\mu m$ | 高速重载,载荷稳定 |
| 45,40 | 调质 | ≤270 HBS | $Ra6.3~1.6~\mu m$ | 一般用途 |

**表 7-16 蜗轮材料**

| 材 料 | 牌 号 | 适用的滑动速度<br>$v_s/m \cdot s^{-1}$ | 特 性 | 应 用 |
|---|---|---|---|---|
| 铸锡磷青铜 | ZCuSnloP1 | ≤25 | 减摩和耐磨性好,抗胶合能力强,切削性能好;但其强度较低,价格较贵,易点蚀 | 连续工作的高速、重载的重要传动 |
| 铸锡锌铅青铜 | ZCuSn5Pb5Zn5 | ≤12 | | 速度较高的一般传动 |
| 铸铝铁青铜 | ZCuAl1OFe3 | ≤4 | 耐冲击,强度较高,切削性能好,价格便宜;但抗胶合能力远比锡青铜差 | 连续工作的速度较低、载荷稳定的重要传动 |
| 灰铸铁 | HT150<br>HT200 | ≤2 | 铸造性、切削性能好,价格低,抗点蚀,抗胶合能力强;但抗弯曲强度低,冲击韧性差 | 低速、不重要的开式传动;蜗轮尺寸较大的传动;手动传动 |

## 7.11.3 蜗杆传动受力分析和强度计算

### 1. 蜗杆传动受力分析

蜗杆传动的受力分析与斜齿圆柱齿轮的受力分析相同,如图 7-47 所示,轮齿法向载荷 $F_n$ 可分解为径向载荷 $F_r$、周向载荷 $F_t$、轴向载荷 $F_a$ 三个相互垂直的分力。其关系如下:

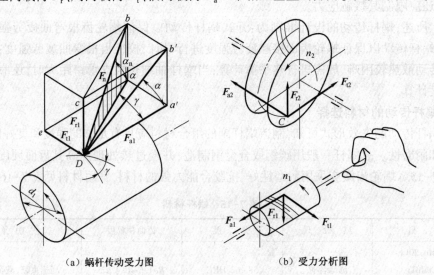

(a) 蜗杆传动受力图　　　　　　　(b) 受力分析图

图 7-47 蜗杆传动的受力分析图

$$F_{t1} = \frac{2T_1}{d_1} = -F_{a2}$$
$$F_{a1} = -\frac{2T_2}{d_2} = -F_{t2}$$
$$F_{r1} = -F_{r2} = -F_{t2}\tan\alpha$$

(7-69)

式中　$T_1$——蜗杆上的转矩（N·mm），$T_1 = 9.55 \times 10^6 \dfrac{p_1}{n_1}$；

　　　　$T_2$——蜗轮上转矩（N·mm），$T_2 = 9.55 \times 10^6 \dfrac{p_2}{n_2}$，$T_2 = T_1 i\eta$；

　$d_1$、$d_2$——蜗杆、蜗轮的分度圆直径（mm）；

　　　　$\alpha$——压力角，$\alpha = 20°$。

蜗杆、蜗轮受力方向的判断规律与斜齿圆柱齿轮相同：

（1）圆周力 $F_t$。蜗杆所受圆周力的方向与其力作用点速度方向相反。

（2）径向力 $F_r$。径向力的方向沿半径指向轴心。

（3）轴向力 $F_a$。轴向力的方向由左、右手法则来确定。

**2. 蜗杆蜗轮旋向和转向的判别**

蜗轮的转向可根据左、右手法则判定，即左旋用左手、右旋用右手环握蜗杆轴线，弯曲的四指顺着齿轮的转向，拇指指向的反方向即为与蜗杆齿相啮合的蜗轮齿接触点的运动方向。

如果已知蜗杆及蜗轮的转向，也可以用左、右手法则来判定蜗杆蜗轮旋向，如图 7-48 所示。

**3. 强度计算**

蜗杆传动的失效一般发生在蜗轮上，所以只需进行蜗轮轮齿的强度计算。蜗杆的强度可按轴的强度计算方法进行，必要时还要进行蜗杆的刚度校核。

1）蜗轮齿面接触疲劳强度计算

在中间平面内，蜗杆传动近似于斜齿轮与斜齿条的传动，故可依据赫兹接触应力公式仿照斜齿轮的分析方法进行。

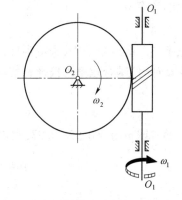

图 7-48　蜗杆蜗轮旋向和转向的判别示意图

校核公式

$$\sigma_H = 480\sqrt{\frac{KT_2}{m^2 d_1 z_2^2}} \leqslant [\sigma_H]$$

(7-70)

设计公式

$$m^2 d_1 \geqslant KT_2\left(\frac{480}{z_2[\sigma_H]}\right)^2$$

(7-71)

式中　$K$——载荷系数，考虑工作情况、载荷集中和动载荷的影响；

　　　$m$——模数；

$z_2$——蜗轮齿数；

$[\sigma_H]$——蜗轮材料的许用接触应力。

2）蜗轮轮齿的齿根弯曲强度的计算

蜗轮轮齿的形状较复杂，离中间平面愈远的平行截面上轮齿愈厚，故其齿根弯曲疲劳强度高于斜齿轮。想要精确计算蜗轮齿根弯曲疲劳强度较困难，通常按斜齿圆柱齿轮的计算方法近似计算。经推导得蜗轮齿根弯曲疲劳强度的校核公式为

$$\sigma_F = \frac{1.53KT_2\cos\gamma}{d_1 d_2 m}Y_{F2} \leqslant [\sigma_F] \qquad (7-72)$$

设计公式

$$m^2 d_1 \geqslant \frac{1.53KT_2\cos\gamma}{z_2[\sigma_F]}Y_{F2} \qquad (7-73)$$

式中　$Y_{F2}$——蜗轮轮齿的齿形系数，该系数综合考虑了齿形、磨损及重合度的影响，其值按当量齿数 $z_v = z_2/\cos^3\gamma$ 在表7-9中查取；

$[\sigma_F]$——蜗轮材料的许用弯曲应力，单位为 MPa；

$\gamma$——蜗杆导程角。

### 7.11.4　蜗杆传动的效率和热平衡计算

#### 1. 蜗杆传动的效率

闭式蜗杆传动的总效率 $\eta$ 包括轮齿啮合的效率 $\eta_1$、轴承的效率 $\eta_2$、浸入油中零件的搅油损耗的效率 $\eta_3$。

$$\eta = \eta_1\eta_2\eta_3 \qquad (7-74)$$

上述三部分效率中，决定蜗杆传动总效率的主要因素为蜗杆传动的啮合效率 $\eta_1$。当蜗杆为主动件时，啮合效率可按螺旋传动的效率公式求出，即

$$\eta_1 = \frac{\tan\gamma}{\tan(\gamma + \rho_v)} \qquad (7-75)$$

通常取 $\eta_2\eta_3 = 0.95 \sim 0.97$，则蜗杆传动的总效率为

$$\eta = (0.95 \sim 0.97)\frac{\tan\gamma}{\tan(\gamma + \rho_v)} \qquad (7-76)$$

式中　$\gamma$——蜗杆导程角；

$\rho_v$——当量摩擦角。

在初步估算中，可按所选 $z_1$ 估计取值：

闭式传动中，当 $z_1 = 1$ 时，$\eta = 0.7$；当 $z_1 = 2$ 时，$\eta = 0.8$；当 $z_1 = 4$ 时，$\eta = 0.9$；开式传动中，当 $z_1 = 1$ 或 2 时，$\eta = 0.65$。

#### 2. 蜗杆传动的热平衡计算

闭式蜗杆传动工作时产生大量的摩擦热，如果不及时散热，将导致润滑油温度过高，黏度下降，破坏传动的润滑条件，引起剧烈磨损，严重时发生胶合失效。故应进行热平衡计算，将润滑油的工作温度控制在许可范围内。

热平衡状态下,单位时间内的发热量和散热量相等,即

$$t_1 = \frac{1000P_1(1 - \eta)}{K_s A} + t_0 \leqslant [t_1] \tag{7-77}$$

式中  $P_1$——蜗杆轴传递的功率,单位为 kW;

$K_s$——箱体表面散热系数,单位为 W/(m² · ℃)。$K_s = 8.5 \sim 17.5$ W/(m² · ℃),环境通风良好时取大值;

$t_0$——周围空气的温度,通常取 $t_0 = 20$ ℃;

$t_1$——热平衡时的油温,$t_1 \leqslant 70 \sim 80$ ℃,一般限制在 65 ℃左右为宜;

$A$——箱体有效散热面积,单位为 m²。

如果润滑油的工作温度 $t_1$ 超过许用温度,可采用下列降温措施:

(1)增加散热面积。合理设计箱体结构,在箱体上铸出或焊接散热片。

(2)提高散热系数。在蜗杆轴上装风扇,强迫通风,如图 7-49(a)所示。

(3)加冷却装置。在箱体油池内装设蛇形冷却水管,如图 7-49(b)所示;或用压力喷油循环冷却,如图 7-49(c)所示。

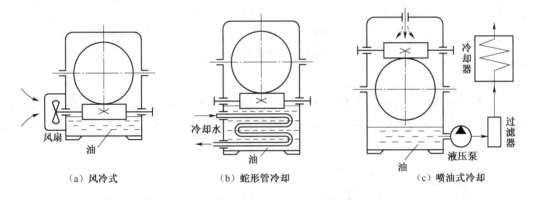

（a）风冷式　　　　　　（b）蛇形管冷却　　　　　　（c）喷油式冷却

图 7-49　蜗杆传动的散热措施示意图

## 7.12　齿轮、蜗杆和蜗轮的结构

### 7.12.1　齿轮

**1. 齿轮的结构**

1)齿轮轴

当圆柱齿轮的齿根圆至键槽底部的距离 $x \leqslant (2 \sim 2.5)m$,或当圆锥小端的齿根圆至键槽底部的距离 $x \leqslant (1.6 \sim 2)m$ 时,应将齿轮与轴制成一体,称为齿轮轴,如图 7-50 所示。

2)实体式齿轮结构

当齿顶圆直径 $d_a \leqslant 200$ mm 或高速运转要求低噪声时,可采用实心结构,如图 7-51 所示。实体式齿轮常用锻钢制造。

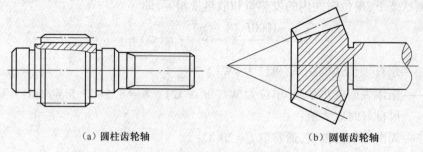

（a）圆柱齿轮轴　　　　　　　　（b）圆锯齿轮轴

图 7-50　齿轮结构及齿轮轴图

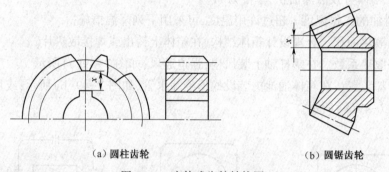

（a）圆柱齿轮　　　　　　　　　（b）圆锯齿轮

图 7-51　实体式齿轮结构图

3）腹板式齿轮

当齿轮的齿顶圆直径 $d_a = 200 \sim 500$ mm 时,可采用腹板式结构,如图 7-52 所示。腹板式结构可减轻重量、节约材料。腹板式齿轮一般多用锻钢制造,其各部分尺寸可根据经验公式确定。

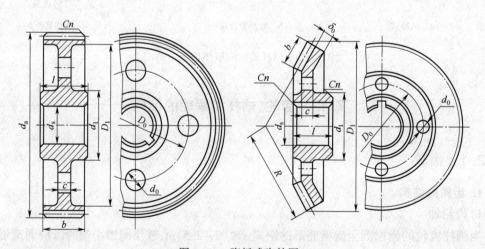

图 7-52　腹板式齿轮图

4）轮辐式齿轮

当齿轮的齿顶圆直径 $d_a > 500$ mm 时,可采用轮辐式结构,如图 7-53 所示。轮辐式齿轮多采用铸钢或铸铁制造,其各部分尺寸可根据经验公式确定。

**2. 齿轮传动的润滑**

1)润滑方式

开式齿轮传动的润滑方式较简单,一般采用人工定期加油润滑,即将润滑脂或润滑油定期刷在轮齿上即可;对重要的低速开式齿轮传动($v<1.5$ m/s),若条件允许,可采用油池润滑,即把一个齿轮的一部分浸入特制的油池中而得到的润滑。

闭式齿轮传动的润滑方式有浸油润滑和喷油润滑两种。一般根据齿轮的圆周速度确定采用哪一种方式。

(1)浸油润滑。当齿轮的圆周速度 $v\leqslant$

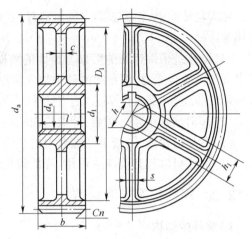

图7-53 轮辐式齿轮图

1.5 m/s 时,通常将大齿轮浸入油池中进行润滑,如图7-54(a)所示。齿轮浸入油中的深度至少为10 mm,转速低时可浸深一些,但浸入过深则会增大运动阻力并使油温升高。对于多级齿轮传动应尽量使各级传动的浸油深度大致相等,如果低速级与高速级齿轮的半径相差很大,可在高速级大齿轮下边装上带油轮,如图7-54(b)所示。

(2)喷油润滑。当齿轮的圆周速度 $v>12$ m/s 时,由于齿轮的圆周速度大,齿轮搅油剧烈,且黏附在齿廓面上的油易被甩掉,因此不宜采用浸油润滑,而应采用喷油润滑,如图7-55所示。

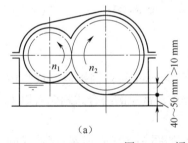

(a)

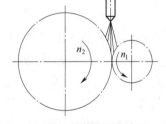

(b)

图7-54 浸油润滑示意图　　　　　　　图7-55 喷油润滑示意图

2)润滑剂的选择

工业齿轮油的工作条件差异很大,品种牌号多。在选择润滑油时,应先根据齿轮的工作条件以及圆周速度由表7-17查得运动黏度值,再根据选定的黏度确定润滑油的牌号。

表7-17 闭式齿轮传动润滑油黏度推荐值(40 ℃) （单位:mm²·s⁻¹）

| 齿轮材料 | 强度极限 $\sigma_b$/ MPa | 圆周速度 $v$/(m·s⁻¹) | | | | | | |
|---|---|---|---|---|---|---|---|---|
| | | <0.5 | 0.5~1 | 1~2.5 | 2.5~5 | 5~12.5 | 12.5~25 | >25 |
| 铸铁、青铜 | — | 350 | 220 | 150 | 100 | 80 | 55 | — |
| 钢 | 450~1 000 | 500 | 350 | 220 | 150 | 100 | 80 | 55 |
| | 1 000~1 250 | 500 | 500 | 350 | 220 | 150 | 100 | 80 |
| 渗碳或表面淬火钢 | 1 250~1 600 | 1 000 | 500 | 500 | 350 | 220 | 150 | 100 |

在齿轮传动中,轮齿表面上除节点外,其他各啮合点处均有相对滑动。所以,润滑的主要作用为:

(1)减小或消除齿面的磨损。齿面的磨损主要为磨粒磨损和黏着磨损(胶合)。为了增强润滑剂的抗胶合能力,常在润滑油中加入添加剂。润滑的抗磨粒磨损的能力主要取决于啮合表面形成油膜,只要油膜厚度大于磨粒尺寸,就可以起到防止或减轻磨粒磨损的作用。

(2)润滑油减小摩擦系数,降低齿面间的摩擦损失,提高传动效率。

(3)冷却齿轮传动,带走摩擦产生的热量,避免齿面烧伤或胶合。

(4)油膜可以起到缓冲的作用,降低齿轮传动振动、冲击和噪声。

### 7.12.2  蜗杆和涡轮的构造

#### 1. 蜗杆的结构

蜗杆一般与轴做成一体,称为蜗杆轴,如图 7-56 所示。按蜗杆螺旋部分加工方法的不同,蜗杆可分为车削蜗杆和铣制蜗杆。车制蜗杆时,螺旋部分要有退刀槽,因而削弱了蜗杆轴的刚度;铣制蜗杆时,可直接在轴上铣出螺旋部分,无退刀槽,因此蜗杆轴的刚度好。当蜗杆螺旋部分的直径较大时,可将蜗杆与轴分开制作。

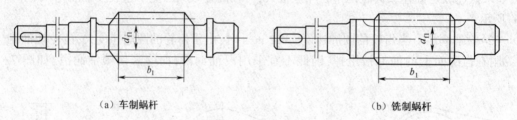

(a) 车制蜗杆　　　　　　　　　　　(b) 铣制蜗杆

图 7-56  蜗杆轴图

#### 2. 涡轮的结构

蜗轮可制成整体式或组合式。其中,铸铁蜗轮或直径小于 100 mm 的青铜蜗轮制成整体式,如图 7-57(a)所示。对于尺寸较大的蜗轮,大多数制成组合式。常见的组合式蜗轮有以下几种。

轮箍(齿圈)式蜗轮 ,如图 7-57(b)所示;螺栓连接式蜗轮,如图 7-57(c)所示;镶铸式蜗轮,如图 7-57(d)所示。

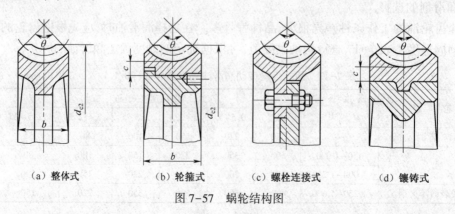

(a) 整体式　　　　　(b) 轮箍式　　　　　(c) 螺栓连接式　　　　　(d) 镶铸式

图 7-57  蜗轮结构图

**3. 蜗杆传动的润滑**

对蜗杆传动进行良好的润滑是十分重要的。充分润滑可以降低齿面的工作温度,减少磨损和避免胶合失效。蜗杆传动常采用黏度较大的矿物油进行润滑,为了提高其抗胶合能力,必要时可加入油性添加剂以提高油膜的刚度。

但青铜蜗轮不允许采用活性大的油性添加剂,以免被腐蚀。一般根据载荷类型和相对滑动速度的大小选用润滑油的黏度和润滑方法,见表 7-18。

表 7-18　蜗杆传动的润滑油黏度及润滑方法(荐用)

| 滑动速度 $v_s/(\mathrm{m \cdot s^{-1}})$ | <1 | <2.5 | <5 | >5~10 | >10~15 | >15~25 | >25 |
|---|---|---|---|---|---|---|---|
| 工作条件 | 重载 | 重载 | 中载 | — | — | — | — |
| 运动黏度 $V_{40℃}/(\mathrm{mm^2 \cdot s^{-1}})$ | 1 000 | 680 | 320 | 220 | 150 | 100 | 68 |
| 润滑方法 | 浸油润滑 | | | 浸油或喷油润滑 | 喷油润滑油压 $p/\mathrm{MPa}$ | | |
| | | | | | 0.07 | 0.2 | 0.3 |

当采用浸油润滑时,蜗杆尽量下置;当蜗杆的速度大于 4~5 m/s 时,为避免蜗杆的搅油损失过大,采用蜗杆上置的形式。

下置蜗杆传动,浸油深度应为蜗杆的一个齿高;蜗杆上置时,浸油深度约为蜗轮外径的 1/3。

## 实训十　测量并计算齿轮参数

**【任务】**

图 7-58 所示为一标准直齿圆柱齿轮,测定并计算该齿轮的基本参数,并按比例绘制齿轮零件图。

图 7-58　标准直齿圆柱齿轮图

**【任务实施】**

(1)将齿轮清洁。

(2)确定该齿轮齿数 $z$。

(3)用游标卡尺量取齿轮齿顶圆直径 $d_a$ 和齿根圆直径 $d_f$,以及齿轮宽度 $b$。

(4)计算齿轮基本参数。

(5)量取轴孔及键槽尺寸。

(6)按比例绘制齿轮零件图。

## 实训十一　齿轮的检测及修复

**【任务】**

如图 7-59 所示为一机器上的破损的标准直齿圆柱齿轮,为了使得机器能正常工作,需要重新制作同样型号的齿轮,但是由于图纸丢失,不知道该齿轮参数,试修复该齿轮。

图 7-59　破损的标准直齿圆柱齿轮图

**【任务实施】**

(1)清洁齿轮表面;

(2)确定齿轮齿数 $z$;

(3)用游标卡尺量取齿形较为完整的两齿之间的法向距离 $W$;

(4)计算出该齿轮的基圆齿厚;

(5)得到该齿轮的基本参数。

 **知识梳理与总结**

(1)渐开线的性质,渐开线齿廓啮合基本定律;

(2)渐开线齿廓啮合的特点:四线合一、传动比恒定、中心距可变、啮合角不变;

(3)渐开线齿轮正确啮合的条件 $\left.\begin{array}{l} m_1 = m_2 = m \\ \alpha_1 = \alpha_2 = \alpha \end{array}\right\}$ ;

(4)轮齿的切削加工方法、切齿干涉和最少齿数;

(5)变位齿轮的概念;

(6)齿轮的失效形式轮齿折断齿面疲劳点蚀、齿面胶合、齿面磨粒磨损、齿面塑性变形;

(7)齿轮的常用材料锻钢、铸钢和铸铁;

(8)齿轮的受力分析及强度计算(直齿圆柱齿轮、斜齿圆柱齿轮、锥齿轮、蜗轮蜗杆);

(9)蜗杆传动的特点；

(10)齿轮的结构及润滑。

## 同 步 练 习

**7-1 选择题**

(1)内啮合斜齿圆柱齿轮的正确啮合条件是_____。

A. $m_{n1} = m_{n2}$；$\alpha_{n1} = \alpha_{n2}$；$\beta_1 = -\beta_2$　　　B. $m_{n1} = m_{n2}$；$\alpha_{n1} = \alpha_{n2}$；$\Sigma = \delta_1 + \delta_2$

C. $m_{n1} = m_{n2}$；$\alpha_{n1} = \alpha_{n2}$；$\beta_1 = +\beta_2$

(2)渐开线齿轮的连续传动条件是_____。

A. $\varepsilon \geqslant 1$　　　　B. $\varepsilon < 1$　　　　C. $\alpha = 20°$　　　　D. $\Sigma = \delta_1 + \delta_2 = 90°$

(3)闭式软齿面齿轮传动的主要失效形式是齿面点蚀，其次是轮齿折断，故设计准则为_____。

A. 按接触疲劳强度设计，弯曲疲劳强度校核

B. 按弯曲疲劳强度设计，接触疲劳强度校核

C. 按弯曲疲劳强度设计，然后将计算出的模数增大 10%～20%

(4)一对齿轮啮合时，两齿轮的_____始终相切。

A. 分度圆　　　B. 基圆　　　C. 节圆　　　　D. 齿根圆

(5)渐开线齿轮的齿廓形状取决于(　　　)

A. 分度圆　　　B. 齿顶圆　　　C. 齿根圆　　　　D. 基圆

(6)齿轮传动中，轮齿齿面的疲劳点蚀经常发生在(　　　)

A. 齿根部分　　　　　　　B. 靠近节线处的齿根部分

C. 齿顶部分　　　　　　　D. 靠近节线处的齿顶部分

(7)蜗杆传动是(　　　)

A. 传动效率　　　B. 传动比

C. 啮合传动　　　D. 在中间平面内，蜗轮蜗杆啮合相当于斜齿轮直齿轮啮合

**7-2 判断题**

(1)齿轮传动的传动比恒定。　　　　　　　　　　　　　　　　　　　　( 　 )

(2)外齿轮上的齿顶圆压力角大于分度圆上的压力角。　　　　　　　　　( 　 )

(3)渐开线圆柱齿轮的齿根圆一定大于基圆。　　　　　　　　　　　　　( 　 )

(4)蜗杆机构中，蜗轮的转向取决于蜗杆的旋向和蜗杆的转向。　　　　　( 　 )

(5)闭式软齿面齿轮传动应按接触疲劳强度设计，弯曲疲劳强度校核。　　( 　 )

(6)基圆内无渐开线。　　　　　　　　　　　　　　　　　　　　　　　( 　 )

(7)考虑到轮齿热膨胀、润滑和安装的需要，设计齿轮时应在轮齿间留有一定的侧隙。

( 　 )

(8)蜗杆蜗轮传动，两者旋向相同。　　　　　　　　　　　　　　　　　( 　 )

(9)选择齿轮的结构形式(实心式、辐板式、轮辐式)和毛坯获得的方法(棒料车削，锻造、模压和铸造等)，与齿轮在轴上的位置有关。　　　　　　　　　　　　　( 　 )

（10）单个齿轮既有分度圆，又有节圆。                                    （    ）

**7-3    填空题**

（1）齿数为 $z$，螺旋角为 $\beta$ 的斜齿圆柱齿轮的当量齿数 $z_v = $ _____。

（2）直齿圆柱齿轮做接触强度计算时，取____处的接触应力为计算依据，其载荷由____对齿轮承担。

（3）为使两对直齿圆柱齿轮能正确啮合，它们的____和____必须分别相等。

（4）两齿数不等的一对齿轮传动，其弯曲应力____等；两轮硬度不等，其许用弯曲应力____等。

（5）当齿轮的模数相等时，齿数越多，分度圆直径就越_____，齿廓渐开线就越_____，齿根也就越_____。

（6）斜齿圆柱齿轮的重合度_____直齿圆柱齿轮的重合度，所以斜齿轮传动平稳，承载能力_____，可用于高速重载的场合。

（7）蜗杆传动的中间平面是指：通过_____轴线并垂直于_____轴线的平面。

**7-4    简答题**

（1）齿轮传动的特点有哪些？

（2）渐开线齿廓啮合的特点有哪些？

（3）齿轮传动的设计准则有哪些？

（4）齿轮传动的常用材料有哪些？

（5）齿轮传动正确啮合的条件。

（6）齿轮油哪几种润滑方式？

（7）蜗杆传动的类型及特点。

**7-5    设计题**

（1）已知一对正确安装的标准渐开线正常齿轮的 $\alpha = 20°$，$m = 4$ mm，传动比 $i_{12} = 3$，中心距 $a = 144$ mm。试求两齿轮的齿数、分度圆半径、齿顶圆半径、齿根圆半径、基圆半径。

（2）已知在某一级蜗杆传动中，蜗杆为主动轮，转动方向如图 7-60 所示，蜗轮的螺旋线方向为左旋。试将两轮的轴向力 $F_{a1}$、$F_{a2}$，圆周力 $F_{t1}$、$F_{t2}$，蜗杆的螺旋线方向和蜗轮的转动方向标在图 7-60 中。

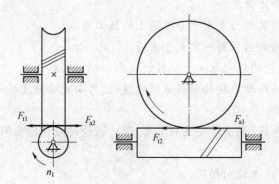

图 7-60    题 7-5（2）图

# 第8章 轮 系

## 本章知识导读

**【知识目标】**

1. 理解定轴轮系和行星轮系的基本概念；
2. 熟练掌握定轴轮系转动比的计算；
3. 掌握周转轮系传动比的计算；
4. 掌握混合轮系传动比的计算；
5. 理解轮系的应用。

**【能力目标】**

1. 能够计算定轴轮系、周转轮系的传动比；
2. 深入认识轮系在机械传动中的作用和地位。

**【重点、难点】**

1. 转动比的计算；
2. 行星轮系传动比的计算；
3. 复合轮系传动比的计算。

在现代机械中，为了满足不同的工作要求，仅用一对齿轮传动或蜗杆传动往往是不够的，通常需要采用一系列相互啮合的齿轮（包括蜗杆传动）组成的传动系统将主动轴的运动传给从动轴。这种由一系列齿轮组成的传动系统成为轮系。

## 8.1 轮系的类型

根据齿轮系运转时齿轮的轴线位置相对于机架是否固定，可将齿轮系分为两大类：定轴轮系和周转轮系。

在轮系中，主动轴与从动轴的角速度之比或转速之比，称为轮系的传动比。

$$i_{主从} = \frac{\omega_主}{\omega_从} = \frac{n_主}{n_从}$$

### 8.1.1 定轴轮系

定轴轮系是指当轮系运转时，组成轮系的所有齿轮的几何轴线的位置相对机架都是固定不动的轮系。其中，由轴线相互平行的圆柱齿轮组成的定轴轮系，称为平面定轴轮系，如图 8-1(a)所示；包含有锥齿轮或蜗杆传动等在内的定轴轮系，称为空间定轴轮系，如图 8-1(b)所示。

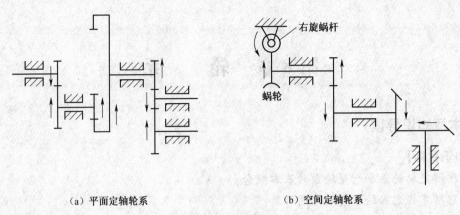

（a）平面定轴轮系　　　　　　　　　（b）空间定轴轮系

图 8-1　定轴轮系图

### 8.1.2　周转轮系

周转轮系是指当轮系运转时,至少有一个齿轮的轴线是绕另一个齿轮轴线转动的轮系,如图 8-2(a)所示。

图 8-2(b)所示的周转轮系具有两个自由度,这种具有两个自由度的周转轮系称为差动轮系。如果将差动轮系中的一个中心轮固定,则整个轮系的自由度为一,这种自由度为一的周转轮系称为行星轮系。

在工程实际中,轮系中既有定轴轮系又有周转轮系或由几个周转轮系组成,我们将这种轮系称为混合轮系或复合轮系,如图 8-2(c)所示 。

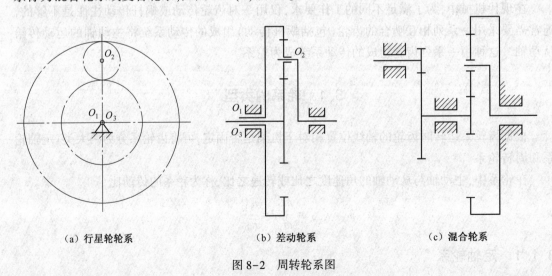

（a）行星轮轮系　　　　　　（b）差动轮系　　　　　　（c）混合轮系

图 8-2　周转轮系图

## 8.2　定轴轮系及其传动比

如果齿轮系运转时所有齿轮的轴线保持固定,称为定轴轮系,定轴轮系又分为平面定轴轮系和空间定轴轮系两种。

设轮系中首齿轮的角速度为 $\omega_a$，末齿轮的角速度 $\omega_b$，$\omega_a$ 与 $\omega_b$ 的比值用 $i_{ab}$ 表示，即 $i_{ab} = \omega_a / \omega_b$，则 $i_{ab}$ 称为轮系的传动比。

### 8.2.1　平面定轴轮系传动比的计算

如图 8-3 所示的平面定轴轮系，设齿轮 1 为首齿轮，齿轮 5 为末齿轮，该齿轮的传动比 $i_{15}$ 可由各对齿轮的传动比求出，其方法如下。

一对齿轮的传动比大小为其齿数的反比。若考虑转向关系，外啮合时，两轮转向相反，传动比取"-"号；内啮合时，两轮转向相同，传动比取"+"号；则该齿轮系中各对齿轮的传动比为

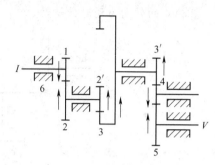

图 8-3　平面定轴轮系图

$$i_{12} = \frac{\omega_1}{\omega_2} = -\frac{z_2}{z_1}, \; i_{2'3} = \frac{\omega_2}{\omega_3} = \frac{z_3}{z_2'}, \; i_{3'4} = \frac{\omega_3'}{\omega_4} = -\frac{z_4}{z_3}, \; i_{45} = \frac{\omega_4}{\omega_5} = -\frac{z_5}{z_4}$$

式中，$\omega_2 = \omega_2'$，$\omega_3 = \omega_3'$。将以上各式两边连乘可得：

$$i_{12} i_{2'3} i_{3'4} i_{45} = \frac{\omega_1 \omega_2' \omega_3' \omega_4}{\omega_2 \omega_3 \omega_4 \omega_5} = (-1)^3 \frac{z_2 z_3 z_4 z_5}{z_1 z_2' z_3' z_4} \tag{8-1}$$

$$i_{15} = \frac{\omega_1}{\omega_5} = i_{12} i_{2'3} i_{3'4} i_{45} = (-1)^3 \frac{z_2 z_3 z_5}{z_1 z_2' z_3'} \tag{8-2}$$

在图 8-3 所示的齿轮系中，齿轮 4 同时与齿轮 3′ 和末齿轮 5 啮合，其齿数可在上述计算式中消去，即齿轮 4 不影响齿轮系传动比的大小，只起到改变转向的作用，这种齿轮称为惰轮。

上述结论可推广到平面定轴轮系的一般情形。设 1 和 N 分别代表平面定轴轮系的首轮和末轮的标号，$m$ 为齿轮系中从轮 1 到轮 N 间的外啮合齿轮的对数，则平面定轴轮系传动比的计算公式为

$$i_{1N} = \frac{\omega_1}{\omega_N} = (-1)^m \frac{\text{各对齿轮从动轮齿数的连乘积}}{\text{各对齿轮主动轮齿数的连乘积}} \tag{8-3}$$

首末两齿轮转向可用 $(-1)^m$ 来判别，当 $i_{1N}$ 为负号时，说明首、末齿轮转向相反；当 $i_{1N}$ 为正号时则转向相同。

### 8.2.2　空间定轴轮系传动比的计算

空间定轴轮系传动比的大小仍可用平面定轴轮系传动比的计算公式计算，但由于空间定轴轮系包含有圆锥齿轮和蜗杆等使得各轮的轴线不平行，故只能用画箭头的方式确定传动比的符号。

**例 8-1**　图 8-4 所示的轮系中，已知 $z_1 = 16$，$z_2 = 32$，$z_2' = 20$，$z_3 = 40$，$z_3' = 2$，$z_4 = 40$，均为标准齿轮传动。已知轮 1 的转速 $n_1 = 1\,450$ r/min，试求轮 4 的转速及转向。

**解**：①分析传动关系。

$$1 \to 2 = 2' \to 3 = 3' \to 4$$

②计算传动比。

$$i = \frac{n_1}{n_4} = \frac{z_2 z_3 z_4}{z_1 z_{2'} z_{3'}} = \frac{32 \times 40 \times 40}{16 \times 20 \times 2} = 80$$

$$n_4 = n_1 / i = 1\ 450 / 80 = 18.\ 125\ \text{r/min}$$

③轮4的转向为逆时针转动。

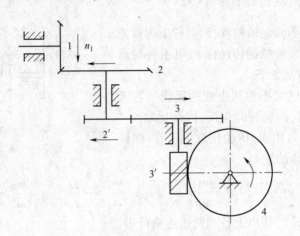

图 8-4　空间定轴轮系图

## 8.3　周转轮系及其传动比

**1. 周转轮系概述**

1) 行星轮系的组成

如图 8-5(a) 所示,齿轮2既绕自身轴线自转又随构件 $H$ 绕另一固定轴线公转。齿轮2称为行星轮,构件 $H$ 称为行星架。轴线固定的齿轮 1、3 则称为中心轮或太阳轮。

2) 转化机构法

现假想给整个行星齿轮系加一个与行星架的角速度大小相等、方向相反的公共角速度 $-\omega H$,则行星架 $H$ 变为静止,而各构件间的相对运动关系不变化。齿轮 1、2、3 则成为绕定轴转动的齿轮,原行星齿轮系便转化为假想的定轴齿轮系,如图 8-5(b) 所示。

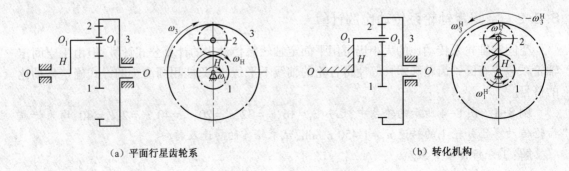

　　(a) 平面行星齿轮系　　　　　　　　　　　　　(b) 转化机构

图 8-5　行星齿轮系图

该假想的定轴齿轮系称为原行星轮系的转化机构。转化机构中,各构件的转速见表 8-1。

**表 8-1 转化构件转速关系**

| 构 件 | 行星齿轮系中的转速 | 转化齿轮系中的转速 |
|---|---|---|
| 太阳轮 1 | $\omega_1$ | $\omega_1^H = \omega_1 - \omega_H$ |
| 行星轮 2 | $\omega_2$ | $\omega_2^H = \omega_2 - \omega_H$ |
| 太阳轮 3 | $\omega_3$ | $\omega_3^H = \omega_3 - \omega_H$ |
| 行星架 $H$ | $\omega_H$ | $\omega_H^H = \omega_H - \omega_H = 0$ |

**2. 平面周转轮系传动比的计算**

图 8-6 所示为一周转轮系,假设已知各轮和行星架的绝对转速分别为 $n_1$、$n_2$、$n_3$ 和 $n_H$,都是逆时针方向。由相对原理可知,将周转轮系中每个构件都加上公共转速($-n_H$)以后,行星架 $H$ 的转速为 $n_H - n_H = 0$,即行星架 $H$ 变为静止不动,周转轮系就转化成了定轴轮系。该定轴轮系即为转化机构,此时便可以使用定轴轮系的传动比计算公式(8-3)来计算平面周转轮系的传动比。

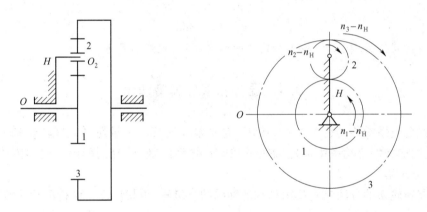

图 8-6 周转轮系图

既然周转轮系的转化机构是定轴轮系,那么:

$$i_{13}^H = \frac{n_1^H}{n_3^H} = \frac{n_1 - n_H}{n_3 - n_H} = -\frac{z_3}{z_1}$$

现将上式推广到平面周转轮系的一般情形。若轮系中任意两轮 $A$、$K$ 的转速分别为 $n_A$、$n_K$,则两轮在转化机构中的传动比

$$i_{AK}^H = \frac{n_A - n_H}{n_K - n_H} = (-1)^m \frac{\text{所有从动轮齿数的乘积}}{\text{所有主动轮齿数的乘积}} \tag{8-4}$$

**3. 空间周转轮系传动比的计算**

当空间周转轮系中两轮 $A$、$K$ 和行星架 $H$ 的轴线相互平行时,其转化机构的传动比仍可应用式(8-4)计算,但其方向不能用 $(-1)^m$ 来确定,而应假想当行星架不动时,由轮 $A$ 与轮 $K$ 的相对转向来确定,即根据转化机构中轮 $A$ 与轮 $K$ 的相对转向来确定。若转向相同时,则取正号;转向相反时,则取负号。

**例8-2** 图8-7所示为一空间差动轮系,已知$z_1 = z_3 = 80, z_2 = 50, n_1 = 50$ r/min$, n_3 = 30$ r/min。求$n_H$。

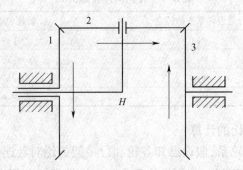

图8-7 空间差动轮系图

**解**:分析传动关系:

$$1 \rightarrow 2 = 2' \rightarrow 3$$

传动比计算公式:

$$i_{13}^{H} = \frac{n_1^{H}}{n_3^{H}} = \frac{n_1 - n_H}{n_3 - n_H} = -\frac{z_3}{z_1} = -1$$

带入求解:

$$n_H = 40 \text{ r/min}$$

假想当行星架$H$静止时,轮1和轮3的转向相反,故应取负号。

## 8.4 混合轮系及其传动比

求解混合轮系的传动比时,不能将整个轮系单纯地按求定轴轮系或周转轮系传动比的方法来计算,而应将混合轮系中的定轴轮系和周转轮系区别开,分别列出它们的传动比计算公式,最后联立求解。

划分周转轮系的方法是先找出具有动轴线的行星轮,再找出支持该行星轮的转臂,最后确定与行星轮直接啮合的一个或几个太阳轮。每一个周转轮系中,都应有太阳轮、行星轮和转臂,而且太阳轮的几何轴线与转臂的轴线是重合的。在划出周转轮系后,剩下的就是一个或多个定轴轮系。

**例8-3** 图8-8所示混合轮系,已知$z_1 = 24, z_2 = 48, z_2' = 30,$
$z_3 = 90, z_3' = 20, z_4 = 30, z_5 = 80$。求传动比$i_{1H}$。

**解**:该混合轮系由两个基本轮系组成。其中,轮1、2、2′、3、行星架$H$组成周转轮系;轮3′、4、5组成定轴轮系。且$\omega_H = \omega_5$,
$\omega_3 = \omega_3'$。

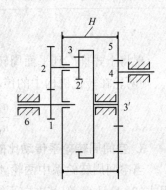

图8-8 混合轮系图

对于定轴齿轮系

$$i_{3'5} = \frac{\omega_{3'}}{\omega_5} = -\frac{z_5}{z_{3'}} = -\frac{80}{20} = -4 \qquad ①$$

对于周转轮系

$$i_{13}^{H} = \frac{\omega_1 - \omega_H}{\omega_3 - \omega_H} = (-1)^1 \frac{z_2 z_3}{z_1 z_2'} = -\frac{48 \times 90}{24 \times 30} = -6 \qquad ②$$

联式①、式②,得

$$i_{1H} = \frac{\omega_1}{\omega_H} = 31 \qquad ③$$

$i_{1H}$ 为正值,说明齿轮 1 与系杆 $H$ 转向相同。

## 8.5 轮系的应用

### 8.5.1 实现分路传动

利用轮系可使一个主动轴带动若干从动轴同时转动,将运动从不同的传动路线传递给执行机构的特点可实现机构的分路传动。

图 8-9 所示为滚齿机上滚刀与轮坯之间作展成运动的传动简图。滚齿加工要求滚刀的转速 $n_刀$ 与轮坯的转速 $n_坯$ 需满足不同的传动比关系。主动轴 $I$ 通过锥齿轮 1 经齿轮 2 将运动传给滚刀;同时主动轴又通过直齿轮 3 经齿轮 4—5、6、7—8 传至蜗轮 9,带动被加工的轮坯转动,以满足滚刀与轮坯的传动比要求。

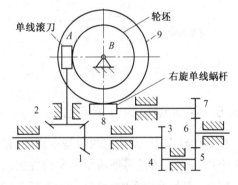

图 8-9 分路传动的轮系图

### 8.5.2 获得大的传动比

若想要用一对齿轮获得较大的传动比,则必然有一个齿轮要做得很大,这样会使机构的体积增大,同时小齿轮也容易损坏。如果采用多对齿轮组成的齿轮系则可以很容易就获得较大的传动比。只要适当选择齿轮系中各对啮合齿轮的齿数,即可得到所要求的传动比。在行星齿轮系中,用较少的齿轮即可获得很大的传动比。如图 8-10 所示行星齿轮减速器,若减速器参数:$z_1 = 100$,$z_2 = 101$,$z_2' = 100$,$z_3 = 99$ 时,其传动比 $i_{H1}$ 可达 10 000 。

传动比公式

$$i_{13}^H = \frac{n_1 - n_H}{n_3 - n_H} = \frac{z_2 z_3}{z_1 z_2'}$$

代入已知数据

$$\frac{n_1 - n_H}{0 - n_H} = \frac{101 \times 99}{100 \times 100}$$

解得 $i_{1H} = \dfrac{1}{10\ 000}$ 或 $i_{H1} = 10\ 000$

(说明齿轮 1 与行星架 $H$ 转向相同)

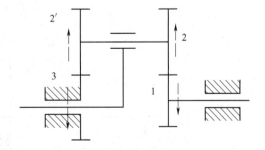

图 8-10 为行星齿轮减速器图

### 8.5.3 实现换向传动

在主动轴转向不变的情况下,利用惰轮可以改变从动轴的转向。如图 8-11 所示车床上走刀丝杆的三星轮换向机构,扳动手柄可实现两种传动方案。

### 8.5.4 实现变速传动

在主动轴转速不变的情况下,利用轮系可使从动轴获得多种工作转速。如图 8-12 所示的汽车变速箱,可使输出轴得到 4 个挡位的转速。一般机床、起重机等设备上也需要这种变速传动。

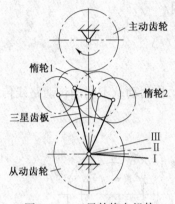

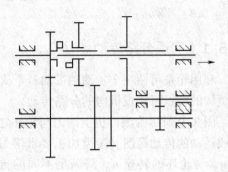

图 8-11　三星轮换向机构　　　　　　　　图 8-12　变速传动图

### 8.5.5 实现运动的分解与合成

在差动轮系中,当给定两个基本构件的运动后,第三个构件的运动是确定的。换而言之,第三个构件的运动是另外两个基本构件运动的合成。

同理,在差动轮系中,当给定一个基本构件的运动后,可根据附加条件按所需比例将该运动分解成另外两个基本构件的运动,实现运动的分解。

轮系的这种性能在汽车后桥、机床以及其他机械中都得到了广泛的应用。如图 8-13 所示的轮系就是一个典型的差动轮系。在汽车转弯时它可将发动机传到齿轮 5 的运动以不同的速度分别传递给左右两个车轮,以维持车轮与地面间的纯滚动,避免车轮与地面间的滑动摩擦导致车轮过度磨损。

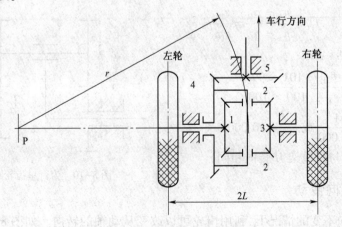

图 8-13　汽车后桥差速器图

若输入转速为 $n_5$ ,两车轮外径相等,轮距为 $2L$ ,两轮转速分别为 $n_1$ 和 $n_3$ , $r$ 为汽车行驶半径。当汽车绕图 8-13 所示 $P$ 点向左转弯时,两轮行驶的距离不相等,其转速比:

$$\frac{n_1}{n_3} = \frac{r - L}{r + L}$$

差速器中齿轮 4、5 组成定轴轮系,行星架 $H$ 与齿轮 4 固联在一起,1-2-3-$H$ 组成差动齿轮系。对于差动齿轮系 1-2-3-$H$ ,因 $z_1 = z_2 = z_3$ ,有

$$i_{13}^H = \frac{n_1 - n_H}{n_3 - n_H} = -\frac{z_3}{z_1} = -1 \qquad ①$$

$$n_H = \frac{n_1 + n_3}{2} \qquad ②$$

即

$$n_4 = n_H = \frac{n_1 + n_3}{2} \qquad ③$$

联立式②、式③求得:

$$n_1 = \frac{r - L}{r} n_4 , \quad n_3 = \frac{r + L}{r} n_4$$

若汽车直线行驶,因 $n_1 = n_3$ 所以行星齿轮没有自转运动,此时齿轮 1、2、3 和 4 相当于一刚体作同速运动,即 $n_1 = n_3 = n_4 = n_5/i_{54} = n_5 z_5/z_4$ 。

由此可知,差动齿轮系可将一输入转速分解为两个输出转速。

## 实训十二　多级齿轮传动比计算

**【任务】**

图 8-14 所示为一汽车变速器齿轮箱实物图,实训中参考图 8-14 选择变速器实物,试绘制出其传动简图,并计算传动比。

图 8-14　汽车变速器齿轮箱实物图

**【任务实施】**

(1)观察其运动过程,确定齿轮啮合情况;

(2)分级绘制其运动简图,并标出齿轮代号;

(3)确定各齿轮齿数;

(4)计算传动比。

 **知识梳理与总结**

(1)轮系是由定轴轮系和周转轮系组成的,是机械传动的重要组成部分。

(2)定轴轮系传动比的公式: $i_{1N} = \dfrac{\omega_1}{\omega_N} = (-1)^m \dfrac{\text{各对齿轮从动轮齿数的连乘积}}{\text{各对齿轮主动轮齿数的连乘积}}$

(3)行星轮系应通过转化机构法计算传动比;

(4)轮系应用:实现分路传动、获得较大传动比、实现变速和换向传动、用于运动的合成和分解。

<hr />

## 同 步 练 习

**8-1 判断题**

(1)轮系是一系列齿轮所组成的传动系统。 ( )

(2)自由度等于 1 的周转轮系是行星轮系,大于 1 的是差动轮系。 ( )

**8-2 简答题**

(1)轮系分为哪两种基本类型? 它们主要区别是什么?

(2)行星轮系由哪几个基本构件组成? 它们各做何种运动?

(3)何谓行星轮系的转化轮系? 引入转化轮系的目的何在?

**8-3 设计题**

在图 8-15 所示的轮系中已知 $n_1 = 900$ r/min, $z_1 = 2$, $z_2 = 60$, $z_{2'} = 20$, $z_3 = 24$, $z_{3'} = 20$, $z_4 = 24$, $z_{4'} = 30$, $z_5 = 35$, $z_{5'} = 28$, $z_6 = 135$,求 $n_6$ 的大小和方向。

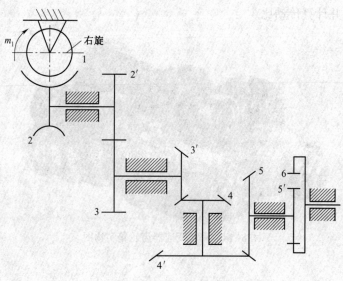

图 8-15 题 8-3(1)图

# 第 9 章　轴和轴毂连接

📖 本章知识导读

【知识目标】

1. 掌握轴的分类,区别各种轴种类;

2. 初步掌握根据轴上的零件设计轴的结构;

3. 了解轴的常用材料及热处理;

4. 掌握轴的强度计算;

5. 了解轴毂连接的形式;

6. 掌握普通平键连接;

7. 了解花键连接和销连接。

【能力目标】

1. 能正确描述轴的功能和类型;

2. 能够设计轴的结构;

3. 能够对轴进行强度计算;

4. 能够正确选用平键连接。

【重点、难点】

1. 轴的结构设计和强度计算;

2. 平键连接的选用与强度(承载能力)计算;

3. 普通平键连接。

轴主要用于支承转动的带毂零件(如齿轮、带轮等)并传递运动和动力,同时它又被滑动轴承或滚动轴承所支承。轴是机械传动中必不可少的重要零件之一。

轴与轴上零件(如齿轮、带轮等)的连接称为轴毂连接,其功能主要是实现轴上零件的周向固定并传递转矩,有些还能实现轴向固定或轴向滑移。轴毂连接的形式很多,如键连接、花键连接、销连接、过盈连接和型面连接等。

## 9.1　轴的类型和材料

### 9.1.1　轴的类型

根据轴线形状的不同,轴可分为直轴(图 9-1)、曲轴(图 9-2)和挠性钢丝软轴(简称挠性轴,图 9-3)。曲轴主要用于做往复运动的机械中。挠性钢丝软轴由几层紧贴在一起的钢丝层构成[图 9-3(a)],可以把转矩和旋转运动灵活地传到任何位置[图 9-3(b)],常用于振捣器等设备中。直轴应用最为广泛,根据外形又可分为直径无变化的光轴[图 9-1(a)]和直径有变化的阶梯轴[图9-1(b)]。光轴形状简单、加工方便,但轴上零件不易定位和装配;阶梯轴与光轴正好相反。直轴通常都制成实心的,但有时由于结构上的需要或为了提高轴的刚度、减小轴的质量,则将其制成空心的[图9-1(c)]。

根据承载情况的不同,轴可分为转轴、心轴和传动轴3类。转轴既传递转矩又承受弯矩,在各类机器中最为常见;传动轴只传递转矩而不承受弯矩或承受很小弯矩,如汽车的传动轴;心轴则只承受弯矩而不传递转矩。心轴又可分为固定心轴(如自行车的前轴)和转动心轴(如火车车辆的轮轴)。

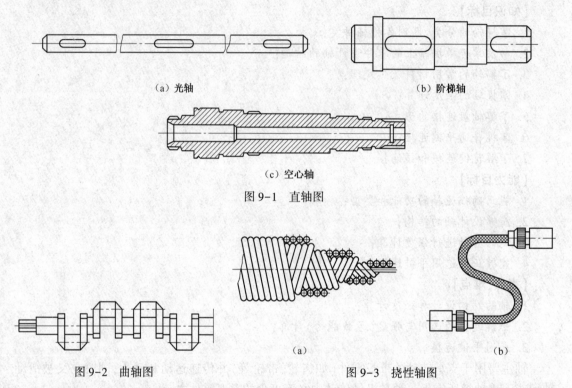

（a）光轴　　　　　　　　　　　　（b）阶梯轴

（c）空心轴

图9-1　直轴图

（a）

（b）

图9-2　曲轴图　　　　　　　　　　　图9-3　挠性轴图

（1）转轴:既承受弯矩又传递转矩的轴称为转轴,如图9-4所示。如汽车变速箱中的轴、齿轮减速器中的轴等。

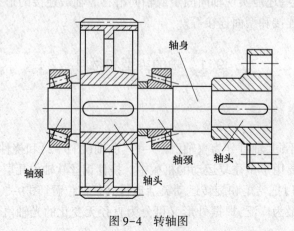

图9-4　转轴图

轴主要由轴颈、轴头、轴身三部分组成。轴上被支承的部位称为轴颈;与齿轮、联轴器等配合的部位称为轴头,外伸的轴头又称轴伸;连接轴颈和轴头的部分称为轴身。轴上截面尺寸变化的部位称为轴肩或轴环,用于轴上零件的轴向定位与固定。

(2)传动轴:主要传递转矩,不承受弯矩或承受很小弯矩的轴称为传动轴,如汽车变速箱与驱动桥(后桥)之间的传动轴,如图 9-5 所示。

(3)心轴:只承受弯矩而不传递转矩的轴称为心轴。心轴又分为转动心轴和固定心轴两种,如图 9-6 所示。转动心轴在剖面上受变应力作用,固定心轴在剖面上受静应力作用。

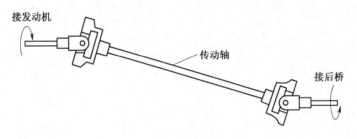

图 9-5　传动轴图

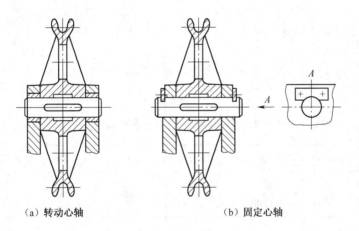

(a)转动心轴　　　　　　　　　(b)固定心轴

图 9-6　心轴图

轴在机器中的功用可概括为两个方面:①支承轴上零件并使其具有确定的位置;②传递运动和动力。如图 9-4 中所示的转轴,其上支承着齿轮、套筒、联轴器(安装于轴伸处,图中未示出)等零件,轴本身又靠一对轴承支承,各零件间有确定的相对位置。运动和动力由齿轮输入,经联轴器传递给下一级装置(一般为工作机)的输入轴。

## 9.1.2　轴的材料及其选择

轴的常用材料是碳素钢和合金钢。

碳素钢比合金钢价格低廉,对应力集中的敏感性低,可通过热处理改善其综合性能,加工工艺性好,故应用最广,一般用途的轴,多用含碳量为 0.25~0.5% 的优质碳素钢,尤其是 45 号钢。对于不重要或受力较小的轴也可用 Q235、Q275 等碳素结构钢。

合金钢具有比碳素钢更好的机械性能和淬火性能,但对应力集中比较敏感,且价格较贵,多用于对强度和耐磨性有特殊要求的轴。如 20Cr、20CrMnTi 等低碳合金钢,经渗碳淬火处理后可提高耐磨性;20CrMoV、38CrMoAl 等合金钢,有良好的高温机械性能,常用于在高温、高速和重载条件下工作的轴。

轴的常用材料及部分机械性能见表 9-1。

表 9-1　轴的常用材料及部分机械性能

| 材料牌号 | 热处理方法 | 毛坯直径 $d$/mm | 硬度 /HBS | 抗拉强度极限 $\sigma_b$/MPa | 屈服极限 $\sigma_s$/MPa | 弯曲疲劳极限 $\sigma_{-1}$/MPa | 应用说明 |
|---|---|---|---|---|---|---|---|
| Q235A | — | — | — | 440 | 240 | 200 | 用于不重要或受载荷不大的轴 |
| Q275 | — | — | 190 | 520 | 280 | 220 | 用于不很重要的轴 |
| 35 | 正火 | — | 143~187 | 520 | 270 | 250 | 用于一般轴 |
| 45 | 正火 | ≤100 | 170~217 | 600 | 300 | 275 | 用于较重要的轴,应用最为广泛 |
| | 调质 | ≤200 | 217~255 | 650 | 360 | 300 | |
| 40Cr | 调质 | ≤100 | 241~286 | 750 | 550 | 350 | 用于载荷较大而无很大冲击的轴 |
| 35SiMn 40SiMn | 调质 | ≤100 | 229~286 | 800 | 520 | 400 | 性能接近于 40Cr,用于中、小型轴 |
| 40MnB | 调质 | ≤200 | 241~286 | 750 | 500 | 335 | 性能接近于 40Cr,用于重要的轴 |
| 35CrMo | 调质 | ≤100 | 207~269 | 750 | 550 | 390 | 用于重载荷的轴 |
| 20Cr | 渗碳淬火回火 | ≤60 | 渗碳 56~62 HRC | 650 | 400 | 280 | 用于要求强度、韧度及耐磨性较好的轴 |
| QT600-3 | | | 190~270 | 600 | 370 | 215 | 用于制造外形复杂的轴 |

选择轴的材料和热处理方法,主要根据轴的受力、转速、重要性等对轴的强度和耐磨性提出的要求。研究表明,钢材的种类和热处理措施对其弹性模量影响甚小,如欲采用合金钢代替碳素钢或通过热处理来提高轴的刚度,收效甚微。轴的刚度主要取决于轴的剖面尺寸,可通过适当增加轴的截面面积来提高轴的刚度。此外,合金钢对应力集中敏感性较强,价格也较高,选材时也应考虑。

## 9.2　轴的结构设计

轴的结构设计就是在满足强度和刚度要求的基础上,综合考虑轴上零件的装拆、定位、固定以及加工工艺等要求,以确定轴的合理结构形状和尺寸的过程。由于须考虑的因素很多,轴的结构设计具有较大的灵活性和多样性;但轴的结构设计原则上都应满足如下要求:①轴和轴上零件要有准确、牢固的工作位置;②轴上零件装拆、调整方便;③轴应具有良好的制造工艺性等;④尽量避免应力集中

### 9.2.1　轴的设计方法

现在轴的主流设计方法有两种,分别为:类比法与设计计算法。

**1. 类比法**

根据轴的工作条件,选择与其相似的轴进行类比及结构设计,画出轴的零件图。

**2. 设计计算法**

开始设计轴时,通常还不知道轴上零件的位置及支点情况,无法确定轴的受力情况,只有待轴的结构设计基本完成后,才能对轴进行受力分析及强度计算。因此,一般在进行轴的结构设计前先按纯扭转受力情况对轴的直径进行估算。然后进行轴的结构设计后,再按弯扭合成的理论进行轴危险截面的强度校核。

设计轴的一般步骤为:

(1)选材;

(2)按扭转强度估算轴的最小直径;

(3)设计轴的结构,绘出轴的结构草图;确定轴上零件的位置和固定方法;确定各轴段直径、长度。

(4)按弯扭合成进行轴的强度校核。

一般应选 2~3 个危险截面进行校核。若危险截面强度不够,则必须重新修改轴的结构。

### 9.2.2　轴的结构设计

轴的结构设计就是要确定轴的合理外形和结构,以及包括各轴段长度、直径及其他细小尺寸在内的全部结构尺寸。

轴的结构设计时,一般已知装配简图、轴的转速、传递的功率及传动零件的类型和尺寸等。下面以阶梯轴为例(图 9-7),说明轴的结构设计中要解决的几个主要问题。

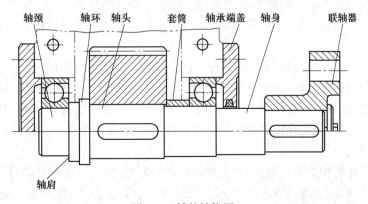

图 9-7　轴的结构图

**1. 轴上零件布置和装配**

轴上零件布置得合理与否,直接关系到轴的外形、结构、尺寸及受力状况,影响其强度的高低甚至材料的选择,必须足够重视。

拟定轴上零件的装配方案是进行轴的结构设计的前提。装配方案是指轴上零件的装配方向、顺序和相互关系。轴上零件可从轴的左端、右端或从轴的两端依次装配。由于受轴上零件的布置、定位和固定方式以及装配工艺等多种因素的影响,装配方案不止一种,应通过对比分析,择优选取。图9-7所示阶梯轴,其直径自中间轴环向两端逐渐减小。具体装配过程是:首先将平键装在轴上,再从右端依次装入齿轮、套筒、右轴承,从左端装入左轴承,然后将轴置于减速器箱体的轴承孔中,装上左、右轴承端盖,再装上平键,最后从右端安装半联轴器。

**2. 轴上零件的定位**

1)零件的轴向定位

a. 轴肩和轴环

轴肩和轴环定位方式简单可靠,能承受较大的轴向力,广泛应用于阶梯轴上零件的固定。轴肩由定位面和过渡圆角组成。为了保证轴上零件的端面能紧靠定位面,轴肩的过渡圆角半径 $r$ 必须小于与之配合处零件的外圆角半径 $R$ 或倒角 $C$,轴肩的高度一般取 $h = R(C) + (0.5 \sim 2)$。其中,$d$ 为与零件配合处轴的直径,轴环宽度 $b \approx 1.4h$,如图9-8所示。

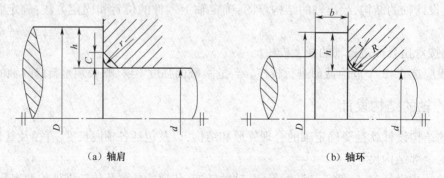

（a）轴肩　　　　　　　　　　　（b）轴环

图9-8　轴肩和轴环定位图

轴肩和轴环定位方式结构简单,定位可靠,能承受较大轴向力。广泛应用于各种轴上零件的定位。该方法会使轴径增大,阶梯处形成应力集中,且阶梯过多将不利于加工。

b. 套筒

套筒常用于两个相对距离较小的零件之间,主要起轴向定位作用,其两个端面均为定位面。由于套筒与轴的配合较松,故不宜用于转速很高的轴上。此外,为了使轴上零件定位可靠,应使配合的轴段长度比零件毂短2~3 mm。例如,图9-9中套筒对齿轮起固定作用,同时对轴承起定位作用,且与齿轮轮毂配合的轴段长度小于轮毂宽度。

c. 轴用圆螺母

当轴上两零件的相对距离较大,且允许在轴上切制螺纹时,可通过圆螺母和止动垫圈压紧零件端面的方式来定位,如图9-10所示。圆螺母定位装拆方便,但轴上需切制螺纹和退刀槽,对轴的强度有所削弱。

轴用圆螺母固定方式固定可靠,装拆方便,可承受较大轴向力,能实现轴上零件的间隙调整。常用于轴上两零件间距较大处及轴端零件处。

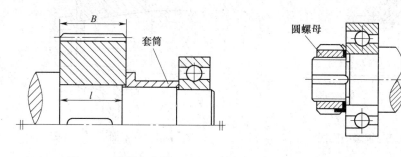

图 9-9　套筒定位图　　　　　　　　　　图 9-10　圆螺母定位图

d. 轴端挡圈

当轴上零件位于轴端时,可用轴端挡圈和轴肩对零件进行双向固定,挡圈用螺钉紧固在轴端并压紧被定位零件的端面,如图 9-11 所示。该方法简单可靠、拆装方便,但需在轴端加工螺纹。

轴端挡圈固定方式工作可靠,结构简单,能承受较大轴向力,应用广泛,只用于固定轴端零件。

e. 弹性挡圈

如图 9-12 所示,弹性挡圈结构简单,装配时需在轴上切出环形槽,然后将该挡圈放入环形槽中,利用它的侧面压紧被定位零件的端面。这种定位方式工艺性好,装拆方便,但轴上切槽将引起应力集中,对轴的强度削弱大,此方式常用于轴承的固定。

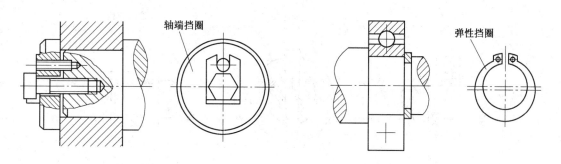

图 9-11　轴端挡圈定位图　　　　　　　　图 9-12　弹性挡圈定位图

f. 锁紧挡圈、紧定螺钉或销

如图 9-13 所示,圆锥销和紧定螺钉定位时需要在轴上加工孔结构,对轴的强度有所削弱,常用于轴向力较小的场合。

g. 圆锥面(挡圈、螺母)

圆锥面固定方式如图 9-14 所示,此固定方式装拆方便,能消除轴与轮毂间的径向间隙,可兼做周向固定。适用于冲击载荷和对中性要求较高的场合,常用于轴端零件的固定,与轴端挡圈联合使用,实现零件的双向固定。

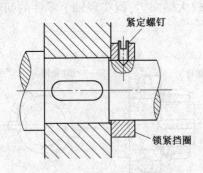

图 9-13　紧定螺钉与锁紧挡圈图

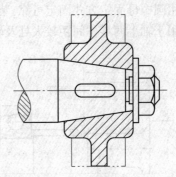

图 9-14　圆锥面固定方式图

2) 零件的周向定位

为了传递运动和转矩,轴上零件与轴必须有可靠的周向固定。图 9-7 中,轴上齿轮用平键做周向固定;联轴器用平键做周向固定;滚动轴承内圈靠它与轴之间的过盈配合来实现周向固定。如图 9-15 所示,常用轴上零件周向固定的方法有键连接、花键连接、型面连接、销连接、弹性环连接、过盈连接等。紧定螺钉也可用作周向固定,但只用在传力不大之处。

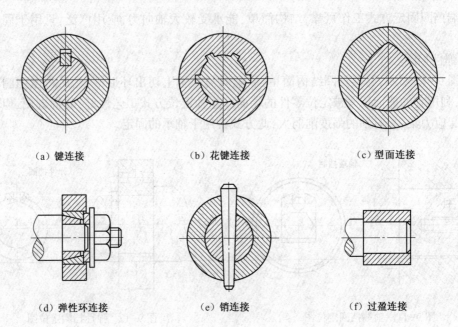

（a）键连接　　　　　　　（b）花键连接　　　　　　　（c）型面连接

（d）弹性环连接　　　　　（e）销连接　　　　　　　　（f）过盈连接

图 9-15　轴上零件的周向固定方法图

### 3. 轴的结构工艺性

轴的结构工艺性是指轴的结构应便于加工、装配、拆卸、测量和维修等,并且生产率高、成本低。一般地说,轴的结构越简单,工艺性越好。所以,在满足使用要求的前提下,轴的结构应尽可能简化。设计时应注意以下几方面问题:

（1）轴的直径变化应尽可能少,应尽量限制轴的最大直径及各轴段间的直径差,这样既能简化结构、节省材料,又可减少切削量。

（2）各轴段的轴端应制成 45° 的倒角(尺寸尽可能相同)。需要切制螺纹的轴段应留有螺纹退刀槽[图 9-16(a)];需要磨削加工的轴段应留有砂轮越程槽[图 9-16(b)]。螺纹退刀槽和砂轮越程槽的具体尺寸可参看标准和手册。

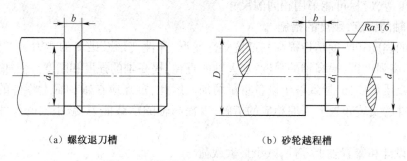

（a）螺纹退刀槽　　　　　　　　　　（b）砂轮越程槽

图 9-16　螺纹退刀槽和砂轮越程槽图

（3）与传动零件过盈配合的轴段，可设置 10° 的导锥（图 9-17），图中 $b \geqslant 0.01d+2$ mm。

（4）为便于拆卸轴承，其定位轴肩应低于轴承内圈高度（图 9-7）。如果轴肩高度无法降低，则应在轴上开槽，以便于放入拆卸器的钩头，如图 9-18 所示。

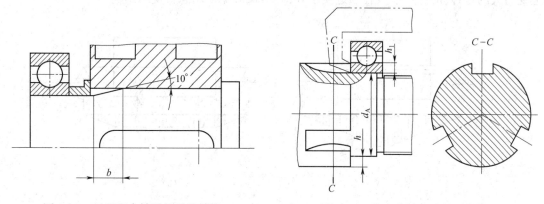

图 9-17　过盈配合轴段的导锥结构　　　　　图 9-18　高定位轴肩处的开槽结构

（5）不同轴段上的键槽应布置在轴的同一条母线上（图 9-19），以避免多次装夹。

（6）轴的两端常设有中心孔，以保证成品轴各轴段的同轴度和尺寸精度。中心孔分不带护锥的 A 型中心孔、带护锥的 B 型中心孔及带螺纹的 C 型中心孔 3 类，具体结构尺寸可参看标准和手册。

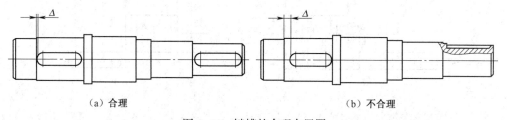

（a）合理　　　　　　　　　　　　（b）不合理

图 9-19　键槽的合理布置图

（7）为了减小应力集中，常在轴的截面尺寸变化处采用过渡圆角（半径 $r$），但要注意与轴上零件孔端圆角(半径 $R$)或倒角(高 $C$)间的协调,$r$、$R$、$C$ 的具体尺寸应查手册。此外,为了减少加工刀具的种类和提高生产率,轴上直径相近之处的圆角、倒角、键槽宽度、砂轮越程槽和螺纹退刀槽宽度等,应尽可能采用相同的尺寸。

**4. 提高轴的强度、刚度的措施**

提高轴的强度和刚度是指提高其抵抗塑性变形、弹性变形及破坏的能力。工程上常规的办法是:改用高强度钢,提高轴的强度;加大轴的直径,提高轴的强度和刚度。但加大直径使零件尺寸增大及质量增加,导致整个设备重量增加。因此,重点应在轴和轴上零件的结构、工艺以及轴上零件的安装布置上采取相应的措施,以提高轴的承载能力,减小轴的尺寸和质量,降低制造成本。

1)合理设计和布置轴上零件,减小最大载荷

合理设计和布置轴上零件,能减小轴上最大载荷。例如图 9-20(a)中卷筒的轮毂很长,轴上最大弯矩较大。如把轮毂设计成两段[图 9-20(b)],不仅可以减小轴的最大弯矩,而且还能得到良好的轴孔配合。又如图 9-21(a)中的输入轮设置在轴的一端,轴上最大扭矩为 $T_1$。如把输入轮设置在轮 2 与轮 3 之间[图 9-21(b)],则轴所受的最大扭矩降低了 $T_2$。此外,轴上受力大的零件,应尽可能放在靠近支承处,并尽量避免采用悬臂支承结构。

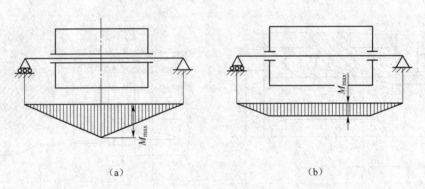

图 9-20 轴与卷筒连接结构的合理设计图

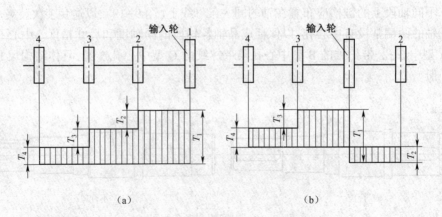

图 9-21 轴上输入轮的合理布置图

2)改进轴的结构,减少应力集中

　　轴上截面尺寸、形状的突变处会产生应力集中。当轴受变应力作用时,该截面处易发生疲劳破坏。为了提高轴的疲劳强度,应尽量减少应力集中源和降低应力集中的程度,为此,可采用如下措施:

　　(1)采用较大的过渡圆角,尽量避免截面尺寸和形状的突变。对于定位轴肩,必须保证轴上零件定位的可靠性,这使得过渡圆角半径受到限制,此时可采用内凹圆角[图9-22(a)]或加装隔离环[图9-22(b)]。

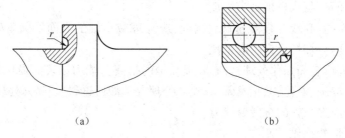

（a）　　　　　　　　　　　　　　　（b）

图9-22　轴肩过渡结构

　　(2)过盈配合的轴段,可采用图9-23所示措施。图9-23(a)为轮毂上开减载槽,此方法可使应力集中系数 $k_\sigma$ 大约减小 15% ~ 25% ;图9-23(b)为轴上开减载槽,可使 $k_\sigma$ 大约减小40% ;图9-23(c)为增大配合处直径,可使 $k_\sigma$ 大约减小 30% ~ 40% 。值得注意的是,配合的过盈量越大,引起的应力集中就越严重,因此,设计中应合理地选择轮毂与轴的配合。

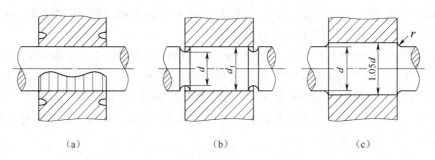

（a）　　　　　　　　　　（b）　　　　　　　　　　（c）

图9-23　降低轴毂过盈配合处应力集中的措施示意图

$$d_1 = (1.06~1.08)d, r > (0.1~0.2)d$$

　　3)采用力平衡或局部相互抵消的办法,减小轴的载荷

　　例如同一轴上的两个斜齿轮或蜗杆、蜗轮,只要正确设计轮齿的螺旋方向,可使轴向力相互抵消一部分。单独一对斜齿轮传动,必要时可用人字齿轮传动代替,使轴向力内部抵消。又如行星轮减速器,可以对称布置行星轮,使太阳轮轴只受转矩不受弯矩。

　　4)改变支点位置,提高轴的强度和刚度

　　锥齿轮传动中,通常小齿轮悬臂布置[图9-24(a)]。若改为简支结构[图9-24(b)],则不仅可提高轴的强度和刚度,还可以改善锥齿轮的啮合状况[但从结构设计来讲,不及图9-24(a)简便,故一般不被采用]。此外,一对角接触向心轴承支承的轴,零件悬臂布置时采用轴承"反装"结构,可减小悬臂长度;零件简支布置时采用轴承"正装"结构,可缩短支承跨度。这些都有利于提高轴的强度和刚度。

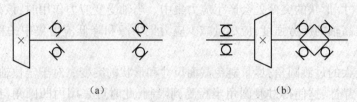

（a）　　　　　　　　　（b）

图 9-24　小锥齿轮轴承支承方案简图

5）改善表面质量，提高轴的疲劳强度

轴的表面越粗糙，其疲劳强度越低。因此，应合理减小轴的表面及圆角处的加工粗糙度值。当轴为高强度材料时，更应引起重视。

对配合轴段进行表面强化处理，可有效提高轴的抗疲劳能力。表面强化处理的方法有表面高频淬火，表面渗碳、氮化、氰化及碾压、喷丸处理等。如通过碾压、喷丸处理，可使轴的表层产生预压应力，从而提高轴的抗疲劳能力。

6）采用空心轴，提高轴的刚度

采用空心轴对提高轴的刚度、减小轴的质量具有显著的作用。由计算知，内外径之比为0.6 的空心轴与质量相同的实心轴相比，截面系数可增大 70%。

## 9.3　轴 的 计 算

教材中讲的强度计算方法，都能用于既受弯矩又受扭矩的轴，但处理问题的方法不同，计算精度不同，分别适用于不同的设计阶段或情况。

只受扭矩的轴和受弯矩不大又不重要的轴，可只用扭转强度计算。重要的轴需要用扭转强度初步估算轴受扭矩段的最小直径，然后进行轴的结构细部设计，接着用安全系数求出各危险剖面的应力和安全系数。对于安全系数偏小的危险剖面，需局部修改后重作计算直至满足要求为止。一般的轴可按弯扭合成强度计算，不进行安全系数校核。安全系数法比较科学和严密，应作为最基本的方法来学习。

### 9.3.1　轴的扭转强度计算

在轴的结构设计前，其长度、跨距、支反力及其作用点的位置等都未知，尚无法确定轴上弯矩的大小和分布情况，因此也无法按弯扭组合强度来确定转轴上各轴段的直径。为此应先按扭转强度条件估算转轴上仅受转矩作用的轴段的直径——轴的最小直径 $d_{0\min}$，然后才能通过结构设计确定各轴段的直径。

由材料力学可知，轴的扭转强度条件为

$$\tau = \frac{T}{W_P} \approx \frac{9.55 \times 10^6 \dfrac{P}{n}}{0.2d^3} \leqslant [\tau] \tag{9-1}$$

式中　$\tau$——轴的扭转切应力，单位为 MPa；

　　　$T$——轴传递的转矩，单位为 N·mm；

　　　$P$——轴传递的功率，单位为 kW；

$n$——轴的转速,单位为 r/min;

$W_P$——轴的抗扭截面系数,单位为 $mm^3$;

$[\tau]$——许用扭转切应力,单位为 MPa,查机械设计手册。

由此推得实心圆轴的最小直径 $d_{min}$

$$d \geqslant \sqrt[3]{\frac{T}{0.2[\tau]}} = \sqrt[3]{\frac{9.55 \times 10^6 P}{0.2[\tau]}} = C\sqrt[3]{\frac{P}{n}} = d_{min} \tag{9-2}$$

常用材料的 $[\tau]$ 值、$C$ 值取决于轴的材料和受载情况,查表 9-2。

当轴段上开有键槽时,应适当增大直径以考虑键槽对轴强度的削弱,$d > 100$ mm 时,单键槽增大 3%,双键槽增大 7%;$d \leqslant 100$ mm 时,单键槽增大 5% ~ 7%,双键槽增大 10% ~ 15%,最后应对 $d$ 进行圆整。

表 9-2　轴常用材料的 $[\tau]$ 及 $C$ 值

| 轴的材料 | Q235A,20 | Q275,35 | 45 | 40Cr,35SiMn,38SiMnMo |
|---|---|---|---|---|
| $[\tau]$/ MPa | 15 ~ 25 | 20 ~ 35 | 25 ~ 45 | 35 ~ 55 |
| $C$ | 149 ~ 126 | 135 ~ 112 | 126 ~ 103 | 112 ~ 97 |

注:在下述情况时,$[\tau]$ 取较大值,$C$ 取较小值:轴所受弯矩较小或只受转矩、载荷较平稳、无轴向载荷或只有较小的轴向载荷、减速器的低速轴、轴只作单向旋转;反之,$[\tau]$ 取较小值,$C$ 取较大值。

## 9.3.2　轴的弯扭合成强度计算

对于既承受弯矩 $M$ 又传递转矩 $T$ 的转轴,可根据弯矩和转矩的合成强度来进行轴危险截面的强度校核。进行强度计算时,我们通常把轴当作置于铰链支座上的梁,作用于轴上零件的力作为集中力,其作用点取零件轮毂宽度的中点,其具体的计算步骤如下:

(1)画出轴的空间力系图。将轴上作用力分别分解为水平面分力和垂直面分力,并求出水平面和垂直面上的支反力。

(2)分别做出水平面上的弯矩($M_H$)图和垂直面上的弯矩($M_V$)图。

(3)计算合成弯矩 $M = \sqrt{M_H^2 + M_V^2}$,绘出当量弯矩图。

(4)计算转矩 $T$,绘制转矩图。

(5)计算当量弯矩 $M_e = \sqrt{M^2 + (\alpha T)^2}$,绘出当量弯矩图。

式中　$\alpha$——考虑弯曲应力与扭转切应力循环特性的不同而引入的修正系数。

通常弯曲应力为对称循环变化应力,而扭转切应力随工作情况的变化而变化。对于不变转矩取 $\alpha = [\sigma_{-1b}]/[\sigma_{+1b}] \approx 0.3$;对于脉动循环转矩取 $\alpha = [\sigma_{-1b}]/[\sigma_{+1b}] \approx 0.6$;对于对称循环转矩 $\alpha = 1$。其中 $[\sigma_{-1b}]$、$[\sigma_{0b}]$、$[\sigma_{+1b}]$ 分别称为对称循环、脉动循环及静应力状态下的许用弯曲应力(表 9-3 轴的许用弯曲应力)。

(6)校核危险截面的强度。根据合成弯矩图确定危险截面,并进行轴的强度校核,其公式为

$$\sigma_e = \frac{M_e}{W} = \frac{\sqrt{M^2 + (\alpha T)^2}}{0.1d^3} \leqslant [\sigma_{-1b}] \tag{9-3}$$

式中 $W$ ——轴的抗弯截面系数,单位为 $mm^3$;

$M$、$T$、$M_e$ ——依次为所受的弯矩、扭矩和当量弯矩,单位均为 $N·mm$;

$\sigma_e$ ——当量弯曲应力,单位为 MPa;

$\alpha$ ——按转矩性质而定的应力校正系数,即将转矩 $T$ 转化为相当于弯矩的系数。

表 9-3  轴的许用弯曲应力

| 材 料 | $\sigma_b$ | $[\sigma_{+1b}]$ | $[\sigma_{0b}]$ | $[\sigma_{-1b}]$ |
|---|---|---|---|---|
| 碳 素 钢 | 400 | 130 | 70 | 40 |
| | 500 | 170 | 75 | 45 |
| | 600 | 200 | 95 | 55 |
| | 700 | 230 | 110 | 65 |
| 合 金 钢 | 800 | 270 | 130 | 75 |
| | 900 | 300 | 140 | 80 |
| | 1 000 | 330 | 150 | 90 |
| 铸 钢 | 400 | 100 | 50 | 30 |
| | 500 | 120 | 70 | 40 |

式(9-3)可改写成计算轴的直径公式:

$$d \geqslant \sqrt[3]{\frac{M_e}{0.1[\sigma_{-1b}]}} \qquad (9-4)$$

对于有键槽的危险截面,单键时应将轴径加大 5%,双键时应加大 10%。

### 9.3.3  轴的刚度计算

轴的刚度是指轴抵抗弹性变形的能力。轴在载荷的作用下会产生弹性变形,若刚度不足、变形过大,将影响轴或轴上零件(乃至整个机器)的正常工作。例如装有齿轮的轴,若刚度不足将导致齿面上载荷分布严重不均,影响齿轮的正确啮合;机床主轴的刚度不足将导致机床的加工精度降低,等等。因此,对于有刚度要求的轴,必须进行刚度校核。

轴的刚度有弯曲刚度和扭转刚度两种。弯曲刚度用轴的挠度 $y$ 或偏转角 $\theta$ 来度量;扭转刚度用轴的扭转角 $\phi$ 来度量。$y$、$\theta$、$\phi$ 的计算方法见材料力学或设计手册。不同的机器对轴的刚度要求不同,其许用变形量 $[y]$、$[\theta]$、$[\phi]$ 也就不同,设计时可查有关手册。

轴的弯曲刚度校核计算公式为

$$y \leqslant [y] \qquad (9-5)$$

或

$$\theta \leqslant [\theta] \qquad (9-6)$$

轴的扭转刚度校核计算公式为

$$\phi \leqslant [\phi] \qquad (9-7)$$

### 9.3.4  典型范例与答题技巧

**例 9-1**  两级展开式斜齿圆柱齿轮减速器的中间轴如图 9-25(a)所示,尺寸和结构如例图 9-25(b)所示,已知中间轴转速 $n_2 = 180$ r/min,传递功率 $P = 5.5$ kW,有关的齿轮参数为:

齿轮 2, $m_n = 3$ mm, $\alpha_n = 20°$, $z_2 = 112$, $\beta_2 = 10°44'$, 右旋。图 9-25(b) 中 A、D 为角接触轴承的载荷作用中心。齿轮 3, $m_n = 4$ mm, $\alpha_n = 20°$, $z_3 = 23$, $\beta_3 = 9°22'$, 右旋, 要求:

若轴的材料为 45 钢(正火), 试按弯扭合成理论验算截面 I 和截面 II 的强度。如果轴的材料改用 30CrMnTi 钢(HBS≥270), 试按许用弯曲应力确定截面 I-I 和截面 II-II 的轴径。

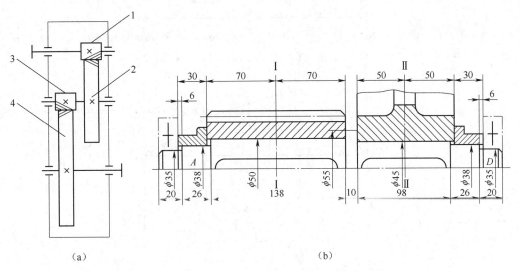

（a）　　　　　　　　　　　　（b）

图 9-25　两级展开式斜齿圆柱齿轮减速器的中间轴图

**解**:①计算齿轮受力。

$$T = 9.55 \times 10^6 \frac{P}{n} = 9.55 \times 10^6 \times \frac{5.5}{180} = 291\,800 \text{ N} \cdot \text{mm} = 291.8 \text{ kN} \cdot \text{m}$$

$$d_2 = \frac{m_n z_2}{\cos \beta_2} = \frac{3 \times 112}{\cos 10°44'} = 341.99 \text{ mm}$$

$$d_3 = \frac{m_n z_3}{\cos \beta_3} = \frac{4 \times 23}{\cos 9°22'} = 93.24 \text{ mm}$$

$$F_{t3} = \frac{2T}{d_3} = \frac{2 \times 291\,800}{93.24} = 6\,259 \text{ N}$$

$$F_{r2} = F_{t2} \frac{\tan \alpha_n}{\cos \beta_2} = 1\,706.5 \times \frac{\tan 20°}{\cos 10°44'} = 632 \text{ N}$$

$$F_{r3} = F_{t3} \frac{\tan \alpha_n}{\cos \beta_3} = 6\,259 \times \frac{\tan 20°}{\cos 9°22'} = 2\,309 \text{ N}$$

$$F_{a2} = F_{t2} \tan \beta_2 = 1\,706.5 \times \tan 10°44' = 323.5 \text{ N}$$

$$F_{a3} = F_{t3} \tan \beta_3 = 6\,259 \times \tan 9°22' = 1\,032 \text{ N}$$

②轴的空间受力简图[图 9-26(a)]。

③垂直面(XZ 平面)受力图、弯矩 $M_V$ 图[图 9-26(b)]。

$$R_{VA} = \frac{F_{t3} \cdot BD + F_{t2} \cdot CD}{AD} = \frac{6\,259 \times 210 + 1\,706 \times 80}{310} = 4\,680 \text{ N}$$

$$R_{VD} = F_{t3} + F_{t2} - R_{VA} = 6\,259 + 1\,706 - 4\,680 = 3\,285 \text{ N}$$

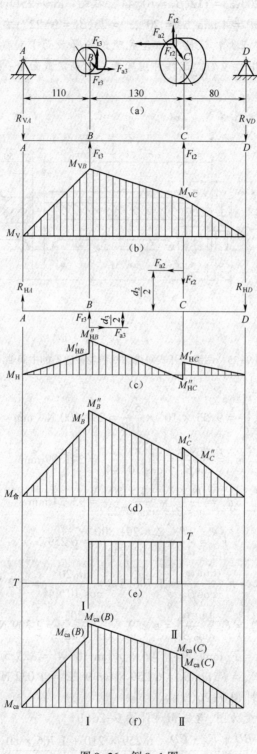

图 9-26 例 9-1 图

$$M_{VB} = R_{VA} \cdot AB = 4\ 680 \times 100 = 468\ 000\ \text{N} \cdot \text{mm} = 468\ \text{N} \cdot \text{m}$$

$$M_{VC} = R_{VD} \cdot CD = 3\ 285 \times 80 = 262\ 800\ \text{N} \cdot \text{mm} = 262.8\ \text{N} \cdot \text{m}$$

④水平面($XY$ 平面)受力图、弯矩 $M_H$ 图[图 9-26(c)]。

$$R_{HD} = \frac{F_{r3} \cdot AB - F_{r2} \cdot AC + F_{a2} \cdot \dfrac{d_2}{2} + F_{a3} \cdot \dfrac{d_3}{2}}{AD} =$$

$$\frac{2\ 390 \times 100 - 632 \times 230 + 323.5 \times \dfrac{341.99}{2} + 1\ 032 \times \dfrac{93.24}{2}}{310} = 610\ \text{N}$$

$$R_{HA} = \frac{F_{r3} \cdot BD - F_{r2} \cdot CD + F_{a2} \cdot \dfrac{d_2}{2} + F_{a3} \cdot \dfrac{d_3}{2}}{AD} =$$

$$\frac{2\ 390 \times 210 - 632 \times 80 + 323.5 \times \dfrac{341.99}{2} + 1\ 032 \times \dfrac{93.24}{2}}{310} = 1\ 067\ \text{N}$$

⑤合成弯矩图[图 9-26(d)]。

$$M_B' = \sqrt{M_{VB}^2 + M_{HB}'^2} = \sqrt{468^2 + 106.7^2} = 480\ \text{N} \cdot \text{m}$$

$$M_B'' = \sqrt{M_{VB}^2 + M_{HB}''^2} = \sqrt{468^2 + 154.8^2} = 493\ \text{N} \cdot \text{m}$$

$$M_C' = \sqrt{M_{VC}^2 + M_{HC}'^2} = \sqrt{262.8^2 + 48.8^2} = 267.3\ \text{N} \cdot \text{m}$$

$$M_C'' = \sqrt{M_{VC}^2 + M_{HC}''^2} = \sqrt{262.8^2 + (-6.52)^2} = 262.9\ \text{N} \cdot \text{m}$$

⑥扭矩图[图 9-26(e)]。

$$T = 291.8\ \text{N} \cdot \text{mm}$$

⑦当量弯矩图[图 9-26(f)]。

扭矩为脉动循环，$\alpha = \dfrac{[\sigma]_{-1b}}{[\sigma]_{0b}}$，轴材料选用 45 钢正火，HBS $\geqslant$ 200，$\sigma_B = 560$ MPa，且 $[\sigma]_{-1b} = 51$ MPa，$[\sigma]_{0b} = 87$ MPa。

$$\alpha = \frac{[\sigma]_{-1b}}{[\sigma]_{0b}} = \frac{51}{87} = 0.586$$

$$M_{ca}'(B) = M_B' = 480\ \text{N} \cdot \text{mm}(T = 0)$$

$$M_{ca}''(B) = \sqrt{(M_B'')^2 + (\alpha T)^2} = \sqrt{493^2 + (0.586 \times 291.8)^2} = 521.8\ \text{N} \cdot \text{m}$$

$$M_{ca}'(C) = M_C' = 267.3\ \text{N} \cdot \text{m}(T = 0)$$

$$M_{ca}''(C) = \sqrt{(M_C'')^2 + (\alpha T)^2} = \sqrt{262.9^2 + (0.586 \times 291.8)^2} = 313.6\ \text{N} \cdot \text{m}$$

⑧校核截面 I - I 、II - II [图 9-26(f)]。

a. 轴材料用 45 钢正火，$\sigma_B = 560$ MPa，$[\sigma]_{-1b} = 51$ MPa

i. 截面 I - I ($B$ 截面)。由 $d = 50$ mm 可得，$W_B = 10\ 750$ mm³

$$\sigma(B) = \frac{M_{ca}''(B)}{W_B} = \frac{521\ 800}{10\ 750} = 48.5\ \text{MPa} < [\sigma]_{-1b}$$

ii. 截面 Ⅱ-Ⅱ(C 截面)。由 $d = 45$ mm 可得 $W_C = 7\,610$ mm$^3$

$$\sigma(C) = \frac{M''_{ca}(C)}{W_C} = \frac{313\,600}{7\,610} = 41.2 \text{ MPa} < [\sigma]_{-1b}$$

结论:强度安全。

b. 轴的材料改用 30CrMnTi 钢

它的 HBS $\geqslant$ 270,$\sigma_B = 950$ MPa,$[\sigma]_{-1b} = 86$ MPa,$[\sigma]_{0b} = 145$ MPa

$$\alpha = \frac{[\sigma]_{-1b}}{[\sigma]_{0b}} = \frac{86}{145} = 0.593$$

i. 截面 Ⅰ-Ⅰ(B 截面)

$$M''_{ca}(B) = \sqrt{493^2 + (0.593 \times 291.8)^2} = 522.5 \text{ N} \cdot \text{m}$$

$$d_B \geqslant \sqrt[3]{\frac{M''_{ca}(B)}{0.1[\sigma]_{-1b}}} = \sqrt[3]{\frac{5\,222\,500}{0.1 \times 86}} = 39.3 \text{ mm}$$

考虑键槽的影响,将计算结果增加 5%,取 $d_B = 42$ mm。

ii. 截面 Ⅱ-Ⅱ(C 截面)

$$M''_{ca}(C) = \sqrt{262.9^2 + (0.593 \times 291.8)^2} = 314.7 \text{ N} \cdot \text{m}$$

$$d_C \geqslant \sqrt[3]{\frac{M''_{ca}(C)}{0.1[\sigma]_{-1b}}} = \sqrt[3]{\frac{314\,700}{0.1 \times 86}} = 33.2 \text{ mm}$$

考虑键槽的影响,将计算结果增加 5%,取 $d_C = 35$ mm。

**例 9-2** 有一汽车传动轴,传递最大功率为 51.48 kW(70 马力),转速 $n = 400$ r/min。传动轴采用空心轴:轴外径 $d = 70$ mm,轴内径 $d_0 = 55$ mm,轴材料的 $[\tau]_T = 30$ MPa。求:

①按许用扭应力校核空心轴的强度。

②若材料不变,采用实心轴其直径为多少?

③比较同样长度时,采用空心轴和采用实心轴重量相差多少?

**解:**①已知功率 $P = 51.48$ kW,若是空心轴的,则

$$W'_T = \frac{\pi}{16}d^3\left[1 - \left(\frac{d_0}{d}\right)^4\right] = \frac{\pi}{16} \times 70^3 \times \left[1 - \left(\frac{55}{70}\right)^4\right] = 41\,680 \text{ mm}^3$$

$$\tau = \frac{T}{W'_T} = \frac{9.55 \times 10^6 \dfrac{P}{n}}{41\,680} = \frac{9.55 \times 10^6 \times \dfrac{51.48}{400}}{41680} = 29.49 \text{ MPa}$$

②若用实心轴,则

$$d \geqslant \sqrt[3]{\frac{9\,550\,000P}{0.2[\tau]_T n}} = \sqrt[3]{\frac{9\,550\,000 \times 51.47}{0.2 \times 30 \times 400}} = 58.9 \text{ mm}$$

取实心轴直径为 60 mm。

③比较实心轴与空心轴质量。

a. 实心轴质量 = 相对密度 × 体积 = $\gamma \cdot \dfrac{\pi}{4}d^2L = \dfrac{\gamma\pi L}{4} \times 60^2 = 3\,600\dfrac{\gamma\pi L}{4}$

b. 空心轴质量 = $\gamma \cdot \dfrac{\pi}{4}(d^2 - d_0^2)L = \dfrac{\gamma\pi L}{4}(70^2 - 55^2) = 1\,875\dfrac{\gamma\pi L}{4}$

因为质量比 $= \dfrac{3\,600}{1\,875} = 1.92$，所以同样长度的实心轴，其质量是空心轴的 1.92 倍。

## 9.4 轴 毂 连 接

常用的轴毂连接有键连接、花键连接等。轴毂连接主要是用来实现轴和轮毂之间的周向固定并用来传递运动和扭矩。

### 9.4.1 键连接

键连接是应用最多的轴毂连接方式，它结构简单、拆装方便、工作可靠。键连接设计的主要内容是：①选择类型；②确定尺寸；③强度校核。

**1. 键连接的类型、功用、结构及应用**

键连接分平键连接、半圆键连接、楔键连接和切向键连接等 4 类。

1）平键连接

图 9-27(a)所示为普通平键连接的结构简图。平键的两侧面是工作面，工作时靠键与键槽侧面间的挤压来传递转矩。键的上表面与轮毂槽底之间留有间隙，因此，平键连接定心性较好、结构简单、装拆方便，应用最为广泛。但平键连接不能承受轴向力，对轴上零件不能起到轴向固定的作用。

普通平键按端部形状分圆头[A 型，图 9-27(b)]、方头[B 型，图 9-27(c)]和单圆头[C型，图 9-27(d)]3 种形式，键和键槽的结构尺寸及配合公差查标准或手册。圆头平键的键槽用指状键槽铣刀[图 9-28(a)]加工，键在键槽中固定性好，但轴上键槽端部的应力集中较大，且键的头部侧面与轮毂上的键槽并不接触，圆头部分不能充分利用。方头平键的键槽用盘形铣刀[图 9-28(b)]加工，轴的应力集中较小，但对于尺寸大的键，需用紧定螺钉将其固定在轴上键槽中，以防松动。单圆头平键常用于轴端与轮毂类零件的连接。

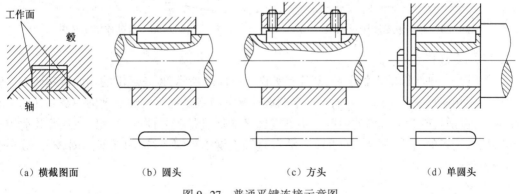

（a）横截图面　　（b）圆头　　　（c）方头　　　　（d）单圆头

图 9-27　普通平键连接示意图

当被连接的轮毂类零件在工作过程中需要在轴上作轴向滑移而构成移动副时（如变速箱中的滑移齿轮），可采用导向平键（图 9-29）或滑键（图 9-30）。导向平键较普通平键长，分圆头（A 型）、方头（B 型）两种。为防止键体在键槽中松动，用两个紧定螺钉将其与轴固连在一起。为了拆卸方便,键上制有起键螺孔,以便拧入螺钉使键退出键槽。当轴上零件沿轴向滑移的距离较大时,导向平键的长度过长,制造困难,此时宜采用滑键。滑键固定在轮毂上,随轮毂在轴上键槽中作轴向滑移。

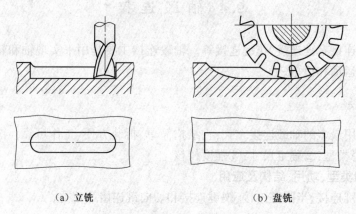

(a) 立铣        (b) 盘铣

图 9-28 键槽加工形式示意图

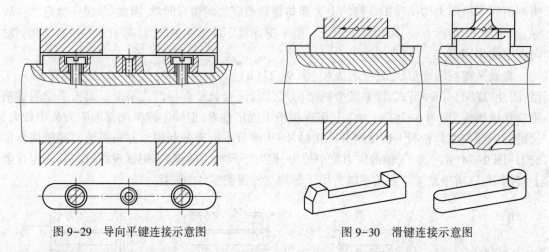

图 9-29 导向平键连接示意图      图 9-30 滑键连接示意图

2) 半圆键连接

半圆键是一种半圆的板状零件,其连接如图 9-31(a) 所示,也是靠键的侧面传递转矩。轴上的键槽用相应形状的盘形铣刀加工。半圆键连接的特点是键可在轴上键槽中绕其几何中心自由转动,以适应轮毂上键槽的斜度。半圆键连接的优点是工艺性好、装配方便,尤其适用于锥形轴端与轮毂的连接 [图 9-31(b)]。缺点是轴上键槽较深,对轴的强度削弱较大,故一般只用于轻载的静连接。

3) 楔键连接

楔键连接如图 9-32(a) 所示。楔键的上下面是工作面,键的上表面和与它相配合的轮毂键槽底面均有 1:100 的斜度。安装后,键即楔紧在轴和毂槽内,工作面上产生很大的预紧力 $F_n$。工作时,主要靠接触面上的摩擦力 $fF_n$ 传递转矩 $T$,并能承受单方向的轴向力,对轮毂起到单向的轴向固定作用。楔键的侧面与键槽侧面间有很小的间隙,当转矩过载而导致轴与轮毂发生相对转动时,键的侧面与键槽侧面接触,能像平键一样工作。因此,楔键连接在传递有冲击和振动的较大转矩时,仍能保证连接的可靠性。楔键楔紧后,轴与轮毂间产生偏斜和偏心[偏心距为 $e$,图 9-32(a)],所以楔键仅适用于定心精度要求不高和低速的连接。

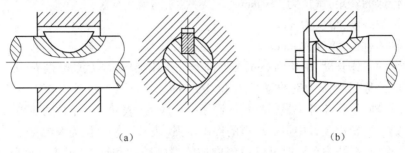

（a）　　　　　　　　　　　　　　　　　（b）

图 9-31　半圆键连接示意图

楔键分普通楔键和钩头楔键两种[图 9-32(b)]。普通楔键有圆头、方头和单圆头 3 种形式。装配时,圆头楔键要先放入轴上键槽中,然后打紧轮毂;方头、单圆头和钩头楔键则在轴上零件安装好后才将键放入键槽中并打紧[图 9-32(a)]。钩头楔键的钩头是为了便于键的拆卸,当其安装在轴端时,应加装防护罩。

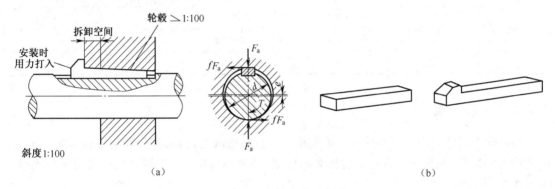

（a）　　　　　　　　　　　　　　　　　（b）

图 9-32　楔键连接示意图

**2. 键连接的选择**

键连接的选择包括类型选择和尺寸选择两个方面。设计键连接时,通常被连接件的材料、构造和尺寸已初步确定,连接的载荷也已求得。因此,可根据连接的结构特点、使用要求和工作条件来选择键连接的类型;键的尺寸则按符合标准规格和强度要求来取定。键的主要尺寸为截面尺寸 $b$、$h$ 和长度 $L$。$b$、$h$ 可根据轴的直径 $d$ 由标准中查取;长度 $L$ 可参照轮毂长度 $B$ 从标准中选取,一般取 $L=B-(5\sim10)\,\mathrm{mm}$,导向平键的长度则按轮毂宽度及其滑动距离确定[一般轮毂宽度 $B\approx(1.5\sim2)\,d$]。键的材料一般用强度极限不低于 600 MPa 的碳素钢,通常用 45 钢。当轮毂用非铁金属或非金属材料时,键可用 20 钢或 Q235 钢。对重要的键连接,在选定键的类型和尺寸后,还应进行强度校核。

**3. 键连接的强度计算**

普通平键连接的主要失效形式是工作面的压溃,按工作面上的挤压应力 $\sigma_p$ 进行强度校核计算;导向平键和滑键的主要失效形式是工作面的过度磨损,按工作表面上的压强 $p$ 进行条件

性的强度校核计算。校核公式为

$$\sigma_{\mathrm{p}}(\text{或} p) = \frac{4T}{dhl} \leqslant [\sigma_{\mathrm{p}}]\,(\text{或}[p]) \tag{9-8}$$

式中　$T$——传递的转矩,单位为 N·mm。

　　　$h$——键的高度,单位为 mm。

　　　$d$——轴的直径,单位为 mm。

　　　$l$——键的工作长度,单位为 mm;A 型键 $l=L-b$,B 型键 $l=L$,C 型键 $l=L-b/2$;$L$ 为键的公称长度,$b$ 为键的宽度,单位均为 mm。

　$[\sigma_{\mathrm{p}}]$——键、轴、轮毂 3 者中最弱材料的许用挤压应力(表 9-4),单位为 MPa。

　$[p]$——键、轴、轮毂 3 者中最弱材料的许用压强(表 9-4),单位为 MPa。

　　　如果强度不足,在结构允许时可以适当增加轮毂的长度和键长,或者在间隔 180° 位置布置两个键。考虑载荷分布不均匀性,双键连接按 1.5 个键进行强度校核。

表 9-4　键连接许用挤压应力(压强)　　　　　　　　单位:MPa

| 项　　目 | 连接性质 | 键或轴、毂材料 | 载荷性质 | | |
|---|---|---|---|---|---|
| | | | 静 载 荷 | 轻微冲击 | 冲　击 |
| $[\sigma_{\mathrm{p}}]$ | 静连接 | 钢 | 120~150 | 100~120 | 60~90 |
| | | 铸铁 | 70~80 | 50~60 | 30~45 |
| $[p]$ | 动连接 | 钢 | 50 | 40 | 30 |

## 9.4.2　花键连接

　　　由沿轴和轮毂孔周向均布的多个键齿相互啮合而构成的连接,称为花键连接(图 9-33)。前者称为外花键[图 9-33(a)],后者称为内花键[图 9-33(b)]。花键连接既可用于静连接,也可用于动连接。

　　　按齿型不同,花键连接可分为矩形花键连接和渐开线花键连接。

　　　1)矩形花键连接

　　　图 9-34 所示为矩形花键连接,键齿的两侧面为平面,形状较为简单,加工方便。花键通常要进行热处理,表面硬度应高于 40 HRC。矩形花键连接的定心方式为小径定心,外花键和内花键的小径为配合面。由于制造时轴和毂上的结合面都要经过磨削,因此能消除热处理引起的变形,具有定心精度高、定心稳定性好、应力集中较小、承载能力较大的特点,故应用广泛。

　　　根据花键的齿数和齿高的不同,矩形花键的齿形尺寸分为轻、中两个系列。轻系列承载能力较小,一般用于轻载连接或静连接;中系列用于中等载荷的连接。

　　　2)渐开线花键连接

　　　图 9-35 所示为渐开线花键连接。渐开线花键的齿廓为渐开线,与渐开线齿轮相比,主要有 3 点不同:①压力角不同。渐开线花键的分度圆压力角有 30°[图 9-35(a)]和 45°[图 9-35(b)]两种;②键齿较短、齿根较宽。两种压力角对应的齿顶高系数分别为 0.5 和 0.4;③不产

生根切的最少齿数较少。渐开线花键不产生根切的最少齿数 $z_{min} = 4$。

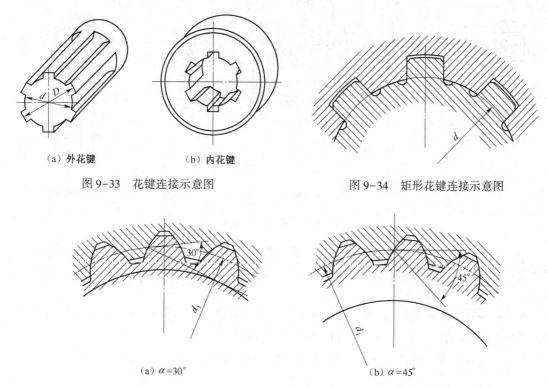

（a）外花键          （b）内花键

图 9-33  花键连接示意图          图 9-34  矩形花键连接示意图

（a）$\alpha = 30°$          （b）$\alpha = 45°$

图 9-35  渐开线花键连接示意图

渐开线花键的制造工艺与齿轮制造工艺完全相同,齿根有平齿根和圆齿根两种。为了便于加工,一般选用平齿根。但圆齿根有利于降低应力集中和减少产生淬火裂纹的可能性。渐开线花键的主要特点是:①工艺性较好,制造精度较高;②花键齿的齿根强度高,应力集中小,故承载能力大,使用寿命长;③定心精度高。渐开线花键的定心方式为齿形定心,当键齿受载时,在齿面压力的作用下能自动平衡定心,有利于各齿均匀承载。因此,常用于载荷较大、尺寸也较大的连接。

压力角为 45° 的渐开线花键,由于齿形钝而短,与压力角为 30° 的渐开线花键相比,对连接件的强度削弱更少,但齿的工作面高度较小,故承载能力较低,多用于较轻载荷、较小直径的静连接,特别适用于薄壁零件的轴毂连接。

### 9.4.3  销连接

销的主要用途是定位,即固定两零件间的相对位置[图 9-36(a)],这是组合加工和装配时必不可少的。销也可用于轴毂连接[图 9-36(b)],可传递不大的载荷。销还可用作安全装置中的过载剪断元件[图 9-36(c)],保护机器中的重要零件。

圆柱销靠过盈配合固定在销孔中,经多次拆装后定位精度和可靠性会降低。圆锥销具有 1∶50 的锥度,安装较方便,定位精度比圆柱销高,多次装拆对定位精度的影响也较小,受横向力作用时亦能可靠地自锁,因此比圆柱销应用更为广泛。

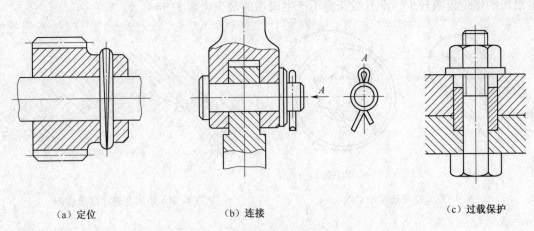

|（a）定位|（b）连接|（c）过载保护|

图 9-36　销的用途示意图

定位用的销通常不受载荷或只受很小的载荷作用,故不需要进行强度计算,其类型可视工作情况而定,直径可根据结构选取,数目一般不少于两个,销装入每一被连接件的长度约为销直径的 1~2 倍。

连接用的销承受一定载荷,其类型可根据工作要求选定,尺寸根据连接的结构特点按经验或规范确定,必要时可按剪切和挤压强度条件进行校核计算。

用于机器过载保护的销其直径应按过载时被剪断的条件确定。

### 9.4.4　其他轴毂连接简介

常见其他轴毂连接有过盈连接、胀紧连接和型面连接等,也称无键连接。

**1. 过盈连接**

过盈连接是利用两个被连接件本身的过盈配合来实现的。组成连接的零件一个为包容件,另一个为被包容件。在一般情况下,拆开过盈连接需要很大的外力,常常会使零件配合表面损坏,甚至整个零件被破坏。因此,这种连接属于不可拆连接。

过盈连接具有结构简单、定心性好、承载能力强以及在振动载荷下能可靠地工作等优点。主要缺点是配合面的加工精度要求较高,且装配困难。过盈配合常用于组合式齿轮、蜗轮的齿圈与轴的连接等。常用压入法或温差法装配。

**2. 胀紧连接**

胀紧连接是指在轴毂之间装入一对或数对内、外弹性钢环,在轴向力的作用下,同时胀紧轴与毂而构成的连接,属于过盈连接的一种形式,其中一对内外环构成一个胀紧连接套(简称胀套)。

胀紧连接主要特点是:定心性能好、装拆方便、引起的应力集中小、承载能力大、具有安全保护作用。但由于受轴和毂之间的尺寸影响,使得其应用受到一定限制。

**3. 型面连接**

型面连接是利用非圆截面的轴与相应毂孔构成的连接。轴和毂孔可以做成柱面或锥面。柱面易于加工,只能传递转矩,除静连接外,还可用作不在载荷下移动的动连接;锥面装拆容易,还能传递轴向力,但加工困难。

型面连接的主要优点是:装拆方便,能保证良好的对中性;没有应力集中源,故承载能力大。缺点是加工工艺较为复杂,特别是为了保证配合精度,非圆截面轴先经车削,毂孔先经钻镗或拉削,最后工序一般均要在专用机床上进行磨削加工,故目前应用并不普遍。

### 知识梳理与总结

(1)轴是组成机器的重要零件之一,主要用来支承轴上的回转零件(如齿轮、带轮等)以传递运动和动力。

(2)轴的受载情况可分为转轴(同时传递转矩和承受弯矩)、心轴(承受弯矩而不传递转矩)、传动轴(传递转矩而不承受弯矩后承受弯矩很小)。

(3)轴的材料为碳素钢或合金钢。

(4)设计轴的基本要求是保证轴具有足够的强度和合理的结构。轴的结构设计包括定出轴的合理外形和全部尺寸,轴的强度计算应根据轴上所受载荷类型,采用相应的计算方法。对有刚度要求的轴,还应进行刚度计算。

(5)根据轴与轮毂是否存在相对的轴向移动,键连接可分为动连接(如导键、滑键)和静连接(如普通平键、半圆键、各种楔键)。根据装配时是否楔紧,键连接又可分为紧连接(各种楔键)和松连接(如平键、半圆键)。

(6)平键和花键的静、动连接的强度计算有本质的不同,静连接为压溃(挤压强度)问题,动连接为磨损(耐磨性)问题,两者的计算式虽相同,但许用值不同。

## 实训十三　轴上零件的拆卸与装配

### 【任务】

正确拆卸图 9-35 所示减速器的轴及轴上零件,认识轴上零件的分布,并正确地完成零件的装配。

图 9-35　减速器实物图

**【任务实施】**

(1) 使用工具将减速器壳体拆下,并正确放置;

(2) 将减速器各轴按顺序取出,放置在支架上;

(3) 用合适的工具将轴上零件正确拆下,并做好标记;

(4) 将零件进行清洗和检查后,按照拆卸顺序,依次安装轴上零件;

(5) 将轴放入减速器壳体中,复原减速器,并检测是否完成装配,达到要求。

## 同步练习

**9-1 选择题**

(1) 既承受弯矩、又承受扭矩的轴称为_____。

A. 心轴                 B. 传动轴                 C. 转轴

(2) 下列方法中均可以提高轴的疲劳强度的是_____。

A. 减小过渡圆角、减小表面粗糙度、喷丸         B. 增大过渡圆角、增大表面粗糙度、碾压

C. 增大过渡圆角、减小表面粗糙度、喷丸

(3) 平键连接如不能满足强度条件要求时,可在轴上安装一对平键,使它们沿圆周相隔_____。

A. 90°                  B. 120°                  C. 180°

(4) 平键的工作面是_____,楔键的工作面是_____。

A. 两侧面、上下表面      B. 上下表面、两侧面      C. 两侧面、两侧面

(5) 在轴的初步计算中,轴的直径是按_____初步确定的

A. 弯曲强度             B. 扭转强度             C. 轴的刚度

**9-2 判断题**

(1) 当某一轴段需车制螺纹时,应留有退刀槽。                          (      )

(2) 在轴的端部轴段(即轴的两头)只能用 C 型普通平键。              (      )

(3) 圆轴扭转时,横截面上剪应力沿半径线性分布,并垂直于半径,最大剪应力在外表面处。

(      )

(4) 固定是为了保证传动件在轴上有准确的安装位置。                   (      )

(5) 普通平键的剖面尺寸($b \times h$),一般应根据轴的直径按标准选择。      (      )

**9-3 简答题**

(1) 设计轴结构时应考虑哪些因素?

(2) 提高轴强度和刚度的措施有哪些?

(3) 轴上零件的轴向固定方法有哪些? 各有什么特点?

**9-4 设计题**

用于带式运输机的单级斜齿圆柱齿轮减速器的低速轴。已知电动机输出的传动功率 $P =$ 15 kW,从动齿轮转速 $n = 280$ r/min,从动齿轮分度圆直径 $d = 320$ mm,齿轮轮毂长度 $l =$ 180 mm,选用 LX4 联轴器。试设计减速器的从动轴的结构和尺寸。

# 第 10 章　轴　承

📖 **本章知识导读**

**【知识目标】**

1. 了解轴承的分类及结构特点；

2. 具备选择轴承类别及设计、校核的知识与方法；

3. 掌握轴承的密封和润滑；

4. 熟悉滚动轴承的组合设计方法。

**【能力目标】**

1. 能正确选用滑动轴承和滚动轴承种类及型号；

2. 能初步设计、选用轴承，并校核强度；

3. 能了解轴承的作用和使用方法。

**【重点、难点】**

1. 非液体摩擦滑动轴承的校核计算；

2. 滚动轴承的选型、设计、计算。

轴承是当代机械设备中一种重要零部件。它的主要功能是支承机械旋转体，也就是支承机械轴，承担径向载荷；固定机械轴的旋转，使其只能转动，控制轴向和径向上的移动，同时保证其回转精度；降低轴在运动过程中的摩擦因数。合理的设计和使用轴承，对提高机械性能、延长机械寿命有非常重要的作用。

## 10.1　轴承的分类

### 10.1.1　按摩擦性质分类

**1. 滑动轴承**

工作时轴承和轴颈的支承面间形成直接或间接滑动摩擦的轴承，称为滑动轴承（图 10-1）。在高速、高精度、重载等场合下，滑动轴承显现出优异的性能。因而在汽轮机、离心式压缩机、内燃机、大型电动机中多采用滑动轴承；在低速、重载、有冲击的机器，例如水泥搅拌机、滚筒清砂机破碎机等也采用滑动轴承。根据其摩擦状态，可分为液体摩擦滑动轴承和非液体摩擦滑动轴承。

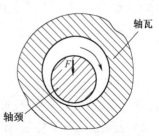

图 10-1　滑动轴承示意图

### 2. 滚动轴承

滚动轴承主要依靠元件间的滚动接触来支承转动零件,同时因为滚子摩擦接触面积的减小,使得摩擦量变小,延长了设备的使用寿命。滚动轴承已经标准化,是各类机械中广泛应用的重要部件。

## 10.1.2 按承受载荷的方向分类

#### 1. 向心轴承

向心轴承,也叫径向轴承,主要用于承受径向载荷。

#### 2. 推力轴承

推力轴承,也叫止推轴承,主要用于承受轴向载荷。

#### 3. 向心推力轴承

向心推力轴承,也叫径向止推轴承,同时承受径向和轴向载荷。

## 10.2 滑动轴承的典型结构

### 10.2.1 滑动轴承

滑动轴承工作平稳可靠、噪声低,轴承工作面上的润滑油膜具有减振、抗冲击和消除噪声的作用。虽然在许多机器上,滚动轴承取代了滑动轴承,但是,在某些条件下,例如对轴的回转精度要求特别高,承受强冲击、特大载荷,径向尺寸受限制,需要剖分式的结构 时,以及低速重载的场合,滑动轴承具有无可比拟的优越性。

#### 1. 滑动轴承工作面摩擦状态概述

由于滑动轴承的润滑条件不同,会出现不动的摩擦状态。轴承工作面摩擦状态分为干摩擦、边界摩擦、流体摩擦、流合摩擦 4 类摩擦状态,如图 10-2 所示。

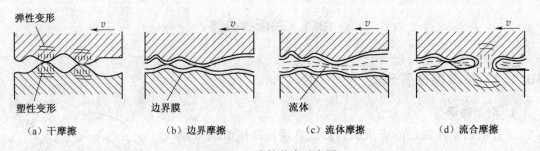

（a）干摩擦　　　　（b）边界摩擦　　　　（c）流体摩擦　　　　（d）流合摩擦

图 10-2　摩擦状态示意图

两摩擦表面直接接触,相对滑动,没有任何润滑剂,这样的摩擦称为干摩擦;两摩擦表面被流体层(润滑层)完全隔开,摩擦性质取决于流体内部分子之前的黏性阻力,这称为流体摩擦;两摩擦表面没有被流体层(润滑层)完全隔开,仍然有部分摩擦表面直接接触,形成边界膜,摩擦性质取决于边界膜性质和液体的表面吸附性,称为边界摩擦。在实际应用中轴承工作表面有时是边界摩擦和流体摩擦的混合状态,称为流合摩擦。

**2. 滑动轴承的分类及特点**

工作时轴承和轴颈的支承面间形成直接或间接滑动摩擦的轴承,称为滑动轴承。根据其摩擦状态,可分为液体摩擦滑动轴承和非液体摩擦滑动轴承。

(1)液体滑动摩擦轴承。在液体滑动轴承中,轴颈和轴承的工作表面被一层润滑油膜隔开,两零件之间没有直接接触,轴的阻力只是润滑油分子之间的摩擦,所以摩擦因数很小,一般仅为 0.001~0.008。这种轴承的寿命长、效率高,用于高速、高精度、重载场合,如汽轮机、精密机床、大型电动机、轧钢机等机器中。但是制造精度要求也高,设计、制造成本以及维护费用比较高,在启动、停车等情况下难于实现液体摩擦。

(2)非液体滑动摩擦轴承。非液体滑动摩擦轴承的轴颈与轴承工作表面之间虽有润滑油的存在,但在表面局部凸起部分仍发生金属的直接接触。因此摩擦因数较大,一般为 0.1~0.3,容易磨损,但结构简单,对制造精度和工作条件的要求不高,故在机械中得到广泛使用。在一般转速或载荷不大,精度要求不高的场合使用,如破碎机、水泥搅拌机、剪床等机器中,常采用这种轴承。

干摩擦的摩擦因数大,磨损严重,轴承工作寿命短,所以在滑动轴承中应力求避免。

高速长期运行的轴承要求工作在液体摩擦状态下,一般工作条件下轴承则维持在边界摩擦或混合摩擦状态下工作。因此本书主要讨论非液体滑动摩擦轴承。

## 10.2.2　滑动轴承的结构

滑动轴承按照轴承承受的载荷分类可以分为两类:①径向滑动轴承,主要承受径向载荷 $F_r$;②止推滑动轴承,主要承受轴向载荷 $F_a$。

**1. 径向滑动轴承**

常用的径向滑动轴承,我国已经制定了标准,通常情况下可以根据工作条件进行选用。径向滑动轴承可以分为整体式和剖分式(对开式)两大类。

(1)整体式滑动轴承。整体式滑动轴承如图 10-3 所示,由轴承座 1、轴套 2 组成,轴承套压装在轴承座孔中,一般配合为 H8/s7。轴承座用螺栓与机座连接,顶部设有安装注油油杯的螺纹孔 3。轴套上开有油孔,并在其内表面开油沟以输送润滑油。这种轴承结构简单,成本低。但当滑动表面磨损后无法修整,而且装拆轴的时候只能做轴向移动,有时很不方便,有些粗重的轴和中间具有轴颈的轴(如内燃机的曲轴)就不便或无法安装。所以,整体式滑动轴承多用于低速、轻载和间歇工作的场合,例如手动机械、农业机械等。

(2)剖分式滑动轴承。图 10-4 所示为剖分式滑动轴承,由轴承座 1、轴承盖 2、剖分轴瓦 3(内附轴承衬)、双头螺柱 4(调整垫片)等组成,轴瓦内表面有油沟,油通过油孔 5 和内部油沟流向轴颈表面。根据不同的径向载荷方向,剖分面一般是水平的,或者倾斜的。在轴承座和轴承盖的剖分面上制有定位止口,便于安装时对心。轴承盖应当适度压紧轴瓦,使轴瓦不能在轴承孔中转动。轴承盖上制有螺纹孔,以便安装油杯或油管。为使润滑油能均匀地分布在整个工作表面上,一般在不承受载荷的轴瓦表面开出油沟和油孔。剖分面可以放调整垫片,在安装或磨损时调整轴承间隙。剖分式滑动轴承在装拆轴时,轴颈不需要轴向移动,装拆方便,轴瓦磨损后间隙可调整,故应用较广。

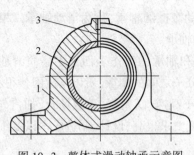

图 10-3 整体式滑动轴承示意图

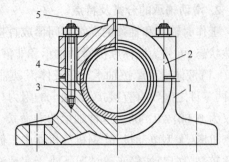

图 10-4 剖分式滑动轴承示意图

（3）调心式滑动轴承。当轴承的宽度 $B$ 与轴颈直径 $d$ 之比大于 1.5。轴的变形较大或者轴承与轴颈难于保证同心时，一般采用调心式滑动轴承，如图 10-5 所示。调心式滑动轴承其轴瓦外表面做成球面形状，与轴承座的球状内表面相配合，在轴弯曲时，轴瓦可以自动调整位置以适应轴颈产生的偏斜，从而可以避免轴颈与轴瓦的局部磨损。

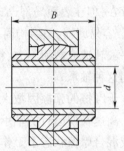

图 10-5 调心式滑动
轴承示意图

**2. 推力滑动轴承**

推力滑动轴承，其轴颈形状如图 10-6 所示，实心端面止推轴颈工作时轴心与边缘磨损不均匀，端面上离轴心越远速度越大，磨损也较快，使端面压力分布不均匀，轴心部分压强极高，所以极少采用。空心端面止推轴颈和环状轴颈工作情况较好，采用较多。载荷较大时，可采用多环轴颈，它还能承受双向轴向载荷。

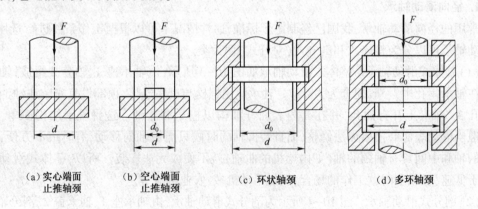

（a）实心端面　　（b）空心端面　　　（c）环状轴颈　　　（d）多环轴颈
　　止推轴颈　　　　止推轴颈

图 10-6 推力滑动轴承示意图

## 10.3　滑动轴承材料和轴瓦结构

### 10.3.1　轴承失效形式

滑动轴承的失效形式通常由多种原因引起，失效的形式有很多种，有时几种失效形式并存，相互影响。

（1）磨粒磨损。进入轴承间隙的硬颗粒物（如灰尘、砂砾等）有的嵌入轴承表面，有的游离于间隙中并随轴一起转动，它们都将对轴颈和轴承表面起研磨作用。在机器启动、停车或轴颈与轴承发生边缘接触时，磨粒的存在将加剧轴承磨损，导致几何形状改变、精度丧失，轴承间隙加大，使轴承性能在预期寿命前急剧恶化。

（2）刮伤。进入轴承间隙的硬颗粒或轴颈表面粗糙的轮廓峰顶，在轴承上划出线状伤痕，导致轴承因刮伤而失效。

（3）胶合（也称烧瓦）。当轴承温升过高，载荷过大，油膜破裂时，或在润滑油供应不足的条件下，轴颈和轴承的相对运动表面材料发生黏附和迁移，从而造成轴承损坏，有时甚至可能导致相对运动的终止。

（4）疲劳剥落。在载荷反复作用下，轴承表面出现与滑动方向垂直的疲劳裂纹，当裂纹向轴承衬与衬背结合面扩展后，造成轴承衬材料的剥落。它与轴承衬和衬背因结合不良或结合力不足造成轴承衬的剥离有些相似，但疲劳剥落周边不规则，结合不良造成的剥离周边比较光滑。

（5）腐蚀。润滑剂在使用中不断氧化，所生成的酸性物质对轴承材料有腐蚀性，特别对制造铜铝合金中的铅，易受腐蚀而形成点状剥落。润滑剂的氧化对锡基巴氏合金的腐蚀。会使轴承表面形成一层由 $SnO_2$ 和 $SnO$ 混合组成的黑色硬质覆盖层，它能擦伤轴颈表面，并使轴承间隙变小。此外，硫对含银或铜的轴承材料的腐蚀，润滑油中水分对铜铅合金的腐蚀，都应予以注意。

## 10.3.2 滑动轴承材料

### 1. 轴承材料性能要求

轴瓦与轴承衬的材料通称为轴承材料。针对以上所述的失效形式，轴承材料性能应着重满足以下主要要求：

（1）良好的减摩性、耐磨性和抗胶合性。减摩性是指材料副具有低的摩擦因数。耐磨性是指材料的抗磨性能（通常以磨损率表示）。抗胶合性是指材料的耐热性和抗黏附性。

（2）良好的摩擦顺应性、嵌入性和磨合性。摩擦顺应性是指材料通过表层弹塑性变形来补偿轴承滑动表面初始配合不良的能力。嵌入性是指材料容纳硬质颗粒嵌入，从而减轻轴承滑动表面发生刮伤或磨粒磨损的性能。磨合性是指轴瓦与轴颈表面经过短期轻载运转后，易于形成相互吻合的表面粗糙度。

（3）足够的强度和抗腐蚀能力。

（4）良好的导热性、工艺性、经济性。

但是鉴于材料性能的综合要求，没有一种轴承材料全面具备上述性能，因而必须针对各种具体的情况，仔细进行分析后合理选用。

### 2. 常用的轴承材料

常用的轴承材料可以分为金属材料、粉末冶金材料和非金属材料三大类。金属材料主要有轴承合金、铜合金、铝基轴承合金和铸铁。

（1）轴承合金（通称巴氏合金或白合金）。轴承合金是锡、铅、锑、铜的合金，它以锡或铅作为基体，其内含有锑锡（Sb-Sn）或铜锡（Cu-Sn）的硬晶粒。硬晶粒起抗磨作用，软基体则增加材料的塑性。轴承合金的弹性模量和弹性极限都很低,在所有轴承材料中,它的嵌入性及摩擦顺应性最好,很容易和轴颈磨合,也不易与轴颈发生胶合。但轴承合金的强度很低,不能单独制作轴瓦,只能黏附在青铜、钢或铸铁轴瓦上作轴承衬。轴承合金适用于重载、中高速场合,价格较贵。

(2)铜合金。铜合金具有较高的强度,较好的减磨性和耐磨性。由于青铜的减摩性和耐磨性比黄铜好,故青铜是最常用的材料。青铜有锡青铜、铅青铜、铝青铜等几种,其中锡青铜的减摩性和耐磨性最好,应用广泛。但锡青铜比轴承合金硬度高,磨合性及嵌入性差,适用于重载及中速场合。铅青铜抗胶合能力强,适用于高速、重载轴承。铝青铜的强度及硬度较高,抗胶合能力较差,适用于低速重载轴承。在一般机械中有 50% 的滑动轴承采用青铜材料。

(3)铝基轴承合金。铝基轴承合金在许多国家获得了广泛的应用。它有相当好的耐蚀性和较高的疲劳强度,摩擦性也较好。这些品质使铝基轴承合金在部分领域取代了较贵的轴承合金和青铜。铝基轴承合金可以制成单金属零件(如轴套、轴承等),也可以制成双金属零件,双金属轴瓦以铝基轴承合金为轴承衬,以钢作衬背。

(4)灰铸铁和耐磨铸铁。普通灰铸铁或加有合金成分的耐磨灰铸铁,或者是球墨铸铁都可以用作轴承材料。这类材料中的片状或球状石墨在材料表面上覆盖后,可以形成一层起润滑作用的石墨层,故具有一定的减摩性和耐磨性 此外石墨能吸附碳氢化合物,有助于提高边界润滑性能,故采用灰铸铁作轴承材料时应加润滑油。由于铸铁性脆磨合性能差,故只适用于轻载低速和不受冲击载荷的场合。

(5)粉末冶金材料。由金属粉末和石墨高温烧结成型,是一种多孔结构金属合金材料。使用前将轴瓦在滑润剂中浸泡,则各微小孔中充满润滑剂,工作时由于轴颈转动的抽吸和轴瓦自身的热胀作用,使润滑剂流出而实现润滑。停车后润滑剂又被吸回孔中。主要用于轻载、低速且不易经常添加润滑剂的场合。

(6)非金属材料。非金属材料中应用最广的是各种塑料,如酚醛树脂、尼龙、聚四氟乙烯等。聚合物的特性是:①与许多化学物质不起反应,抗腐蚀性好,如聚四氟乙烯(PTEE)能抗强酸和弱碱;②具有一定的自润滑性,可以在无润滑条件下工作,在高温条件下具有一定的润滑能力;③具有包容异物的能力,不宜擦伤配合零件表面;④耐磨性较好。

常用轴瓦及轴承衬材料的$[p]$、$[pv]$、$[v]$值见表 10-1。对于非金属材料来说,选用时,要考虑其物理、化学特性。选择聚合物作轴承材料时,必须注意以下一些问题:由于聚合物的热传导能力差,只有钢的百分之几,因此必须考虑摩擦热的消散,它严格限制着聚合物轴承的工作转速及压力值。又因为聚合物的线胀系数比钢大得多,因此聚合物轴承与钢制轴颈的间隙比金属轴承的间隙大。此外聚合物材料的强度和屈服极限较低,因而在装配和工作时能承受的载荷有限。另外聚合物在常温下会产生蠕变现象,因而不宜用来制作间隙要求严格的轴承。

碳-石墨是电动机电刷的常用材料,也是不良环境中的轴承材料。碳-石墨是由不同量的碳和石墨构成的人造材料,石墨含量越多,材料越软,摩擦因数越小。可在碳-石墨材料中加入金属、聚四氟乙烯或二硫化钼成分,也可以浸渍液体润滑剂。碳-石墨轴承具有自润滑性,它的自润性和减摩性取决于吸附的水蒸气量,碳-石墨和含有碳氢合物的润滑剂有亲和力,加入润滑剂有助于提高其边界润滑性能。此外,它还可以作水润滑的轴承材料。

表 10-1　滑动轴承常用金属材料及性能

| 材　料 | 牌　号 | | $[p]/$ MPa | $[v]/$ $(m \cdot s^{-1})$ | $[pv]/$ $(MPa \cdot m \cdot s^{-1})$ | 轴径最小 硬度 HBS | 最高工作 温度/℃ | 应用场合 |
|---|---|---|---|---|---|---|---|---|
| 锡锑轴 承合金 | ZSnSbllCu6 | 平稳 载荷 | 25 | 80 | 20 | 50 | 150 | 用于高速重载的轴承、 变载荷下易疲劳,价高 |
| | ZSnSb8Cu4 | 冲击 载荷 | 20 | 60 | 15 | | | |
| 铅锑轴 承合金 | ZPbSbl6Snl6Cu2 | | 15 | 12 | 10 | 150 | 150 | 用中速 、中载轴承, 不宜受显著的冲击载荷 |
| | ZPbSbI 5Snl0 | | 20 | 15 | 10 | | | |
| 铸锡青铜 | ZCuSn5Pb5Zn5 | | 8 | 3 | 15 | 200 | 280 | 用于中速 、中载条 件下 |
| 铸铝青铜 | ZCuAllOFe3 | | 15 | 4 | 12 | 200 | 280 | 用于润滑充分的低速 重载轴承 |
| 灰铸铁 | HT150 | | 4 | 0.5 | | | | 用于低速、轻载、不重 要的轴承 |
| | HT200 | | 2 | 1 | — | | | |
| | HT250 | | 1 | 2 | | | | |

　　橡胶主要用于以水作润滑剂或环境较脏污之处。橡胶轴承内壁上带有纵向沟槽,便于润滑剂的流通、加强冷却效果并冲走污垢。

　　木材具有多孔质结构,可用填充剂来改善其性能。填充聚合物能提高木材的尺寸稳定性和减少吸湿量,并能提高强度。采用木材(以溶于润滑油的聚乙烯作填充剂)制成的轴承,可在灰尘极多的条件下工作,如用作建筑、农业中使用的带式输送机支承滚子的滑动轴承。

### 10.3.3　轴瓦结构

　　常用的轴瓦分为整体式和剖分式两种结构。整体式轴瓦通常称为轴套,如图 10-7 所示。

　　剖分式轴瓦由上、下两半瓦组成,一般下轴瓦承受载荷,上轴瓦不承受载荷,如图 10-8 所示。

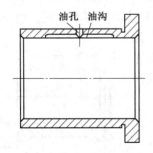

图 10-7　整体式轴瓦示意图

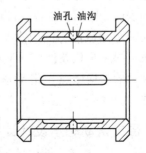

图 10-8　剖分式轴瓦示意图

为了综合利用各种金属材料的特性,常在轴瓦表面浇铸一层或两层的合金作为轴承衬,称为双金属轴瓦或三金属轴瓦。为了使轴承衬与轴瓦结合牢固,可在轴瓦内表面或侧面上制出一些沟槽,如图 10-9 所示。

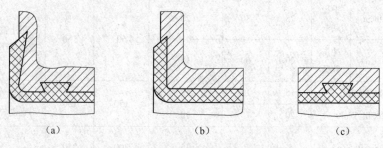

（a） （b） （c）

图 10-9　轴瓦的沟槽形状示意图

为了使润滑油流到轴瓦的整个工作表面,要在轴瓦上开出油沟和油孔。油孔用来供应润滑油,油沟则用来输送和分布润滑油,粉末冶金制成的轴套不开油沟。油孔和油沟的开设原则是:①油孔和油沟应开在非承载区,以保证承载区油膜的连续性,降低对承载能力的影响。图 10-10 所示为常见的油沟形式。②油沟和油室的轴向长度应较轴瓦长度稍短,大约应为轴瓦长度的 80%,以免油从油沟端部大量流失。

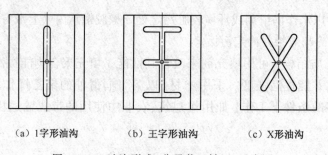

（a）1字形油沟 （b）王字形油沟 （c）X形油沟

图 10-10　油沟形式(非承载区轴瓦)示意图

## 10.4　非液体摩擦滑动轴承的校核计算

不能保证液体润滑状态的轴承,称为非液体摩擦滑动轴承。非液体滑动轴承的主要失效形式为工作表面的磨损和胶合,所以其设计计算准则是:维持边界油膜不破裂。由于影响非液体摩擦滑动轴承承载能力的因素十分复杂,所以目前所采用的计算方法仍限于简化条件。非液体摩擦滑动轴承的计算主要是计算轴承的平均压强 $p$、滑动速度 $v$ 和乘积 $pv$ 的值,这三个条件参数。

### 10.4.1　径向滑动轴承设计计算方法与步骤

设计时,一般已经知道轴颈直径 $d$、转速 $n$、轴承承受的径向载荷 $F$（图 10-11）,然后按照下述步骤进行计算。

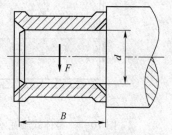

图 10-11　径向轴承示意图

**1. 确定轴承结构和材料**

根据工作条件和使用要求,确定轴承的结构形式,并选定轴瓦材料。

**2. 确定轴承的宽度 $B$**

一般按宽径比 $B/d$ 及 $d$ 来确定 $B$。$B/d$ 越大,轴承的承载能力越大,但油不易从两端流出,散热性差,油温升高;$B/d$ 越小,则两段泄漏量大,摩擦功耗小,轴承温升小,但承载能力小。通常取 $B/d = 0.5 \sim 1.5$,推荐重载时取 $0.5 \sim 0.75$,中载时取 $0.7 \sim 1.1$,轻载时取 $1 \sim 1.5$。若必须要求 $B/d > 1.5 \sim 1.75$ 时,应改善润滑条件,并采用自动调位轴承。常用机械推荐值见表 10-2。

表 10-2 常用机械的 B/d 推荐值

| 机器种类 | 轴承 | $B/d$ 值 | 机器种类 | 轴承 | $B/d$ 值 |
|---|---|---|---|---|---|
| 汽车及航空发动机 | 曲轴主轴承 | 0.75~1.75 | 空压机及往复式泵 | 曲轴主轴承 | 1.0~2.0 |
| | 连杆轴承 | 0.75~1.75 | | 连杆轴承 | 1.0~2.5 |
| | 活塞销 | 1.5~2.2 | | 活塞销 | 1.2~1.5 |
| 柴油机 | 曲轴主轴承 | 0.6~2.0 | 电动机 | 主轴承 | 0.6~1.5 |
| | 连杆轴承 | 0.6~1.5 | 机床 | 主轴承 | 0.8~1.2 |
| | 活塞销 | 1.5~2.0 | 冲、剪床 | 主轴承 | 1.0~2.0 |
| 铁路车辆 | 轮轴支承 | 0.8~2.0 | 起重设备 | — | 1.5~2.0 |
| 汽轮机 | 主轴承 | 0.4~1.2 | 齿轮减速器 | — | 1.0~2.0 |

**3. 计算压强 $p$、速度 $v$ 和压强速度值 $pv$ 的值**

(1)校核压强 $p$。对于低速或间歇工作的轴承,为了防止润滑油从工作表面挤出,保证良好的润滑而不致过度磨损,压强 $p$ 应满足以下条件要求:

$$p = \frac{F_r}{d \cdot B} \leqslant [p] \tag{10-1}$$

式中　$F_r$——轴承的径向载荷(N);

　　　$d$——轴径(mm);

　　　$B$——轴承宽度(mm);

　　　$[p]$——材料许用压强(MPa)。

(2)校核速度 $v$。对于压强 $p$ 较小的轴承,由于滑动速度过高,会产生加速磨损而使轴承报废。因此,要对速度进行校核。

$$v = \frac{\pi \cdot d \cdot n}{60 \times 1000} \leqslant [v] \tag{10-2}$$

式中　$n$——轴的转速(r/min);

　　　$[v]$——材料许用速度(m/s)。

（3）校核压强速度值 $pv$。压强速度值 $pv$ 间接反映轴承的温升，对于载荷较大和速度较高的轴承，为了保证轴承工作时不致过度发热产生胶合失效，$pv$ 值应满足下列条件：

$$p \cdot v = \frac{F_r}{B \cdot d} \cdot \frac{\pi \cdot d \cdot n}{60 \times 1000} \cong \frac{F_r \cdot n}{19\,100 \cdot R} \leqslant [pv] \qquad (10\text{-}3)$$

$[p]$、$[v]$、$[pv]$ 值见表 10-1。

（4）选择轴承配合。在非液体滑动摩擦轴承中，根据不同的使用要求，为了保证一定的旋转精度，必须合理选择轴承的配合，以保证一定的间隙，具体见表 10-3。

**表 10-3　非液体滑动摩擦轴承的配合选择**

| 配合符号 | 使用情况 |
|---|---|
| H7/g6 | 磨床和车床分度头轴承 |
| H7/f7 | 铣床、钻床和车床的轴承，汽车发动机曲轴的主轴承及连杆轴承，齿轮减速器及蜗杆减速器轴承 |
| H7/e8 | 汽轮发电机轴、内燃机凸轮轴、高速转轴、刀架丝杠、机车多支点轴承等 |
| H9/f9 | 电动机、离心泵、风扇及惰齿轮轴的轴承，蒸汽机与内燃机曲轴的主轴承及连杆轴承 |
| H11/d11 或 H11/b11 | 农业机械使用的轴承 |

### 10.4.2　止推滑动轴承设计计算方法与步骤

止推滑动轴承（图 10-12）的设计步骤与径向滑动轴承相同。

（1）根据工作条件和使用要求，确定轴承的结构形式，并选定轴瓦材料。

（2）确定轴环的内径、外径大小。

（3）计算与强度校核：

①校核压强 $p$。

$$p = \frac{F_n}{\frac{\pi}{4}(d_2^2 - d_1^2)K} \leqslant [p] \qquad (10\text{-}4)$$

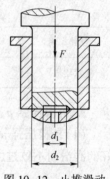

图 10-12　止推滑动
轴承示意图

式中　$F_n$——轴向载荷（N）；

$d_1$、$d_2$——轴环的内、外径（mm），一般取 $d_1 = (0.4 \sim 0.6)d_2$；

$K$——面积减小系数，一般取 $K = 0.9 \sim 0.95$；

$[p]$——材料许用压强。

②校核平均速度 $v_m$。

$$v_m = \frac{\pi \cdot d_m \cdot n}{60 \times 1000} \leqslant [v] \qquad (10\text{-}5)$$

式中　$d_m$——轴环平均直径（mm），$d_m = \frac{1}{2}(d_1 + d_2)$；

$[v]$——材料许用速度（m/s）。

③校核压强速度值 $pv$。

$$p \cdot v_m \leqslant [pv] \qquad (10\text{-}6)$$

**例 10-1**　用于离心泵的径向滑动轴承，轴径 $d = 50$ mm，转速 $n = 1\,500$ r/min，承受的径向

载荷 $F_r$ = 2 500 N，轴承材料为 ZCuSn5Zn5Pb5。根据非液体摩擦滑动轴承计算方法校核该轴承是否可用？若不可用，应如何改进？（按轴的强度计算，轴颈直径不得小于 50 mm）。

**解：**查表得到 ZCuSn5Zn5Pb5 的许用值，[$p$] = 8 MPa，[$v$] = 3 m/s，[$pv$] = 15 MPa·m/s。取 $B/d=1$，轴径取最小值 $d=50$ mm，则

$$p = \frac{F_r}{d \cdot B} = \frac{2500}{50 \times 50} = 1 \text{ MPa}$$

$$v = \frac{\pi \cdot d \cdot n}{60 \times 1000} = \frac{3.14 \times 50 \times 1\,500}{60\,000} = 3.925 \text{ m/s}$$

$$p \cdot v = \frac{F_r}{B \cdot d} \cdot \frac{\pi \cdot d \cdot n}{60 \times 1\,000} = 3.925 \text{ MPa} \cdot \text{m/s}$$

由此可知，$v>[v]$，且轴径已经为最小值，不能减小轴径。故该轴承设计方案不可用。

改进方法：更改轴承材料，选用铸铝青铜 ZCuAl10Fe3，其[$p$] = 15 MPa，[$v$] = 4 m/s，[$pv$] = 12 MPa·m/s，可满足要求。

## 10.5　滚动轴承的类型、代号及其选择

滚动轴承是现代机器中广泛应用的部件之一，它依靠主要元件间的滚动接触来支承转动零件，保证轴的旋转精度，减小转轴与支承之间的摩擦和磨损。与滑动轴承相比，具有摩擦阻力小，容易启动，效率高，轴向尺寸小，维修方便，轴承宽度的承载能力大等优点。常用的滚动轴承绝大多数已经标准化，并由专业工厂大量制造，制造成本低。因而在各种机械中得到了广泛的使用。在机械设计中，需要根据具体的工作条件正确地选用轴承的类型和尺寸，并进行轴承安装、调整、润滑、密封等轴承组合的结构设计。

### 10.5.1　滚动轴承的基本结构

滚动轴承一般由内圈 1、外圈 2、滚动体 3 和保持架 4 组成，如图 10-13 所示。内圈装在轴径上，与轴一起转动。外圈装在机座的轴承孔内，一般不转动。内、外圈上设置有滚道，当内、外圈之间相对旋转时，滚动体沿着滚道滚动。保持架使滚动体均匀分布在滚道上，减小滚动体之间的碰撞和摩擦。

常见的滚动体形状有球、圆柱滚子、圆锥滚子、滚针、鼓型滚子等，如图 10-14 所示。

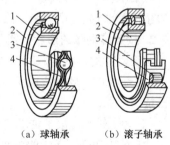

（a）球轴承　　（b）滚子轴承

图 10-13　滚动轴承示意图

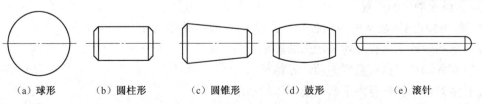

（a）球形　　　（b）圆柱形　　　（c）圆锥形　　　（d）鼓形　　　（e）滚针

图 10-14　常见滚动体种类示意图

### 10.5.2 滚动轴承的主要类型及特性

滚动轴承主要是根据其所能承受的载荷方向或公称接触角(表10-4)和滚动体的形状进行分类。

**1. 按轴承的内部结构分**

按轴承的内部结构和所能承受的外载荷或公称接触角(滚动体与外圈接触处的法线与轴承半径方向之间所夹的锐角 $\alpha$,称为滚动轴承的公称接触角)的不同,滚动轴承分为向心轴承和推力轴承。

表 10-4 各类轴承的公称接触角

| 轴承<br>类型 | 向心滚动轴承 | | 推力滚动轴承 | |
|---|---|---|---|---|
| | 径向接触轴承 | 向心角接触轴承 | 推力角接触轴承 | 轴向接触轴承 |
| 公称<br>接触角 | $\alpha = 0°$ | $0° < \alpha < 45°$ | $45° < \alpha < 90°$ | $\alpha = 90°$ |
| 图例<br>(以球轴<br>承为例) | | | | |

(1)向心轴承。向心轴承主要用于承受径向载荷,其公称接触角 $0° < \alpha < 45°$。其中,径向接触轴承(如深沟球轴承、圆柱滚子轴承等)的公称接触角 $\alpha = 0°$;向心角接触轴承(如角接触球轴承、圆锥滚子轴承等)的公称接触角为 $0° < \alpha < 45°$。

(2)推力轴承。推力轴承主要用于承受轴向载荷,其公称接触角 $15° < \alpha < 90°$。其中,轴向接触轴承(如推力球轴承、推力圆柱滚子轴承等)的公称接触角 $\alpha = 90°$;推力角接触轴承(如推力角接触球轴承、推力调心滚子轴承等)的公称接触角 $45° < \alpha < 90°$。

**2. 按照滚动体的形状分类**

按滚动体的形状,滚动轴承可分为球轴承和滚子轴承。

(1)球轴承。球轴承的滚动体为球体,与内、外圈是点接触,运转时摩擦损耗小,承载和抗冲击能力较弱。

(2)滚子轴承。滚子轴承的滚动体为滚子,与内、外圈是线接触,运转时摩擦损耗大,但承载和抗冲击能力较强。滚子的主要形状有圆柱形、鼓形、螺旋形、圆锥形和滚针形等。如图所示

**3. 按照滚动体的列数**

按滚动体在滚动轴承中的列数又可分为单列、双列及多列。

(1)单列轴承。具有一列滚动体的轴承。

(2)双列轴承。具有两列滚动体的轴承。

(3)多列轴承。具有多于两列滚动体的轴承。

**4. 按工作时能否调心**

按滚动轴承在工作中能否调心滚动轴承还可分为刚性轴承和调心轴承。

常见的滚动轴承类型及结构如表 10-5 所示

### 表 10-5　常用的滚动轴承类型、主要性能和特点

| 轴承类型 | 简　图 | | 代　号 | 标准号 | 特　　性 |
|---|---|---|---|---|---|
| 调心球轴承 | | | 1 | GB/T 281—2013 | 　　主要承受径向载荷。也可同时承受少量的双向轴向载荷。外圈滚道为球面,具有自动调心性能,适用于弯曲刚度小的轴 |
| 调心滚子轴承 | | | 2 | GB/T 288—2013 | 　　用于承受径向载荷,其承载能力比调心球轴承大。也能承受少量的双向轴向载荷,具有调心性能,适用于弯曲刚度小的轴 |
| 圆锥滚了轴承 | | | 3 | GB/T 297—2015 | 　　能承受较大的径向载荷和轴向载荷。内、外圈可分离。故轴承游隙可在安装时候调整,通常成对使用。对称安装。 |
| 双列深沟球轴承 | | | 4 | — | 　　主要承受径向载荷,也能承受一定的双向轴向载荷,它比深沟球轴承具有更大的承载能力。 |
| 推力球轴承 | 单向 | | 5(5100) | GB/T 301—2015 | 　　只能承受单向轴向载荷,运用于轴向力大而转速较低的场合 |
| | 双向 | | 5(5200) | GB/T 301—2015 | 　　可承受双向轴向载荷。常用于轴向载大、转速不高的场合。 |
| 深沟球轴承 | | | 6 | GB/T 276—2013 | 　　主要承受经向载荷,也可同时承受少量向轴向载荷摩擦阻力小,极限转速高,结构简单,价格便宜,应用广泛。 |
| 角接触球轴 | | | 7 | GB/T 292—2007 | 　　能同时承受径向载荷与轴向载荷。接触角 α 有 15°、25°、40°三种。适用于转速较高,同时承受径向和轴向载荷的场合。 |

| 轴承类型 | 简 图 | 代 号 | 标 准 号 | 特 性 |
|---|---|---|---|---|
| 推力圆柱滚子轴承 | | 8 | GB/T 4663—2017 | 只能承受单向轴向载荷,承载能力比推力球轴承大多,不允许轴线偏移,适用于轴向载荷大而不需调心的场合。 |
| 圆柱滚子轴承 | | N | GB/T 283—2007 | 只能承受径向载荷,不能受轴向载荷.承受载荷能力比同尺寸的球轴承大,尤其是承受冲击载荷能力大。 |

### 10.5.3 滚动轴承代号

由于滚动轴承类型和尺寸规格繁多,为便于生产和使用,滚动轴承采用了国际通用的字母加数字混合代号编制,来表示轴承结构、尺寸、公差等级、技术性能等特征。国家标准 GB/T 272—2017 规定了滚动轴承代号的构成方法,一般印或刻在轴承套圆的端面上(表 10-6)。

滚动轴承的代号由三部分代号所组成:前置代号、基本代号和后置代号。

表 10-6　轴承代号的排列顺序

| 前置代号 | 基本代号 | | | | | 后置代号 | | | | | | |
|---|---|---|---|---|---|---|---|---|---|---|---|---|
| | 五 | 四 | | 三 | 二 | 一 | 内径结构代号 | 密封防尘结构代号 | 保持架及其材料代号 | 特殊轴承材料代号 | 公差等级代号 | 游隙代号 | 多轴承配置代号 | 其他代号 |
| 轴承代号 | 类型代号 | 尺寸系列代号 | | | 内径代号 | | 内径结构代号 | 密封防尘结构代号 | 保持架及其材料代号 | 特殊轴承材料代号 | 公差等级代号 | 游隙代号 | 多轴承配置代号 | 其他代号 |
| | | 宽径系列代号 | 直径系列代号 | | | | | | | | | | |

#### 1. 基本代号

基本代号是轴承代号的核心。前置代号和后置代号都是轴承代号的补充,用于轴承结构、形状、材料、公差等级、技术要求等有特殊要求的轴承,一般情况下可部分或全部省略。基本代号表示轴承的基本类型、结构和尺寸,共由五位数字或字母组成(尺寸系列代号如有省略,则为 4 位),是轴承代号的基础,包括以下三部分内容。

(1)类型代号。用数字或字母表示,其表示方法见表 10-7。

表 10-7　滚动轴承类型代号

| 轴承类型 | 类型代号 | 轴承类型 | 类型代号 |
|---|---|---|---|
| 双列角接触球轴承 | 0 | 角接触球轴承 | 7 |

续表

| 轴 承 类 型 | 类 型 代 号 | 轴 承 类 型 | 类 型 代 号 |
|---|---|---|---|
| 调心球轴承 | 1 | 推力滚子轴承 | 8 |
| 调心滚子轴承 | 2 | 推力圆锥滚子轴承 | 9 |
| 推力调心滚子轴承 | 29 | 圆柱滚子轴承 | N |
| 圆锥滚子轴承 | 3 | 滚针轴承 | NA |
| 双列深沟球轴承 | 4 | 外球面球轴承 | U |
| 推力球轴承 | 5 | 直线轴承 | L |
| 深沟球轴承 | 6 | — | — |

（2）尺寸系列代号。尺寸系列代号由轴承的宽度系列代号（推力轴承为高度系列代号）和直径系列代号（图 10-15）组成，表示轴承在结构、内径相同的条件下具有不同的外径和宽度。基本代号左起第二位表示宽度系列，代号有 0、1、2、3、4、5、6 等，宽度尺寸依次递增。宽度系列为 0 系列时，在代号中可以不标出。基本代号左起第三位表示直径系列，代号有 0、1、2、3、4 等，表示外径尺寸依次递增，见表 10-8。

表 10-8　尺寸系列代号

| 代号 | 7 | 8 | 9 | 0 | 1 | 2 | 3 | 4 | 5 | 6 |
|---|---|---|---|---|---|---|---|---|---|---|
| 宽度系列 | — | 特窄 | — | 窄 | 正常 | 宽 | 特宽 | | | |
| 直径系列 | 超特轻 | 超轻 | | 特轻 | | 轻 | 中 | 重 | — | |

  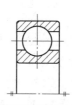 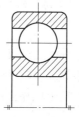

直径系列代号：1　　直径系列代号：2　　直径系列代号：3　　直径系列代号：4

图 10-15　直径系列对比图

（3）内径代号。内径代号是用两位数字表示轴承的内径，其含义见表 10-9。

表 10-9　轴承内径尺寸系列代号

| 轴承内径 /mm | 表 示 方 法 | | | | 举 例 说 明 | |
|---|---|---|---|---|---|---|
| | | | | | 轴承代号 | 内　径/mm |
| 10～17 | 内径代号 | 00 | 01 | 02 | 03 | 6301 | 12 |
| | 轴承内径 | 10 | 12 | 15 | 17 | | |
| 20～495 | 内径代号 04～99，内径 $d$=代号数 $*5$ | | | | | N2208 | 40 |

续表

| 轴承内径 /mm | 表 示 方 法 | 举例说明 | | |
|---|---|---|---|---|
| | | 轴承代号 | 内 | 径/mm |
| 22,28,32 | 代号直接用公称内径尺寸(mm)来表示,加入"/"与尺寸系列代号隔开 | 612/32 | | 32 |
| 1~9(整数) | | 603/8 | | 8 |
| 0.6~10（非整数） | | 718/3.5 | | 3.5 |
| 大于495 | | 203/510 | | 510 |

### 2. 前置代号

前置代号用字母表示，用以说明成套轴承部件的特点，如 NU 表示内圈无挡边的圆柱滚子轴承。一般轴承无须做此说明，则前置代号可以省略。如有需要，可以查阅机械设计手册。

### 3. 后置代号

后置代号用字母和字母-数字的组合来表示，按不同的情况可以紧接在基本代号之后或者用"-""/"符号隔开。

（1）内部结构代号。反映同一类轴承的不同内部结构，用字母表示，紧跟在基本代号后面。如接触角 $\alpha = 15°$、$25°$ 和 $40°$ 的角接触球轴承，分别用 C、AC、B 代表，见表 10-10。

表 10-10　轴承内径结构常用代号

| 代号 | 含义及示例 |
|---|---|
| C | 7210C:角接触球轴承;公称接触角 $\alpha = 15°$ |
| AC | 7210AC:角接触球轴承;公称接触角 $\alpha = 20°$ |
| B | 7210B:角接触球轴承;公称接触角 $\alpha = 40°$ |
| E | N207E:加强型(改进内部结构,增大承载能力) |

（2）公差等级。轴承的公差等级分为 8 个级别，精度依次由高至低，其代号分别为/PN、/P6、/P6X、/P5、/P4、/P2、/SP、/UP。/PN 级为普通级，代号可省略标注，见表 10-11。

表 10-11　轴承公差等级代号

| 代 号 | | 含义和示例 |
|---|---|---|
| 新 标 准 GB/T 272-2017 | 旧 标 准 GB 272-1993 | |
| — | /P0 | 公差等级符合标准规定的 0 级,代号中不表示,如 6203 |
| /PN | — | 公差等级符合标准规定的普通级,代号中不表示,如 6203 |
| /P6 | /P6 | 公差等级符合标准规定的 6 级,如 6203/P6 |
| /P6X | /P6X | 公差等级符合标准规定的 6X 级,如 6203/P6X |
| /P5 | /P5 | 公差等级符合标准规定的 5 级,如 6203/P5 |
| /P4 | /P4 | 公差等级符合标准规定的 4 级,如 6203/P4 |
| /P2 | /P2 | 公差等级符合标准规定的 2 级,如 6203/P2 |
| /SP | — | 尺寸精度相当于 5 级,旋转精度相当于 4 级,6203/SP |
| /UP | — | 尺寸精度相当于 4 级,旋转精度高于 4 级,6203/UP |

（3）游隙代号。游隙是指轴承内外圈沿半径方向或轴向的相对最大位移量,分为轴向游隙和径向游隙,如图 10-16 所示。游隙分 8 个组别,代号分别为/C2、/CN、/C3、/C4、/C5、/CA、/CM、/C9,其中,/CN 组是常用的基本游隙组别,轴承代号中省略不表示。旋转精度要求高时选用小的游隙组,高温下工作应采用大的游隙组。

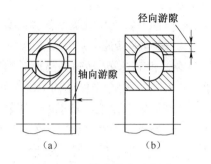

图 10-16 轴承游隙示意图

当公差等级和游隙组别代号同时标注时,游隙代号前的"/"。可省略。其他项目组在配置、噪声、摩擦力矩、润滑等方面特殊要求的代号参见国家标准 GB/T 272—2017,或厂家的说明。

**例 10-2** 试说明轴承代号 6206、32315E、7312C 及 51410/P6 的含义。

**解**:6206:(从左至右)6 为深沟球轴承;(0)2 为尺寸系列代号,直径系列为 2,宽度系列为 0（省略）;06 为轴承内径 30mm;公差等级为普通级。

32315E:(从左至右)3 为圆锥滚子轴承;23 为尺寸系列代号,直径系列为 3,宽度系列为 2;15 为轴承内径 75mm;E 为加强型;公差等级为普通级。

7312C:(从左至右)7 为角接触球轴承;(0)3 为尺寸系列代号,直径系列为 3,宽度系列为 0(省略);12 为轴承内径 60mm;C 为公称接触角 $\alpha=15°$;公差等级为普通级。

51410/P6:(从左至右)5 为双向推力轴承;14 为尺寸系列代号,直径系列为 4,宽度系列为 1;10 为轴承直径 50mm;P6 前有"/",为轴承公差等级为 P6 级。

### 10.5.4 滚动轴承的类型选择

滚动轴承的类型很多,选用轴承首先是选择类型。选择轴承类型时,应先考虑轴承的工作条件、各类轴承的特点、价格等因素。与一般的零件设计一样,轴承类型选择方案也不是唯一的,可以有多种选择方案。选择时,应首先提出多种可行方案,经进行深入分析比较后,再决定选用哪一种较为合理的轴承类型。一般,选择滚动轴承类型时应考虑的问题主要有以下几个方面。

**1. 载荷的大小、方向及性质**

轴承所受的载荷、大小、方向和性质是选择轴承类型的主要依据。

（1）受纯径向载荷时应选用向心轴承( 如 60000、N0000、NU0000 型等 );受纯轴向载荷应选用推力轴承( 如 50000 型)。

（2）对于同时承受径向载荷 $F_r$ 和轴向载荷 $F_a$ 的轴承,应根据两者($F_a/F_r$)的比值来确定。若 $F_a$ 相对于 $F_r$ 较小时,可选用深沟球轴承(60000 型)、接触角不大的角接触球轴承(70000C 型)及圆锥滚子轴承(30000 型);当 $F_a$ 相对于 $F_r$ 比较大时,可选用接触角较大的角接触球轴承(70000AC 型或 70000C 型);当 $F_a$ 比 $F_r$ 大很多时,则应考虑采用向心轴承和推力轴承的组合结构,以分别承受径向载荷和轴向载荷。

（3）在同样外廓尺寸的条件下,滚子轴承比球轴承的承载能力和抗冲击能力要大。故载荷较大、有振动和冲击时,应优先选用滚子轴承;反之,轻载和要求旋转精度较高的场合应选择球轴承。

(4)同一轴上两处支承的径向载荷相差较大时,也可以选用不同类型的轴承。

**2. 轴承的转速**

在一般转速下,转速的高低对类型选择影响不大,只有当转速较高时,才会有比较显著的影响。但是一般必须保证轴承能在低于极限转速条件下工作。

(1)球轴承比滚子轴承的极限转速高,所以在高速情况下应选择球轴承;

(2)当轴承内径相同,外径越小则滚动体越小,产生的离心力越小,对外径滚道的作用也小,所以外径越大极限转速越低;

(3)实体保持架比冲压保持架允许有较高的转速;

(4)推力轴承的极限转速低,所以当工作转速较高而轴向载荷较小时,可以采用角接触球轴承或深沟球轴承。

**3. 调心性能**

当两轴孔的轴心偏差较大,或轴工作时变形过大时,宜选用调心轴承。但调心轴承需成对使用,否则将失去调心作用。圆柱滚子轴承和滚针轴承不允许角偏差,尽量避免使用。

**4. 安装与拆卸方便**

轴承在径向安装空间受限时,宜选轻和特轻系列,或滚针轴承;在轴向安装空间受限时,宜选窄系列;在轴承座不是剖分而必须沿轴向装拆-以及需要频繁装拆轴承时,可选内外圈可分离的轴承,如圆锥滚子轴承等。

**5. 经济性能**

在满足使用要求的情况下,应尽量选用价格低廉的轴承。一般球轴承比滚子轴承便宜,精度低的轴承比精度高的便宜。

根据上述类型的性能特点介绍可归纳如下:球轴承极限转速高于滚子轴承;向心轴承的极限转速高于推力轴承;单列的高于双列的极限转速;滚子轴承的承载能力高于球轴承;双列轴承的承载能力高于单列轴承;调心轴承具有调心作用,适合于同轴度不高、轴的刚度较小的场合;角接触轴承能够承受径向和轴向双向载荷;球轴承的价格低于滚子轴承的价格。

因此,在选择轴承时,转速较高、载荷较小时宜选用球轴承;转速较低、载荷较大或有冲击载荷时则选用滚子轴承。

同时受径向和轴向联合载荷,一般选用角接触球轴承或圆锥滚子轴承;若径向载荷较大、轴向载荷小时,可选用深沟球轴承;当轴向载荷较大、径向载荷小时,可采用推力角接触球轴承或选用推力球轴承和深沟球轴承的组合结构。当两轴承座孔轴线不对中或由于加工、安装误差和轴挠曲变形大等原因使轴承内外圈倾斜角较大时选用调心轴承。为便于安装 拆卸和调整间隙常选用内外圈可分离的分离型轴承,如圆锥被子轴承等。

选轴承时,精度等级的选择要注意经济性。球轴承比滚子轴承便宜;同型号尺寸公差等级为 P0、P6、P5、P4、P2 的滚动轴承价格比约为 1∶1.5∶2∶7∶10。

## 10.6 滚动轴承的寿命及尺寸选择

滚动轴承的设计计算要解决的问题可以分为两类:

（1）对于已选定具体型号的轴承,求在给定载荷下不发生点蚀的使用期限,即寿命计算。

（2）在规定的寿命期限内和给定载荷情况下选取某一具体轴承的型号（即选型设计）。滚动轴承尺寸选择的基本理论是通过对轴承在实际使用过程中的破坏形式进行总结而建立起来的,所以首先必须了解滚动轴承的失效形式。

### 10.6.1　滚动轴承的主要失效形式

**1. 疲劳点蚀**

轴承在安装正确、润滑充分以及使用维护良好的正常工作状态下,滚动体和内外圈滚道表面受循环变应力的作用。当表面接触变应力的循环次数达到一定后,在滚动体和内、外圈滚道表面上就会出现疲劳点蚀。疲劳点蚀使轴承的工作温度上升,振动、噪声加剧,回转精度随之下降,失去正常工作能力。疲劳点蚀是轴承的主要失效形式。

**2. 塑性变形**

在过大的静载荷和冲击载荷作用下,滚动体和套圈滚道接触处受到的局部应力超过材料的屈服极限,在滚动体或套圈滚道上会产生不均匀的塑性变形凹坑,引起振动、噪声、运转精度降低,使轴承工作失效。对于摆动、转速很低或重载、大冲击工作条件下的滚动轴承,塑性变形是主要的失效形式。

**3. 磨损**

当轴承在使用不当、润滑不良、密封效果差的工作条件下,易使轴承出现过度磨损,导致轴承游隙加大,运动精度降低,振动和噪声增加。

此外,轴承还可能因套圈断裂、保持架损坏而报废。

### 10.6.2　滚动轴承的设计准则

在选择轴承类型后,在确定其尺寸和型号时,对于制造良好、安装维护正常的轴承,最常见的失效形式是疲劳点蚀和塑性变形,针对这两类破坏形式,采用的相应计算准则是:针对疲劳点蚀进行接触疲劳承载能力计算和针对塑性变形进行静强度计算。

虽然滚动轴承的其他失效形式（如套圈断裂、滚动体破碎、保持架磨损、锈蚀等）也时有发生,但只要制造合格、设计合理、安装维护正常,都是可以防止的。所以在工程上,主要以疲劳点蚀和塑性变形两类失效形式进行计算。

此外,轴承组合结构设计要合理,保证充分的润滑和可靠的密封,对提高轴承的寿命和保证正常工作是非常重要的。

### 10.6.3　轴承寿命计算

**1. 轴承寿命**

1）轴承寿命

滚动轴承中任一元件出现疲劳点蚀前运转的总转数,或在一定转速下的工作小时数,称为轴承的寿命。

2）轴承寿命的离散性与可靠度

由于轴承的制造精度、材质、工艺等差异,即使是同批生产规格型号相同的一组轴承,在相同实验条件下的寿命仍然相差悬殊,这表明滚动轴承的疲劳寿命相当离散。

轴承寿命的可靠度是指一组相同的滚动轴承在相同条件下运转所期望达到或超过规定寿命的百分率。而单个滚动轴承的可靠度为该轴承达到或超过规定寿命的概念。因此,轴承寿命是与某一可靠度相联系的。对于不同的相对寿命,轴承有不同的破坏概率(或可靠性概率)。

3)基本额定寿命

图 10-17 所示为滚动轴承的寿命曲线,为了恰当反映滚动轴承的寿命,国家标准规定:对于同一批在同一条件下运转的滚动轴承,其中 10% 的轴承在产生疲劳点蚀前所能运转的总转数(以 $10^6$ 为单位)或一定转速下的工作时数,称为基本额定寿命。基本额定寿命可以用总转数 $L_{10}$(单位为 $10^6$)或工作小时数 $L_h$(单位为 h)表示。因此,轴承的基本额定寿命是在可靠度为 90%(发生疲劳点蚀的概率为 10%,用 $L_{10}$ 表示)的条件下定义的(表示单个轴承能达到或超过基本额定寿命的概率为 90%)。在滚动轴承标准中,采用基本额定寿命 $L_{10}$ 作为滚动轴承的寿命指标。

4)基本额定动载荷。

以 6305 轴承为例,如图 10-18 所示,基本额定寿命 $L_{10} = 1 \times 10^6 r$ 时,轴承所能承受的载荷,称为基本额定动载荷 $C$。基本额定动载荷 $C$ 值越大,轴承抗疲劳点蚀的能力越强。基本额定动载荷分为两类:对主要承受径向载荷的向心轴承,为径向基本额定动载荷 $C_r$;对主要承受轴向载荷的推力轴承,为轴向基本额定动载荷 $C_a$。

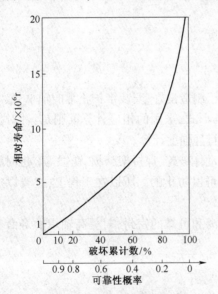

图 10-17　滚动轴承寿命曲线

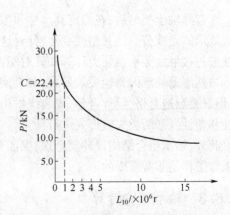

图 10-18　6305 轴承载荷-寿命曲线

对于角接触球轴承和圆锥滚子轴承,基本额定动载荷是指引起轴承套圈相互产生纯径向位移的载荷的径向分量,也用 $C_r$ 表示。

**2. 滚动轴承寿命计算**

滚动轴承在设计的过程中,会出现以下两种情况:

（1）对于具有基本额定动载荷 $C$ 的轴承，当它所受的载荷 $P$（计算值）等于 $C$ 时，其基本额定寿命就是 $10^6$ r。但是，当 $P \neq C$ 时，轴承的寿命是多少？

（2）如果已知轴承应该承受的载荷 $P$，而且要求轴承的寿命为 $L$，那么应如何选择轴承？

这时候我们就需要对滚动轴承的寿命进行计算。经过大量的实验，得出轴承的寿命计算公式：

$$L_{10} = \left(\frac{C}{P}\right) \varepsilon \cdot (10^6 \text{r}) \tag{10-7}$$

式中　$L_{10}$——基本额定寿命（r）；

　　　$\varepsilon$——轴承寿命指数，对于球轴承 $\varepsilon = 3$，对于滚子轴承 $\varepsilon = 10/3$；

　　　$P$——轴承承受的载荷，N；

　　　$C$——基本额定动载荷，N。

在日常生活中，我们习惯上用小时数 $L_n$ 表示轴承寿命，若轴承转速为 $n$，$L_{10} = 60n \cdot L_n$，则

$$L_n = \frac{10^6}{60n}\left(\frac{C}{P}\right)^\varepsilon \tag{10-8}$$

由此可知，轴承的基本额定动载荷为

$$C = P^\varepsilon \sqrt{\frac{60n \cdot L_h}{10^6}} \tag{10-9}$$

在轴承标准和样本中所得到的基本额定动载荷是针对一般工作环境而言的，如果工作在高温情况下，基本额定动载荷会有所降低，需引进温度系数 $f_T$，对值予以修正。$f_T$ 的具体数值见表 10-12。考虑到工作中的冲击和振动会使轴承寿命降低，为此引进载荷系数 $f_P$，可查表 10-13。

**表 10-12　温度系数 $f_T$ 的参考值**

| 轴承工作温度（℃） | ≤120 | 125 | 150 | 175 | 200 | 225 | 250 | 300 | 350 |
|---|---|---|---|---|---|---|---|---|---|
| 温度系数 $f_T$ | 1 | 0.95 | 0.9 | 0.85 | 0.8 | 0.75 | 0.7 | 0.6 | 0.5 |

**表 10-13　载荷系数 $f_P$ 的参考值**

| 载荷性质 | 无冲击或轻微冲击 | 中等冲击 | 强烈冲击 |
|---|---|---|---|
| $f_P$ | 1.0~1.2 | 1.2~1.8 | 1.8~3.0 |

综上，得

$$L_h = \frac{10^6}{60n}\left(\frac{f_T C}{f_P P}\right)^\varepsilon \tag{10-10}$$

$$C = \frac{f_T}{f_P} \cdot P^\varepsilon \sqrt{\frac{60n \cdot L_h}{10^6}} \tag{10-11}$$

上式是设计计算时常用的轴承寿命计算式，由此可确定轴承的寿命或型号。表 10-14 所示为 $L_h$ 的参考值

表 10-14　轴承预期寿命的 $L_h$ 的参考值

| 使用场合 | $L_h(\text{h})$ |
|---|---|
| 不经常使用的仪器和设备 | 500 |
| 短时间或间断使用,中断时不致引起严重后果 | 4 000~8 000 |
| 间断使用,中断会引起严重后果 | 8 000~12 000 |
| 每天工作 8h 的机械 | 12 000~20 000 |
| 24h 连续工作的机械 | 40 000~60 000 |

**3. 滚动轴承的当量动载荷计算**

(1)对于仅能承受径向载荷 $F_r$ 的圆柱滚子轴承(N0000 型)和滚针轴承(NA0000 型),当量动载荷即为轴承的径向载荷,$P = F_r$。

(2)对于仅能承受轴向载荷 $F_a$ 的推力球轴承(51000 型和 52000 型)和推力圆柱滚子轴承(80000 型),当量动载荷即为轴承的轴向载荷,$P = F_a$。

(3)对于能同时承受径向载荷 $F_r$ 和轴向载荷 $F_a$ 的深沟球轴承(60000 型)、调心球轴承与调心滚子轴承(10000 型和 20000 型)、向心角接触轴承(70000 型)和圆锥滚子轴承(30000型),当量动载荷的计算公式为

$$P = XF_r + YF_a \tag{10-12}$$

式中　$X$——径向动载荷系数;

　　　$Y$——轴向动载荷系数。

径向载荷系数 $X$ 和轴向载荷系数 $Y$ 的确定:

(1)计算轴承的相对轴向载荷 $F_a/C_0$($C_0$ 是轴承的基本定额静载荷,可以在机械设计手册中查取),从表10-15中查出对应的载荷转换判定系数 $e$。

(2)计算轴承的轴向载荷与径向载荷的比值 $F_a/F_r$,根据 $F_a/F_r$ 与 $e$ 的大小关系,由表10-15查出对应的 $X$ 和 $Y$。

表 10-15　当量动载荷系数 $X$、$Y$ 值

| 轴承类型 名称 | 轴承类型 代号 | $\dfrac{F_a}{C_0}$ | 判定系数 $e$ | $\dfrac{F_a}{C_0} \ll 0$ X | $\dfrac{F_a}{C_0} \ll 0$ Y | $\dfrac{F_a}{C_0} \gg e$ X | $\dfrac{F_a}{C_0} \gg e$ Y |
|---|---|---|---|---|---|---|---|
| 深沟球轴承 | 60000 | 0.172 | 0.19 | 1 | 0 | 0.56 | 2.30 |
| | | 0.345 | 0.22 | | | | 1.99 |
| | | 0.689 | 0.26 | | | | 1.71 |
| | | 1.030 | 0.28 | | | | 1.55 |
| | | 1.380 | 0.30 | | | | 1.45 |
| | | 2.070 | 0.34 | | | | 1.31 |
| | | 3.450 | 0.38 | | | | 1.15 |
| | | 5.170 | 0.42 | | | | 1.04 |
| | | 6.890 | 0.44 | | | | 1.00 |

| 轴 承 类 型 | | $\dfrac{F_a}{C_0}$ | 判断系数 $e$ | $\dfrac{F_a}{C_0}\leqslant 0$ | | $\dfrac{F_a}{C_0}>e$ | |
|---|---|---|---|---|---|---|---|
| 名　　称 | 代　　号 | | | $X$ | $Y$ | $X$ | $Y$ |
| 角接触球轴承 | 70000C<br>$\alpha=15°$ | 0.38 | 0.015 | 1 | 0 | 0.44 | 1.47 |
| | | 0.40 | 1.029 | | | | 1.40 |
| | | 0.43 | 0.058 | | | | 1.30 |
| | | 0.46 | 0.087 | | | | 1.23 |
| | | 0.47 | 0.120 | | | | 1.19 |
| | | 0.50 | 0.170 | | | | 1.12 |
| | | 0.55 | 0.290 | | | | 1.02 |
| | | 0.56 | 0.440 | | | | 1.00 |
| | | 0.56 | 0.580 | | | | 1.00 |
| | 70000AC<br>$\alpha=25°$ | 0.68 | — | 1 | 0 | 0.41 | 0.87 |
| | 70000B<br>$\alpha=40°$ | 1.14 | — | 1 | 0 | 0.35 | 0.57 |
| | 30000 | — | $1.5\tan\alpha$ | 1 | 0 | 0.4 | $0.4\cot\alpha$ |

### 4. 向心角接触轴承的载荷计算

1) 向心角接触轴承受力分析

载荷作用中心 $O$ 的位置应为各滚动体的载荷矢量与轴中心线的交点。

2) 内部轴向力

由于接触角 $\alpha(0°<\alpha<45°)$ 的存在,当它承受径向载荷 $F_r$ 时,将派生一个内部轴向力,如图 10-19 所示,用 $F_s$ 表示。各种角接触轴承的内部轴向力 $F_s$ 的大小按表 10-16 确定。$F_s$ 的方向由轴承外圈的宽端面指向窄端面。

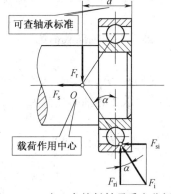

图 10-19　向心角接触轴承受力分析图

**表 10-16　角接触向心轴承内部轴向力 $F_s$**

| 轴承类型 | 角接触球轴承 | | | 圆锥滚子轴承 |
|---|---|---|---|---|
| | $\alpha=15°$（7000C） | $\alpha=25°$（7000AC） | $\alpha=40°$（7000B） | $F_s=\dfrac{F_r}{2Y}$ |
| $F_s$ | $F_s=e\cdot F_r$ | $0.68F_r$ | $1.14F_r$ | （$Y$ 是 $\dfrac{F_s}{F_r}>e$ 时的轴向系数） |

为了使内部轴向力得到平衡,通常角接触轴承都要成对使用,对称安装。安装方式有正装和反装两种,图 10-20(a)所示的轴承外圈窄边相对也称为面对面安装,称为正装。图 10-20

(b)所示的轴承外圈为宽边相对也称背对背安装,称为反装。

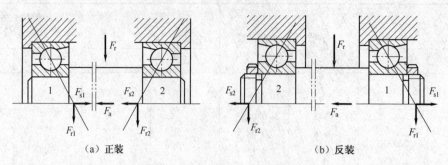

（a）正装 　　　　　　　　　　　　　（b）反装

图 10-20 　角接触轴承的安装方式示意图

在图 10-20 中,$F_r$,$F_a$ 分别为作用于轴上的径向外载荷和轴向外载荷。两轴承所受的径向载荷 $F_{r1}$,$F_{r2}$ 是根据作用于轴上的径向外载荷求得的支反力,而两轴承所受的轴向载荷 $F_{a1}$、$F_{a2}$ 应综合考虑派生轴向力 $F_{s1}$、$F_{s2}$ 和轴向外载荷 $F_a$ 的影响。当在轴上作用有外载轴向力 $F_a$ 时,如果把派生轴向力的方向与 $F_a$ 的方向相一致的轴承记作 1,另一端的轴承记作 2,使得两个轴承达到轴向上的平衡,必须满足 $F_a = F_{s2} - F_{s1}$。当受力不满足此条件时,会出现以下两种情况

（1）$F_a > F_{s2} - F_{s1}$ 时,如图 10-21 所示,轴有向左移动的趋势,故轴承 2 被压紧,轴承 1 被放松。此时,轴承 2 的轴向载荷为

$$F_{s2} = F_a + F_{s1}$$

轴承 1 的轴向载荷为

$$F_{a1} = F_{s2}$$

（2）$F_a < F_{s2} - F_{s1}$ 时,如图 10-22 所示,轴有右移的趋势,故轴承 2 被放松,轴承 1 被压紧。此时,轴承 2 的轴向载荷为

$$F_{a2} = F_{s1}$$

轴承 1 的轴向载荷为

$$F_{a1} = F_{s2} - F_a$$

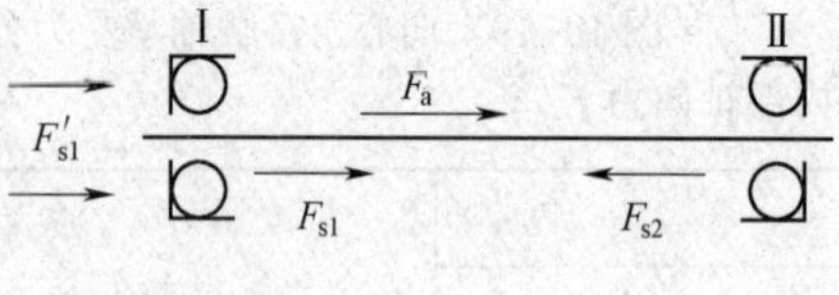

图 10-21 　$F_a > F_{s2} - F_{s1}$ 时轴向力示意

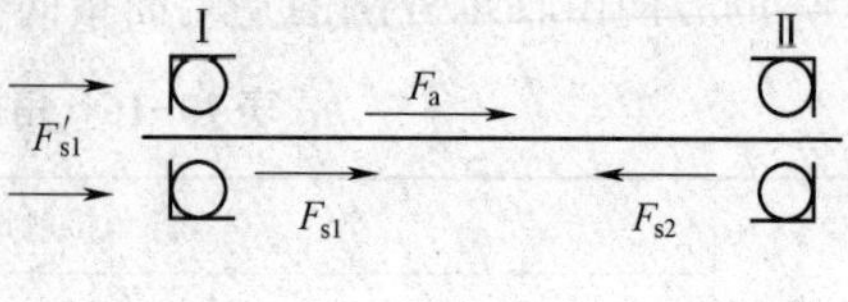

图 10-22 　$F_a < F_{s2} - F_{s1}$ 时轴向力示意

综上所述,压紧端的轴向载荷等于除自身派生轴向力以外其余轴向力的代数和(同向时相加,反向时相减);放松端的轴向载荷等于它自身的派生轴向力,即

$$F_{a紧} = F_a \pm F_{s松} \tag{10-13}$$

$$F_{a松} = F_{s松} \tag{10-14}$$

当然首先要根据轴承的安装方式确定派生轴向力的方向和大小,并分析哪端轴承压紧、哪端轴承放松。

**5. 滚动轴承的静载荷**

静强度计算的目的是防止轴承在载荷的作用下产生过大的塑性变形。在以下受载情况下,需要计算滚动轴承的静强度。

(1)对于承受连续载荷或间断(冲击)载荷而不旋转的轴承。

(2)载荷作用下缓慢旋转(有短期过载)的轴承。

(3)承受正常载荷但受到短时冲击的轴承。当受载最大的滚动体与套圈滚道接触处产生的总塑性变形量达到滚动体直径的万分之一时,所对应接触应力的载荷称为滚动轴承的基本额定静载荷 $C_0$(见轴承手册中的 $C_0$)。

滚动轴承的静强度条件

$$C_0 \geqslant S_0 \cdot P_0 \tag{10-15}$$

式中 $S_0$——轴承静载荷强度安全系数,可根据表 10-17 选取。

$P_0$——当量静载荷,将轴承的实际载荷转换为与额定静载荷条件一致时的载荷。

$$P_0 = X_0 \cdot F_r + Y_0 \cdot F_a \tag{10-16}$$

其中,$X_0$、$Y_0$ 为当量静载荷的径向动载荷系数和轴向动载荷系数,可查表 10-18。

表 10-17　静强度安全系数 $S_0$

| 旋 转 条 件 | 载 荷 条 件 | $S_0$ | 使 用 条 件 | $S_0$ |
|---|---|---|---|---|
| 连续旋转轴承 | 普通载荷 | 1.0~2.0 | 高精度旋转场合 | 1.5~2.5 |
|  | 冲击载荷 | 2.0~-3.0 | 振动冲击场合 | 1.2~2.5 |
| 不旋转轴承 摆动轴承 | 普通载荷 | 0.5 | 普通旋转精度场合 | 1.0~1.2 |
|  | 冲击不均匀载荷 | 1.0~1.5 | 允许变形量场合 | 0.3~1.0 |

表 10-18　静载荷系数 $X_0$、$Y_0$

| 轴承类型 | | $X_0$ | $Y_0$ |
|---|---|---|---|
| 深沟球轴承 | | 0.6 | 0.5 |
| 角接触球轴承 | 7000C | 0.5 | 0.4 |
|  | 7000AC |  | 0.38 |
|  | 7000B |  | 0.2 |
| 圆锥滚子轴承 | | 0.5 | — |

**例 10-3**　根据工作条件决定选用 6300(300)系列的深沟球轴承。轴承载荷 $F_r = 5\,000$ N,$F_a = 2500$ N,轴承转速 $n = 1\,000$ r/min,运转时有轻微冲击,预期计算寿命 $L_h = 5\,000$ h,装轴承处的轴径直径可在 50~60 mm 内选择,试选择球轴承型号。

**解**　①求比值。$F_a/F_r = 2\,500/5\,000 = 0.5$。根据表 10-15,深沟球轴承的最大 $e$ 值为 0.44,故此时 $F_a/F_r > e$。

②初步计算当量动载荷 $P$。由式 $P = f_P(XF_r + YF_a)$,按表 10-15,$X = 0.56$,$Y$ 值需在已知型号和基本额定静载荷 $C_0$ 后才能求出。现暂时选一平均值,取 $Y = 1.5$ 并由表 10-13 取 $f_P =$

1.1,则
$$P = 1.1 \times (0.56 \times 5\,000 + 1.5 \times 2\,500) = 7\,205(\text{N})$$
③根据寿命计算公式可以求轴承应具有的基本额定动载荷值。
$$C = P^\varepsilon \sqrt{\frac{60n \cdot L_\text{h}}{10^6}} = 7\,205 \times \sqrt{\frac{60 \times 1\,000 \times 5\,000}{10^6}} = 4\,823(\text{N})$$
④根据轴承样本,选择 $C = 55\,200$ N 的 6311(311)轴承,该轴承的 $C_0 = 41\,800$ N。验算如下:

a. $F_\text{a}/C_0 = 2\,500/41\,800 = 0.059\,8$,根据表 10-15,$Y$ 的取值范围为 1.6~1.8。用线性插值法求 $Y$ 值:
$$Y = 1.8 + \frac{1.6 - 1.8}{0.07 - 0.04} \times (0.059\,8 - 0.4) = 1.668$$
故取 $X = 0.56$,$Y = 1.668$。

b. 计算当量载荷
$$P = 1.1 \times (0.56 \times 5\,000 + 1.668 \times 2\,500) = 7\,667 \text{ N}$$

c. 验算轴承的寿命
$$L_\text{h} = \frac{10^6}{60n}\left(\frac{C}{P}\right)^3 = \frac{10^6}{60 \times 1\,000}\left(\frac{55\,200}{7\,667}\right)^3 = 6\,220 \text{ h} > 5\,000 \text{ h}$$
故所选轴承能够满足设计要求。

## 10.7 滚动轴承的组合设计

为了保证轴承的正常工作,除合理选择轴承类型、型号外,还要正确解决轴承的安装、固定、调整、配合、润滑和密封等问题,也就是要合理地进行轴承的组合设计。

### 10.7.1 滚动轴承的轴向固定

为保证各零件的位置不产生轴向窜动,轴系应进行轴向定位;同时,还要预留适当的轴向间隙,保证当工作温度变化时,轴系能自由伸缩。轴系部件是依靠轴承在支座上的支承结构实现轴向与周向支承定位的,这就要求在轴上零件固定的基础上,必须合理地设计轴系支点的轴向固定结构。

根据轴承的不同结构形式,常见的轴向固定方式有以下三种。

(1)两支点单向固定支承(图 10-23)。即两端轴承各限制一个方向的轴向位移,对于整个轴系而言,两个方向都受到了轴向定位。考虑到轴工作受热有少量伸长,一般在轴承安装时端盖与轴承外圈留有 0.25 mm~0.4 mm 的轴向间隙,间隙量常用一组垫片或调整螺钉来调整。这种支承形式结构简单,但只适用于跨距较小(跨距≤350 mm)和温度变化不大的轴。

(2)单支点双向固定支承(图 10-24)。一个支承的轴承内、外圈双向固定,另一个支承的轴承可以轴向游动,适用于温度变化大和跨距大的轴。

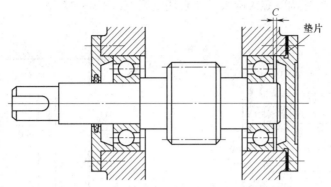

图 10-23　两支点单向固定支承示意图

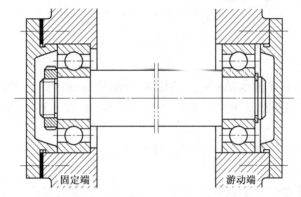

图 10-24　单支点双向固定支承示意图

（3）双支点游动支承（图 10-25）。采用能左右双向游动的轴,即两端游动的轴系结构。两端都选用圆柱滚子轴承,由于内、外圈具有可分离特性,轴系可以左右轴向移动。

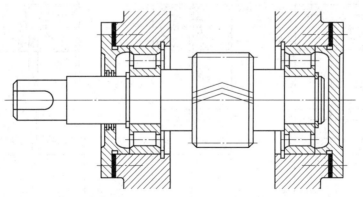

图 10-25　双支点游动支承示意图

## 10.7.2　轴向位置的调整

### 1. 轴承间隙调整

（1）调整垫片。靠加减轴承盖与机座之间的垫片厚度来调整轴承间隙（图 10-26）。

（2）调节螺钉。通过调整螺纹旋入尺寸来调整间隙（图10-27）。

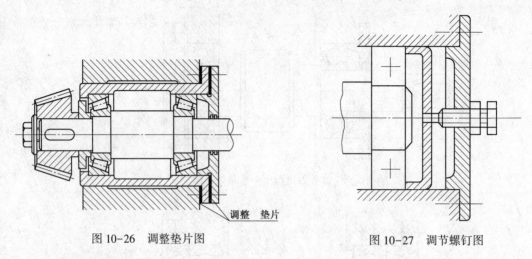

图 10-26　调整垫片图

图 10-27　调节螺钉图

**2. 轴承的预紧**

滚动轴承的预紧是指在轴承安装时，采用结构措施使滚动体和套圈滚道在装配时即处于压紧力作用下，并产生预变形。预紧可消除轴承内部间隙，提高轴承刚度，提高轴承的旋转精度。

预紧的方法如图10-28所示，有在外圈（或内圈）之间加金属垫片、磨窄套圈及内外圈分别安装长度不同的套筒等。

预紧力的大小要根据轴承的载荷、使用要求来决定。预紧力过小，会达不到增加轴承刚性的目的；预紧力过大，又将使轴承中摩擦增加，温度升高，影响轴承寿命。在实际工作中，预紧力大小的调整主要依靠经验或试验来决定。

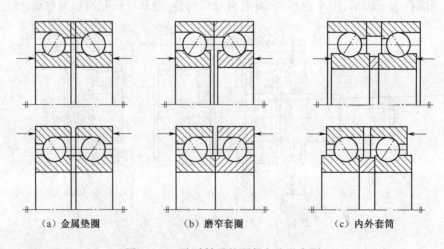

（a）金属垫圈　　　　　　（b）磨窄套圈　　　　　　（c）内外套筒

图 10-28　滚动轴承的预紧方法示意图

## 10.7.3　提高轴承系统的刚度和同轴度

轴承正常工作要求轴具有一定的刚性，而且也要求轴承孔座具有足够的刚性，以免轴或轴承孔座产生过大的弹性变形,造成轴承内、外圈轴线相对偏斜,使滚动体滚动受阻,降低轴承的旋转精度和使用寿命。因此,轴承座孔壁应有足够的厚度,并可采用加强肋来增强刚度,如图10-29 所示。

同一轴上的轴承座孔必须保证同轴度,以免轴承内外圈轴线产生过大偏斜而影响轴承寿命。为此,两端轴承尺寸应尽可能相同。当同一轴上装有不同外径尺寸的轴承时,可采用套杯结构安装外径较小的轴承,如图 10-30 所示。

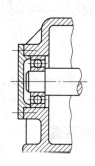

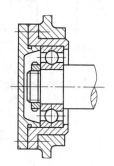

图 10-29　加强肋的轴承座示意图　　　　　图 10-30　　使用套杯的轴承座示意图

### 10.7.4　配合和装拆

#### 1. 滚动轴承的配合

滚动轴承是标准件,其内孔和外径均为基准公差。因此,轴承内圈与轴的配合采用基孔制,轴承外圈与轴承座孔的配合采用基轴制,在配合中不必标注。

选择轴承的配合时主要考虑轴承内、外圈所承受的载荷大小、方向和性质,轴承的转速和使用条件等,一般轴承内圈旋转,外圈不旋转。当载荷较大或有冲击、振动,转动圈的转速很高,工作温度变化很大时,内圈与轴选用过盈配合,常用 n6、m5、m6,k6 等。对游动端的轴承,要求外圈在运转中轴向游动,或经常拆装的场合,外圈与座孔选用间隙配合,常用 J7、H7、G7 等。

#### 2. 拆装

设计任何一部机器时都必须考虑零部件的装配与拆卸,以便在装拆过程中不损坏轴和轴上的其他零件。轴上的齿轮一般用压入或热配方式套入,套筒等一般均为过渡配合,安装较为容易。

滚动轴承的装拆原则是不允许通过滚动体传递装拆压力,即装拆内圈时施加的装拆压力必须直接作用于内圈,而装拆外圈时施加的装拆压力必须直接作用于外圈,以防止损坏轴承。

滚动轴承的内圈通常与轴颈配合较紧,安装时为了不损伤轴承及其他零件,对于中、小型轴承可用手锤敲击装配套筒,如图10-31 所示。对于尺寸较大的轴承,一般可用压力法,将轴承的内圈用压力机压入轴颈;有时为了便于安装,可先将轴承放在温度为 80~100 ℃的热油中预热,然后进行安装。

拆卸轴承一般可用压力机或拆卸工具(图 10-32)。为拆卸方便,设计时应使轴上定位轴肩的高度小于轴承内圈的高度,或在轴肩上预先开槽,以便有足够的空间位置安放拆卸工具。

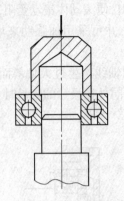

图 10-31　用手锤安装轴承示意图

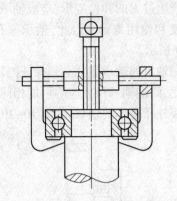

图 10-32　专用工具进行轴承的拆卸示意图

## 10.8　轴承的润滑、润滑装置和密封装置

### 10.8.1　润滑介质

润滑剂分为润滑油、润滑脂和固体润滑剂三类。

**1. 润滑油**

用作润滑剂的油类可概括为三类:有机油,矿物油、化学合成油。矿物油主要是石油产品,因其来源充足成本低廉,适用范围广而且稳定性好,故应用最为广泛。润滑剂的主要性能指标有黏度、油性、凝点等。

**2. 润滑脂**

润滑脂是润滑油与各种稠化剂(如钙、锂、销等金属皂)的混合物,其密封简单,不易流失不需经常添加,因此在垂直的摩擦表面也可应用。润滑脂受温度的影响不大,对载荷和速度的变化有较大的适用范围,但摩擦损失大,效率低,故不宜用于高速的场合。总的来说,低速而带有冲击的机器均可以使用润滑脂润滑。

**3. 固体润滑剂**

常用的固体润滑剂有石墨和二硫化钼。在滑动轴承中主要以粉剂加入润滑油或润滑脂中,用于提高其润滑性能,减小摩擦损失,提高轴承使用寿命。尤其高温、重载下工作的轴承,采用添加二硫化钼的润滑剂,能获得良好的润滑效果。

**4. 润滑介质的选用原则**

1) 滑动轴承润滑介质的选用

在液体摩擦和非液体摩擦滑动轴承中,大多选用润滑油。在轴承载荷大、有冲击、温度高、工作表面粗糙等情况下,宜选用黏度大的润滑油;载荷小、轴颈转速高时宜选用黏度较小的润滑油;当轴颈速度低于 1~2 m/s 时,宜选用润滑脂,但要注意润滑脂的温度适用范围;当轴承在高温介质或低速重载的工作条件下时,宜选用固体润滑剂。润滑油、润滑脂选用参照表 10-19 和表 10-20。

**表 10-19 非液体摩擦滑动轴承润滑油的选择**(工作温度 10 ℃~60 ℃)

| 轴颈圆周速度 $v/(\text{m}\cdot\text{s}^{-1})$ | 轻载 $p<3$ MPa | | 中载 $p=3\sim7.5$ MPa | | 重载 $p>7.5\sim30$ MPa | |
|---|---|---|---|---|---|---|
| | 运动黏度 $V_{40}/$ ($\text{mm}^2\cdot\text{s}^{-1}$) | 适用油代号（或牌号） | 运动黏度 $V_{40}/$ ($\text{mm}^2\cdot\text{s}^{-1}$) | 适用油代号（或牌号） | 运动黏度 $V_{100}/$ ($\text{mm}^2\cdot\text{s}^{-1}$) | 适用油代号（或牌号） |
| <0.1 | 80~150 | L-AN100、150 全损耗系统用油；HG-11 饱和气缸油；30 号 QB 汽油机油；L-CKC100 工业齿轮油 | 140~215 | L-AN150 全损耗系统用油；40 号 QB 汽油机油；150 号工业齿轮油 | 46~80 | 38 号、52 号过热气缸油；460 号工业齿轮油 |
| 0.1~0.3 | 65~130 | L-AN68、100 全损耗系统用油；30 号 QB 汽油机油；L-CKC68 工业齿轮油 | 120~170 | L-AN150 全损耗系统用油；11 号饱和气缸油；40 号 QB 汽油机油；100、150 号工业齿轮油 | 30~60 | 38 号过热气缸油；220、320 号工业齿轮油 |
| 0.3~1.0 | 46~75 | L-AN46、68 全损耗系统用油；20 号 QB 汽油机油；L-TSA46 号汽轮机油 | 100~130 | 30 号 QB 汽油机油；68、100 号工业齿轮油；11 号饱和气缸油 | 15~40 | 30 号 QB 汽油机油；40 号 QB 汽油机油；150 号工业齿轮油；13 号压缩机油 |
| 1.0~2.5 | 40~75 | L-AN46、68 全损耗系统用油；20 号 QB 汽油机油；L-TSA46 号汽轮机油 | 65~90 | L-AN68、100 全损耗系统用油；20 号 QB 汽油机油；68 号工业齿轮油 | — | — |
| 2.5~5.0 | 40~60 | L-AN32、46 全损耗系统用油；L-TSA46 号汽轮机油 | — | — | — | — |
| 5~9 | 15~46 | L-AN32、46 全损耗系统用油；L-TSA32 号汽轮机油 | — | — | — | — |
| >9 | 5~22 | L-AN7、10 全损耗系统用油 | — | — | — | — |

表 10-20　滑动轴承润滑脂选择

| 工作条件 | | | 推荐选用的润滑脂 | 可代作的润滑脂 | 选用原则 |
|---|---|---|---|---|---|
| 工作温度 /℃ | 圆周速度 $v/(\mathrm{m \cdot s^{-1}})$ | 单位载荷 $p/\mathrm{MPa}$ | | | |
| 0~50 | <1 | <1 | L-XAAMHA1、L-XAAMHA2 | 2#合成钙基脂 | |
| | | 1~6.5 | L-XAAMHA2、L-XAAMHA3 | 2#、3#合成钙基脂 | |
| | | >6.5 | L-XAAMHA3、L-XAAMHA4 | 3#合成钙基脂 | |
| | 1~5 | <1 | L-XAAMHA1、L-XAAMHA2 | 2#合成钙基脂 | |
| | | 1~6.5 | L-XAAMHA2、L-XAAMHA3 | 3#合成钙基脂 | |
| 0~60 | <1 | <1 | L-XAAMHA3、L-XAAMHA4 | 3#合成钙基脂 | (1)在潮湿或接触水的条件下,不宜采用钠基或合成钠基脂 |
| | | 1~6.5 | L-XAAMHA3、L-XAAMHA4 | 3#合成钙基脂 | |
| | | >6.5 | L-XAAMHA4、L-XAAMHA5 | 3#合成钙基脂 | (2)温度不太高时,钙钠基脂和压延机脂可以用,但温度太高时不宜采用 |
| | 1~5 | <1 | L-XAAMHA3、L-XAAMHA4 | 3#合成钙基脂 | |
| | | 1~6.5 | L-XAAMHA3、L-XAAMHA4 | 3#合成钙基脂 | |
| 0~80 | <1 | <1 | ZGN-1、ZGN-2 | 1#、2#合成钠基脂 | (3)集中送油系统采用的润滑脂,锥入度应适当小些 |
| | | 1~6.5 | ZGN-1、ZGN-2 | 1#、2#合成钠基脂 | |
| | | >6.5 | L-XACMGA2、L-XACMGA3 | 1#、2#钙钠基脂 | (4)一般来说,同样温度、速度下,载荷大则应采用稠度较大的润滑脂;速度高则应采用稠度较小的润滑脂;温度高则应采用滴点和稠度较高的润滑脂 |
| | 1~5 | <1 | ZGN-1、ZGN-2 | 1#、2#合成钠基脂 | |
| | | 1~6.5 | ZGN-1、ZGN-2 | 1#、2#合成钠基脂 | |
| 0~100 | <1 | <1 | ZGN-2 | 2#钠基脂 | |
| | | 1~6.5 | ZGN-2 | 2#钠基脂 | (5)在同样工作条件下,应先采用价格较低的润滑脂 |
| | | >6.5 | L-XACMGA2、L-XACMGA3 | 1#、2#合成钠基脂 | |
| | 1~5 | <1 | ZGN-1 | 2#钠基脂 | (6)没有表中推荐牌号的润滑脂时,可根据实际情况采用性能相近的其他品种代替 |
| | | 1~6.5 | L-XACMGA2 | 2#合成钠基脂 | |
| | | >6.5 | L-XACMGA3 | | |
| 0~120 | <5 | <6.5 | L-XACMGA4 | 3#、4#锂基脂 | |
| 0~150 | <5 | <6.5 | ZFG-1、ZFG-2 | 3#、4#复合钙基脂 | |
| 0~200 | <5 | <6.5 | ZFG-3、ZFG-4 | 二硫化钼脂 | |
| | | >6.5 | | 3#、4#复合钙基脂 | |
| -60~120 | <5 | <6.5 | ZL-1 | 硅油复合钙基脂 | |

2)滚动轴承润滑介质选用

滚动轴承的润滑剂主要有润滑油、润滑脂和固体润滑剂。润滑油的内摩擦小,散热效果好,但需要较复杂的供油和密封装置,一般多用于速度较高的轴承。若轴承附近已具有润滑油源时(如变速箱内本来就有润滑齿轮的油),也可采用润滑油润滑,其具体选择可按速度因数 $dn$ 值来确定,见表 10-21。

表 10-21 各种润滑方式下轴承的允许 $dn$ 值    单位:mm·r·min$^{-1}$

| 轴承类型 | 脂 润 滑 | 油 润 滑 | | | |
| --- | --- | --- | --- | --- | --- |
| | | 油浴、飞溅润滑 | 滴油润滑 | 压力循环、喷油润滑 | 油雾润滑 |
| 深沟球轴承 | 160 000 | 250 000 | 400 000 | 600 000 | >600 000 |
| 调心球轴承 | 160 000 | 250 000 | 400 000 | — | |
| 角接触球轴承 | 160 000 | 250 000 | 400 000 | 600 000 | >600 000 |
| 圆柱滚子轴承 | 120 000 | 250 000 | 400 000 | 600 000 | |
| 圆锥滚子轴承 | 100 000 | 160 000 | 230 000 | 300 000 | |
| 调心滚子轴承 | 80 000 | 120 000 | — | 250 000 | |
| 推力球轴承 | 40 000 | 60 000 | 120 000 | 150 000 | |

## 10.8.2　润滑方式与装置

### 1. 滑动轴承润滑方式

滑动轴承的润滑方法可根据经验公式算出系数 $K$ 值,然后通过查表 10-22 确定滑动轴承的润滑方法和润滑剂类型。

$$K = \sqrt{P \cdot V^3} \tag{10-17}$$

表 10-22　滑动轴承润滑方式的选择

| $K$ 值 | ≤1 900 | >1 900~16 000 | >16 000~30 000 | >30 000 |
| --- | --- | --- | --- | --- |
| 润滑方式 | 润滑脂润滑<br>(可用油杯) | 润滑油滴油润滑<br>(可用针阀油杯等) | 飞溅式润滑<br>(水或循环油冷却) | 循环压力润滑 |

### 2. 滚动轴承润滑方式

1)脂润滑

一般情况下,滚动轴承使用的是润滑脂,它可以形成强度较高的油膜,承受较大的载荷,缓冲和吸振能力好,黏附力强,可以防水,不需要经常更换和补充。同时密封结构简单。在轴颈圆周速度 $v<4\sim5$ m/s 时适用。滚动轴承的装脂量为轴承内部空间的 1/3~2/3。

2)油润滑

(1)油浴润滑,轴承局部浸入润滑油中,油面不得高于最低摩擦中心。

(2)飞溅润滑。这是一般闭式齿轮传动装置中轴承常用的润滑方法。利用齿轮把润滑油甩到箱体内壁上,再通过沟槽把油引入到轴承中。

(3)喷油润滑。用油泵将润滑油增压,通过油管或喷头,对准轴承进行喷油润滑。这种方式适合于高速、重载、要求润滑可靠的轴承。

(4)油雾润滑。利用专门的油雾发生器,将油液进行雾化,充分接触摩擦表面。适用于高速、高温轴承部件的润滑。

**3. 润滑装置**

润滑油的润滑方法有间歇供油和连续供油两种。

间歇供油有手工油壶注油和油杯注油供油。这种方法只适用于低速不重要的轴承或间歇工作的轴承。

对于重要的轴承必须采用连续供油润滑，连续供油方法及装置主要有以下几种：

(1)针阀式油杯。图 10-33 所示为针阀式油杯。针阀式油杯可调节油滴速度改变供油量，当手柄卧倒时，针阀受弹簧推压向下而堵住底部油孔。手柄转 90°变为直立状态时针阀上提，下端油孔敞开，润滑油流进轴承，调节油孔开口大小可以调节油量。在轴承停止工作时，可通过油杯上部手柄关闭油杯，停止供油。

(2)芯捻式油杯。如图 10-34 所示，用毛线和棉线做成芯捻或利用线纱做成线团浸在油槽内，利用毛细管作用将油引到轴承工作表面上。这种装置可使润滑油连续而均匀供应，但这种方法不易调节供油量。

(3)飞溅润滑主要用于润滑减速器、内燃机等机械中的轴承。通常直接利用传动齿轮或甩油环(图 10-35)，使油池中的润滑油飞溅到轴承上或箱壁上，再经油沟导入轴承工作面以润滑轴承。采用传动齿轮溅油来润滑轴承，适用于齿轮圆周速度 $v>2$ m/s 的情形；采用甩油环溅袖来润滑轴承，适用于转速为 15~30 r/min 的水平轴上的轴承，若转速太低，油环不能把油溅起，而转速太高，油环上的油会被甩掉。

(4)压力循环润滑。压力循环润滑是一种强制润滑方法。润滑油泵将一定压力的油经油路导入轴承，润滑油经轴承两端流回油池，构成循环润滑。这种供油方法供油量充足，润滑可靠，并有冷却和冲洗轴承的作用，但润滑装置结构复杂，费用较高，常用于重载、高速或载荷变化较大的轴承中。

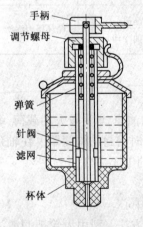

图 10-33　针阀式油杯图

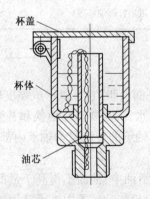

图 10-34　芯捻式油杯图

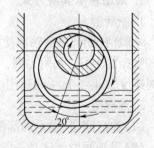

图 10-35　油环润滑图

## 10.8.3　密封

轴承的密封是防止润滑剂的流失，同时也为了阻止灰尘、水分等杂物进入轴承。密封方法的选择与润滑剂的种类、工作环境、温度及密封处的圆周速度等有关,一般密封的形式分为接触式和非接触式两大类。

(1)接触式密封(图 10-36)。在轴承盖内放置软材料(毛毡、橡胶圈或皮碗等),与转动轴直接接触而起密封作用。这种密封多用于转速不高的情况,同时要求与密封接触的轴表面硬度大于 40 HRC,表面粗糙度小于 *Ra* 0.8 μm。

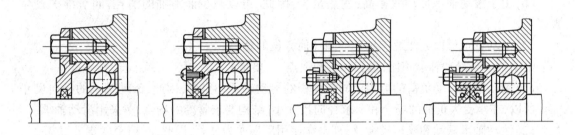

图 10-36 接触式密封示意图

(2)非接触式密封(图 10-37)。非接触式密封不与轴直接接触,多用于速度较高的场合。

①油沟式密封。在轴与轴承盖的通孔壁之间留有 0.1~0.3 mm 的间隙,并在轴承盖上车出沟槽,并在槽内填满油脂,以起密封作用。这种形式结构简单,轴颈圆周速度小于 5~6 m/s,适用于润滑脂润滑。

②迷宫式密封。将旋转的和固定的密封零件间的间隙制成迷宫(曲路)形式,缝隙间填满润滑脂以加强密封效果。这种方式对润滑脂和润滑油都很有效,环境比较脏时采用这种形式,轴颈圆周速度可达 30 m/s。

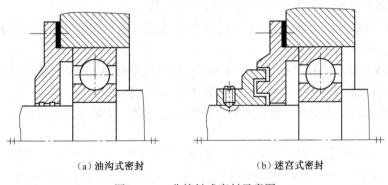

(a)油沟式密封  (b)迷宫式密封

图 10-37 非接触式密封示意图

## 10.8.4 滚动轴承与滑动轴承的比较

滚动轴承与滑动轴承相比,具有下列优点:

(1)滚动轴承的摩擦因数比滑动轴承小,传动效率高。一般滑动轴承的摩擦因数为 0.08~0.12,而滚动轴承的摩擦因数仅为 0.001~0.005。

(2)滚动轴承已实现标准化、系列化、通用化,适于大批量生产和供应,使用和维修十分方便。

（3）滚动轴承用轴承钢制造，并经过热处理，因此，滚动轴承不仅具有较高的机械性能和较长的使用寿命，而且可以节省制造滑动轴承所用的价格较为昂贵的有色金属。

（4）滚动轴承内部间隙很小，各零件的加工精度较高，因此，运转精度较高。同时，可以通过预加负荷的方法使轴承的刚性增加。这对于精密机械是非常重要的。

（5）某些滚动轴承可同时承受径向负荷和轴向负荷，因此，可以简化轴承支座的结构。

（6）由于滚动轴承传动效率高，发热量少，因此，可以减少润滑油的消耗，润滑维护较为省事。

（7）滚动轴承可以方便地应用于空间任何方位的轴上。

滚动轴承与滑动轴承相比，也有一定的缺点，主要是：

（1）滚动轴承承受负荷的能力比同样体积的滑动轴承小得多，因此，滚动轴承的径向尺寸大。所以，在承受大负荷的场合和要求径向尺寸小、结构要求紧凑的场合，多采用滑动轴承。

（2）滚动轴承振动和噪声较大，特别是在使用后期尤为显著，因此，对精密度要求很高、又不许有振动的场合，滚动轴承难于胜任，一般选用滑动轴承效果更佳。

（3）滚动轴承对金属屑等异物特别敏感，轴承内一旦进入异物，就会产生断续地较大振动和噪声，亦会引起早期损坏。滚动轴承的寿命较滑动轴承短些。

### 知识梳理与总结

（1）轴承是当代机械设备中一种重要零部件。它的主要功能是支承机械旋转体，也就是支承机械轴，承担径向载荷；固定机械轴的旋转，使其只能转动，控制轴向和径向上的移动，同时保证其回转精度；降低轴在运动过程中的摩擦因数。合理的设计和使用轴承，对提高机械性能、延长机械寿命有非常重要的作用。

（2）滚动轴承一般由内、外圈、滚动体和保持架组成。

（3）滚动轴承代号由前置代号、基本代号和后置代号组成，其中基本代号表示轴承的类型、内径、宽度和外径等重要参数。

（4）滚动轴承寿命校核中有 3 个重要概念，分别为寿命、基本额定寿命和基本额定动载荷。滚动轴承的主要失效形式有疲劳点蚀、塑性变形和磨损。

（5）滚动轴承的组合设计主要是解决轴承的固定、调整、预紧、配合、装拆以及润滑和密封等方面的问题。

（6）滑动轴承的材料具有足够的抗疲劳强度，同时具有良好的塑性、顺应性、跑合性、减摩性和耐磨性。常用的滑动轴承材料有轴承合金、粉末冶金材料和非金属材料等。

## 同 步 练 习

**10-1　判断题**

（1）一般中、小型电动机可选用深沟球轴承。　　　　　　　　　　　　　　　　（　　）

（2）一批在同样载荷和同样工作条件下运转的同型号滚动轴承，其寿命相同。　（　　）

（3）滚动轴承尺寸系列代号表示轴承内径和外径尺寸的大小。　　　　　　　　（　　）

（4）滚动轴承的基本额定动载荷是指轴承的基本额定寿命为一百万转时所能受的最大载

荷。 （　　）

(5)滚动轴承的当量动载荷是指轴承所受径向力与轴向力的代数和。 （　　）

(6)滚动轴承的外圈与箱体的配合采用基轴制。 （　　）

**10-2 简答题**

(1)设计非液体动力润滑滑动轴承时,为了保证轴承正常工作,应考虑满足哪些条件?

(2)滚动轴承的主要失效形式有哪些? 其设计计算准则是什么?

(3)为什么角接触球轴承和圆锥滚子轴承常成对使用? 在什么情况下采用面对面安装? 在什么时候情况下采用背对背安装? 并说明什么叫面对面安装及背对背安装?

(4)什么是滚动轴承的基本额定寿命和基本额定动载荷? 什么是滚动轴承的当量动载荷? 当量动载荷如何计算?

**10-3 分析计算题**

(1)某传动装置中采用一对深沟球轴承,已知轴承直径 $d = 50$ mm,转速 $n = 1\,450$ r/min,轴承所受径向载荷 $F_{r1} = 2\,500$ N,$F_{r2} = 1\,500$ N,载荷有轻微冲击,常温下工作,要求 $[L_h] = 6\,000$ h,试选择轴承型号。

(2)滑动轴承的材料为 CuPb5Sn5Zn5,用于离心泵。所承受的径向载荷为 2\,800 N,若轴承的转速为 1\,500 r/min,轴的直径为 60 mm,宽径比为 1.05。试按非液体润浴状态验算该轴承是否合适? 是否需要改进?

(3)一对 7210AC 角接触球轴承分别受径向载荷 $F_{r1} = 6\,000$ N,$F_{r2} = 5\,000$ N,轴向外载荷 $F_a$ 的方向如图 10-38 所示。试求下列情况下各轴承的内部轴向力 $F_s$ 和轴向载荷 $F_a$。

①$F_a = 2\,000$ N;

②$F_a = 500$ N。

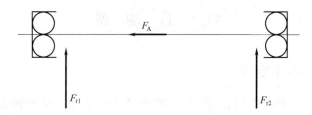

图 10-38 题 10-3(3)图

# 第11章　联轴器与离合器

📖 **本章知识导读**

【知识目标】

1. 了解联轴器、离合器的分类及结构特点；
2. 掌握各种联轴器、离合器的适用范围。

【能力目标】

1. 能正确认识联轴器、离合器工作原理；
2. 能初步选用联轴器、离合器。

【重点、难点】

1. 联轴器、离合器的结构及工作原理；
2. 联轴器、离合器的选用。

联轴器和离合器都是用来连接两轴，使其一同回转并传递转矩的部件。联轴器连接的两轴，只有在机器停车后用拆卸方法才能使两轴分离。而离合器连接的两轴，在机器工作时就能使两轴接合或分离。制动器的主要功用是降低机械的运转速度或使其停止转动。

联轴器、离合器和制动器的种类繁多，大多已标准化、系列化，一般只需要根据工作要求正确选择它们的类型和尺寸，必要时对其中易损的薄弱环节进行承载能力的校核计算。

## 11.1　联　轴　器

### 11.1.1　联轴器的性能要求

联轴器主要用于轴与轴之间的连接，以实现传递不同轴之间的回转运动和动力。若要使两轴分离，必须通过停车拆卸才能实现。

联轴器所连接的两轴，由于制造及安装误差、承载后变形、温度变化和轴承损坏等原因，不能保证严格对中，使两轴线之间出现相对位移或偏斜，如图 11-1 所示。如果联轴器对各种位移没有补偿能力，工作中将会产生附加动载荷，使工作情况恶化。因此，要求联轴器具有补偿一定范围内两轴线相对位移量的能力。对于经常负载启动或工作载荷变化的场合，可采用具有起缓冲、减振作用的弹性元件的联轴器，以保护原动机和工作机不受或少受损伤。同时，还要求联轴器安全、可靠，有足够的强度和使用寿命。

### 11.1.2　联轴器的种类及结构特点

根据联轴器有无弹性元件，可以将联轴器分为两大类，即刚性联轴器和弹性联轴器。

刚性联轴器又根据其结构特点分为固定式和可移动式两类，固定式联轴器要求被连接的

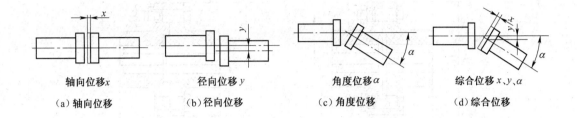

图 11-1　轴线间的相对位移示意图

两轴中心线严格对中。而可移动式联轴器允许两轴有一定的安装误差,对两轴的位移有一定的补偿能力。

弹性联轴器视其所具有弹性元件材料的不同,又可以分为金属弹簧式和非金属弹性元件式两类。弹性联轴器不仅能在一定范围内补偿两轴线间的位移,还具有缓冲减振的作用。

**1. 刚性固定式联轴器**

刚性固定式联轴器具有结构简单、成本低的优点。但对被连接的两轴间的相对位移缺乏补偿能力,故对两轴对中性要求很高。如果两轴线发生相对位移时,就会在轴、联轴器和轴承上引起附加载荷,使工作情况恶化,所以常用于无冲击、轴的对中性好的场合。这类联轴器常见的有套筒式、凸缘式、夹壳式等。

1)套筒式联轴器

套筒联轴器如图 11-2 所示,用两个圆锥销键或螺钉与轴相连接并传递扭矩。套筒的材料通常用 45 钢,适于轴径小于 60~70 mm 的对中性较好的场合。其径向尺寸小、结构简单,可根据不同轴径自行设计制造,此种联轴器没有标准,可根据不同轴径自行设计制造,在仪器中应用较广。

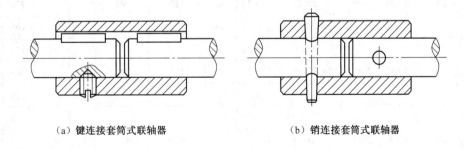

（a）键连接套筒式联轴器　　　　　　　（b）销连接套筒式联轴器

图 11-2　套筒式联轴器图

2)凸缘式联轴器

凸缘联轴器由两个带凸缘的半联轴器组成,半联轴器分别由键与两轴连接,然后两个半联轴器用螺栓连接。对中的方式有如图 11-3 所示的两种( YL 型——配合螺栓连接对中,YLD型——凸肩和凹槽对中)。凸缘联轴器结构简单,传递扭矩大,传力可靠,对中性好,装拆方便,应用广泛,应按标准选用,但它不具有位移补偿功能。凸缘联轴器的标准规范见表 11-1。

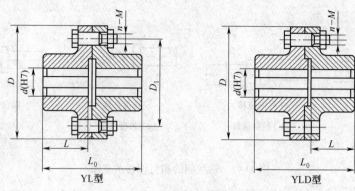

图 11-3　凸缘式联轴器图

**表 11-1　凸缘联轴器**(摘自 GB/T5843—2003)

| 型　号 | 公称转矩 ($N \cdot m^{-1}$) | 许用转速 ($r \cdot min^{-1}$) | | 轴孔直径 $d$/ mm | 轴孔长度 $L$ | | $D$/mm | $D_1$/mm | 螺　栓 | | $L_0$/mm | |
|---|---|---|---|---|---|---|---|---|---|---|---|---|
| | | 铁 | 钢 | | Y 型 | J,$J_1$ 型 | | | 数量 | 转矩 | Y 型 | J,$J_1$ 型 |
| YL4 YLD4 | 40 | 5 700 | 9 500 | 18,19 | 42 | 30 | 100 | 80 | 3 | | 88 | 64 |
| | | | | 20,22,24 | 52 | 38 | | | | | 108 | 80 |
| | | | | 25,(28) | 62 | 44 | | | | | 128 | 92 |
| YL5 YLD5 | 63 | 5 500 | 9 000 | 22,24 | 52 | 38 | 105 | 85 | | M8 | 108 | 80 |
| | | | | 25,28 | 62 | 44 | | | | | 128 | 92 |
| | | | | 30,(32) | 82 | 60 | | | | | 168 | 124 |
| YL6 YLD6 | 100 | 5 200 | 800 | 24 | 52 | 38 | 110 | 90 | 4 | | 108 | 80 |
| | | | | 25,28 | 62 | 44 | | | | | 128 | 92 |
| | | | | 30,32,(35) | 82 | 60 | | | | | 168 | 124 |
| YL7 YLD7 | 160 | 4 800 | 7 600 | 28 | 62 | 44 | 120 | 95 | | | 128 | 92 |
| | | | | 30,32,35,38 | 82 | 60 | | | | | 168 | 124 |
| | | | | (40) | 112 | 82 | | | | | 228 | 172 |
| YL8 YLD8 | 250 | 4 300 | 7 000 | 32,35,38 | 82 | 60 | 130 | 105 | 44 | M10 | 169 | 125 |
| | | | | 40,42 (45), | | | | | | | 229 | 173 |
| YL9 YLD9 | 400 | 4 100 | 6 800 | 38 | 112 | 84 | 140 | 115 | | | 169 | 125 |
| | | | | 40,42,45, 48,(50) | | | | | | | 229 | 173 |
| YL10 YLD10 | 630 | 3 600 | 6 000 | 45,45,8, 50,55(56) | | | 160 | 130 | 6 | M12 | | |
| | | | | (60) | 142 | 107 | | | | | 289 | 279 |

**2. 移动式刚性联轴器**

**1）十字滑块联轴器**

十字滑块联轴器如图 11-4 所示，由两个具有径向通槽的半联轴器和一个具有相互垂直凸榫的十字滑块组成。由于滑块的凸榫能在半联轴器的凹槽中移动，故而补偿了两轴间的位移。为了减小滑动引起的摩擦，要予以一定的润滑并对工作表面进行热处理以提高硬度。

因为半联轴器与中间盘组成移动副，不能发生相对转动，在两轴间有相对位移的情况下工作时，中间盘会产生很大的离心力，从而增大动载荷及磨损。因此，选用时应该注意其工作速度不得大于规定值。这种联轴器只适用于低速，一般用于转速不超过 250 r/min。为了减小摩擦及磨损，使用时应对中间盘的油孔注油进行润滑。

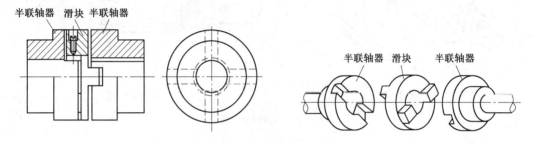

图 11-4　十字滑块联轴器图

**2）滑块联轴器**

滑块式联轴器与十字块联轴器相似，只是两边半联轴器上的沟槽很宽，并把原来的中间盘改为两面不带凸牙的方形滑块，且通常用夹布胶木制成。由于中间滑块的质量较小，又有弹性，故具有较高的极限转速。中间滑块也可以用尼龙制成，并在装配时加入少量的石墨或二硫化钼，以便在使用时可以自行润滑。

滑块式联轴器结构示意如图 11-5 所示。这种联轴器结构简单、尺寸紧凑，适用于小功率、中等转速且无剧烈冲击的场合。

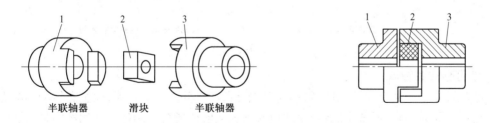

图 11-5　滑块式联轴器图

**3）万向联轴器**

万向联轴器又称万向铰链机构，用以传递两轴间夹角可以变化的、两相交轴之间的运动，如图 11-6 所示。这种机构广泛地应用于汽车、机床、轧钢等机械设备中。

**4）齿式联轴器**

齿式联轴器是允许综合位移刚性联轴器中具有代表性的一种联轴器。图 11-7(a)所示为齿式联轴器的结构,图 11-7(b)所示为其位移补偿示意。齿式联轴器由两个带有内齿及凸缘的外套筒和两个带有外齿的内套筒组成。两个外套筒用螺栓连接,两个内套筒用键与两轴连接,内、外齿相互啮合传递扭矩。由于内、外齿啮合时具有较大的顶隙和侧隙,因此这种联轴器具有径向、轴向和角度位移补偿的功能。由于内外齿廓均为渐开线,故制造和安装精度 要求较高,成本高,但传递载荷能力与位移补偿能力强,在车辆、重型机械中有广泛的应用。

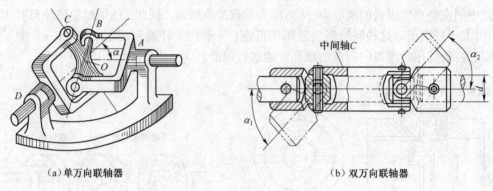

（a）单万向联轴器　　　　　　　　　　　（b）双万向联轴器

图 11-6　万向联轴器图

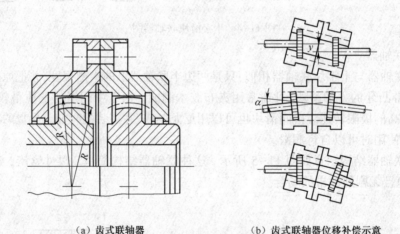

（a）齿式联轴器　　　　　　（b）齿式联轴器位移补偿示意

图 11-7　齿式联轴器图

## 3. 弹性可移式联轴器

在弹性联轴器中安装有弹性元件,它不仅可以补偿两轴间的相对位移,而且有缓冲和吸振的能力。适用于频繁启动、经常正反转、变载荷及高速运转的场合。制造弹性元件的材料有金属和非金属两种。非金属材料有橡胶、尼龙、塑料等。其特点为质量轻、价格便宜,有良好的弹性滞后性能,因而减振能力强,但橡胶寿命较短。金属材料制造的弹性元件,主要是各种弹簧,其强度高、尺寸小、寿命长,主要用于大功率。这些联轴器可参考有关设计手册选用。

（1）弹性套柱销联轴器。弹性套柱销联轴器的结构与凸缘式联轴器很近似。不同的是用装有弹性套的柱销代替连接螺栓,如图 11-8 所示。弹性套的变形可以补偿两轴线的径向位移和角位移,并且有缓冲和吸振作用。这种联轴器结构简单、容易制造、装拆方便、成本较低,但弹性套容易磨损、寿命较短。适用于经常正反转、启动频繁、载荷平稳的高速运动中。例如电动机与减速器(或其他装置)之间就常使用这类联轴器。

（2）弹性柱销联轴器。弹性柱销联轴器是用若干个弹性柱销将两个半联轴器连接而成的,如图 11-9 所示。这种联轴器结构简单。两半联轴器可以互换,加工容易,维修方便,尼龙柱销的弹性不如橡胶,但强度高、耐磨性好。当两轴相对位移不大时,这种联轴器的性能比弹性套耗销联轴器还要好些,特别是寿命长,结构尺寸紧凑,适用于轴向窜动较大、冲击不大,经常正反转的中、低速及较大转矩的传动轴系。

由于尼龙柱销对温度比较敏感,故使用温度限制在 20~70 ℃ 的范围内。

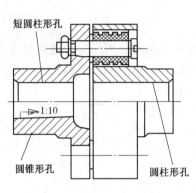

图 11-8　弹性套柱销联轴器图

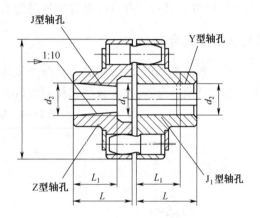

图 11-9　弹性柱销联轴器图

（3）梅花形弹性联轴器。这种联轴器如图 11-10 所示。其半联轴器与轴的配合孔可做成圆柱形或圆锥形。装配联轴器时,将梅花形弹性元件的花瓣部分夹紧在两半联轴器端面的凸齿交错所形成的齿侧空间,以便在联轴器工作时起到缓冲、减振的作用。弹性元件可根据使用要求选用不同硬度的聚氨醋橡胶、铸型尼龙等材料制造。工作范围为 35~80 ℃,短时工作温度可达 100 ℃,传递的公称转矩范围为 16~25 000 N·m。

（4）轮胎式联轴器。轮胎式联轴器如图 11-11 所示,用橡胶或橡胶织物制成轮胎状的弹性元件,用螺栓与两半联轴器连接而成。它的特点是弹性强、补偿位移能力大,有良好的阻尼和减振能力,绝缘性能好,运转时没有噪声,而且结构简单、不需要润滑,装拆和维护方便。其缺点是承载能力小,外形尺寸较大,当转矩较大时会因为过大的扭转变形而产生附加轴向载荷。

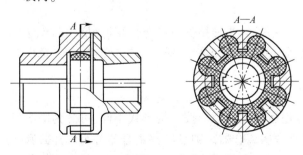

图 11-10　梅花形弹性联轴器图

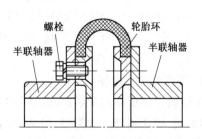

图 11-11　轮胎式联轴器图

## 11.2 离 合 器

### 11.2.1 离合器的性能要求

离合器主要作用是在机器运转过程中实现两轴的分离与接合。其基本要求是:工作可靠,接合、分离迅速而平稳,操纵灵活、省力,调节和修理方便,外形尺寸和质量小;对摩擦式离合器,还要求其耐磨性好并具有良好的散热能力。

### 11.2.2 离合器分类

离合器的类型很多,常用离合器分类见表11-2。按实现两轴分离与接合过程可分为操纵离合器和自动离合器;按离合的工作原理可分为嵌合式离合器和摩擦式离合器。

表 11-2 常用离合器分类

| 操纵离合器<br>(机械、电磁、液压、气动) | 啮合式 | 牙嵌式离合器、齿轮离合器等 |
|---|---|---|
| | 摩擦式 | 圆盘离合器、圆锥离合器 |
| 自动离合器 | 定向离合器 | 啮合式、摩擦式 |
| | 离心离合器 | 摩擦式 |
| | 安全离合器 | 啮合式、摩擦式 |

嵌合式离合器通过主、从动元件上牙形之间的嵌合力来传递回转运动和动力,工作比较可靠,传递的转矩较大,但接合时有冲击,运转中接合困难。摩擦式离合器是通过主、从动元件间的摩擦力来传递回转运动和动力,运动中接合方便,有过载保护性能。但传递转矩较小,适用于高速、低转矩的工作场合。

### 11.2.3 常用离合器的结构和特点

**1. 牙嵌式离合器**

牙嵌离合器是由两个端面带牙的半离合器所组成,如图11-12所示,一般用于转矩不大的低速场合,牙嵌式离合器的结构简单,尺寸小,接合时两半离合器间没有相对滑动,但只能在低速或停车时接合,以避免因冲击折断牙齿。

牙嵌离合器常用的牙型如图11-13所示,有三角形(小转矩低速场合)、矩形(磨损后无法补偿,冲击较大)、梯形(牙强度高,传递转矩大,磨损后能自动补偿,应用广泛)和锯齿形(单向工作,用于特定工作条件)等。

**2. 圆盘摩擦离合器**

摩擦离合器依靠两接触面间的摩擦力来传递运动和动力。按结构形式不同,可分为圆盘式、圆锥式、块式和带式等类型,最常用的是圆盘摩擦离合器。圆盘摩擦离合器分为单片式和多片式两种,如图11-14、图11-15所示。与嵌合式离合器相比,摩擦式离合器可以在两轴任何速度下离合,且结合平稳无冲击,通过调节摩擦面间的压力可以调节所传递扭矩的大小,因而也就具有了过载保护作用。但工作时有可能两摩擦盘之间发生相对滑动,不能保证两轴的精确同步。

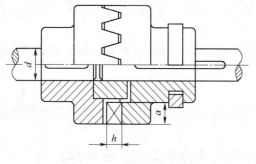

图 11-12　牙嵌离合器图

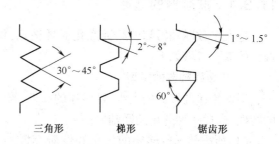

图 11-13　牙嵌离合器牙型示意图

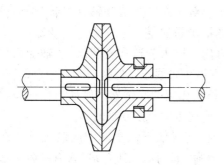

图 11-14　单片式摩擦离合器图

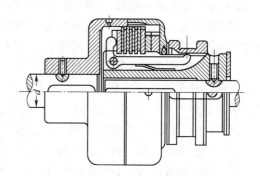

图 11-15　多片式摩擦离合器图

### 3. 定向离合器

定向离合器是种随速度的变化或回转方向的变换而能自动接合或分离的离合器,它只能单向传递转矩。例如锯齿形牙嵌离合器,只能单向传递转矩,反向时自动分离。棘轮机构也可以作为定向离合器。

图 11-16 所示为滚柱式超越离合器,有爪轮、套筒、滚柱、弹簧顶杆等组成。当爪轮为主动件且顺时针转动时,滚柱受摩擦力作用被楔紧在爪轮和套筒之间,并带动套筒(和从动轴)一起回转,此时离合器处于接合状态;当爪轮逆时针转动时,滚柱被推到空隙较大的部分不再楔紧,离合器便处于分离状态。可见,超越离合器只能传递单向的扭矩,故可用于防止逆转。如果在套筒随爪轮转动时,套筒从另外的运动系统获得转向与爪轮相同,但转速更大的运动,套筒的转速将超越主动件爪轮的转速,爪轮、套筒各自以自己的速度转动,离合器处于分离状态,直至套筒的转速低于爪轮的转速时才会再接合。

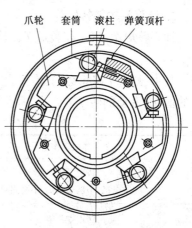

图 11-16　滚柱式超越离合器图

## 11.3　联轴器和离合器的选择

### 11.3.1　联轴器的选择

绝大多数联轴器都已经标准化或规格化,设计联轴器的任务就是根据实际合理地选用。选择的基本步骤如下:

**1. 选择联轴器的类型**

根据传递的转矩的大小、轴转速的高低,被连接两部件的安装精度, 参考各种类型联轴器的特性,选择一种适用的联轴器。

(1)所需传递的转矩的大小和性质,对缓冲、减振功能的要求,以及是否可能发生共振。例如,对大功率的重载传动,可选用齿式联轴器;对严重冲击载荷或要求消除轴系扭转振动的传动,可选用轮胎式联轴器等具有较高弹性的联轴器。

(2)联轴器的工作转速高低和引起的离心力大小。对于高转速传动轴,应选用平衡精度高的联轴器,如膜片联轴器等,而不宜选用存在偏心的滑块联轴器。

(3)联轴器所连接两轴的相对位移及其大小和方向。即由制造和安装误差、轴受载和热膨胀变形以及部件之间的相对运动等,引起联轴器所联两轴轴线难以保持精确对中,或者工作过程中两轴将产生较大的附加相对位移时,应选用有补偿作用的联轴器。例如当径向位移较大时,可选用滑块联轴器,角位移较大时或相交两轴的连接可用万向联轴器等。

(4)联轴器的可靠性和工作环境。通常由金属元件制成的不需要润滑的联轴器比较可靠;需要润滑的联轴器,其性能易受润滑完善程度的影响, 且可能污染环境;含有橡胶等非金属元件的联轴器对温度、腐蚀性介质、强光等比较敏感,而且容易老化。

(5)联轴器的制造、安装、维护和成本。在满足使用性能的前提下,应选用拆装方便、维护简单、成本低的联轴器。例如,刚性联轴器不但简单,而且拆装方便,可用于低速、刚性大的传动轴。一般的非金属弹性元件联轴器,由于具有良好的综合性能。广泛适用于一般中小功率传动。

**2. 计算联轴器转矩**

计算转矩 $T_C$ 和工作转矩 $T$ 之间的关系为

$$T_C = K \cdot T \tag{11-1}$$

其中,$K$ 为工况系数,其值见表 11-3,一般刚性联轴器选用较大的值,挠性联轴器选用较小的值;被带动的转动惯量小,载荷平稳时取较小值。

表 11-3　工作情况系数 $K$

| 工作机工作情况 | 电 动 机 | 四缸内燃机 | 单缸内燃机 |
|---|---|---|---|
| 转矩变化很小<br>如发电机、小型通风机、小型离心泵 | 1.3 | 1.5 | 2.3 |
| 转矩变化很小<br>如运输机、木工机械、压缩机等 | 1.5 | 1.7 | 2.4 |

| 工作机工作情况 | 电 动 机 | 四缸内燃机 | 单缸内燃机 |
|---|---|---|---|
| 转矩变化中等<br>如搅拌机、增压机、冲床 | 1.7 | 1.8 | 2.6 |
| 转矩变化和冲击载荷中等<br>如拖拉机、织布机、水泥搅拌机 | 1.9 | 2.1 | 2.8 |
| 转矩变化和冲击载荷大<br>如起重机、挖掘机、破碎机 | 2.3 | 2.3 | 3.2 |

### 3. 确定联轴器的型号

根据计算转矩 $T_C$ 及所选的联轴器类型,按照 $T_C \leqslant T_n$ 的条件由联轴器标准中选定联轴器型号。

### 4. 校核最大转速

被连接轴的转速 $n$ 不应超过所选联轴器的许用转速 $n_p$,即 $n \leqslant n_p$。

### 5. 协调轴孔直径

多数情况下,每一型号联轴器适用的轴的直径均有一个范围。标准中或者给出轴直径的最小值和最大值,或者给出适用直径的尺寸系列,被连接两轴的直径应当在此范围内。一般情况下被连接两轴的直径是不同的,两个轴端的形状也可能是不同的,如主动轴轴端为圆柱形,所以连接的从动轴的轴端是圆锥形。

### 6. 规定部件相应的安装精度

根据所选联轴器允许轴的相对位移偏差,规定部件相应的安装精度。通常标准中只给出单项位移偏差的允许值。如果有多项位移偏差存在,则必须根据联轴器的尺寸大小计算出相互影响的关系,依此作为规定部件安装精度的依据。

### 7. 进行必要的校核

若有必要,应对联轴器的主要传动零件进行强度校核。使用非金属弹性元件的联轴器时,还应注意联轴器所在部位的工作温度不要超过该弹性元件材料允许的最高温度。

**例 11-1** 在电动机与增压油泵间用联轴器相连。已知电动机的功率 $P = 7.5$ kW,转速 $n = 960$ r/min,电动机直径 $d_1 = 38$ mm,油泵轴直径的 $d_2 = 42$ mm,试选择联轴器型号。

**解:**(1)选择联轴器的类型。因为轴的转速较高,启动频繁,载荷有变化,宜选用缓冲性较好,同时具有可移动性的弹性套柱销联轴器。

(2)计算转矩,查表 11-3 得 $K = 1.7$ 则

$$T = 9\,550\,\frac{P}{n} = 9\,550 \times \frac{7.5}{960} = 74.6\,\text{N} \cdot \text{m}$$

$$T_C = K \cdot T = 1.7 \times 74.6 = 126.8\,\text{N} \cdot \text{m}$$

查手册知,可以选用弹性套柱销联轴器 LT6。它的公称转矩为 250 N·m,半联轴器材料为钢时,许用转速为 3 800 r/min,允许的轴孔直径为 32~42 mm。以上数据均能满足本题的要求,故合理。

## 11.3.2 离合器的选择

### 1. 选用合适的离合器

根据传递的转矩的大小、轴转速的高低,被连接两部件的安装精度,参考各种类型离合器

的特性,选择一种适用的离合器。离合器要满足的基本要求有以下内容:

(1)既能可靠地传递转矩,又能防止过载;

(2)接合时要完全、平顺、柔和,尽量保证没有抖动和冲击;

(3)分离时要迅速、彻底;

(4)应有足够的吸热能力和良好的通风效果,以保证工作温度不会过高,延长使用寿命。

**2. 确定后备系数 $\beta$**

为了可靠的传递发动机最大转矩和防止离合器摩擦过大,$\beta$ 不宜选取太小;但是为了使离合器尺寸不至过大,减少传动系统的过载,使操纵更轻便,后备系数不能过大。

表 11-4　常见车型离合器后备系数 $\beta$ 的取值范围

| 车　　型 | 后备系数 $\beta$ |
| --- | --- |
| 乘用车及最大总质量小于 6 t 的商用车 | 1.20~1.75 |
| 最大总质量 6~14 t 的商用车 | 1.50~2.25 |
| 总质量大于 14 t 的车 | 1.80~4.00 |

**3. 确定离合器摩擦力矩 $T_\mu$**

$$T_\mu = \beta \cdot T_{emax} \tag{11-2}$$

式中　$T_{emax}$——发动机最大扭矩。

**4. 确定摩擦片尺寸**

(1)确定摩擦片外径 $D$。

$$D = K_D \sqrt{T_{emax}} \tag{11-3}$$

式中　$K_D$——直径系数,取值范围见表 11-5。

表 11-5　直径系数 $K_D$ 的取值范围

| 车　　型 | 直径系数 $K_D$ |
| --- | --- |
| 乘用车 | 14.6 |
| 最大总质量为 1.8~14.0 t 的商用车 | 16.0~18.5(单片离合器) |
| | 13.5~15.0(双片离合器) |
| 最大总质量大于 14.0 t 的商用车 | 22.5~24.0 |

(2)根据外径 $D$,选取内径 $d$ 和厚度 $t$。由于摩擦片标准化,根据表 11-6 选择摩擦片尺寸。

表 11-6　离合器摩擦片尺寸系列和参数

| 外径 $D$/mm | 160 | 180 | 200 | 225 | 250 | 280 | 300 | 325 | 350 | 380 | 405 | 430 |
| --- | --- | --- | --- | --- | --- | --- | --- | --- | --- | --- | --- | --- |
| 内径 $d$/mm | 110 | 125 | 140 | 150 | 155 | 165 | 175 | 190 | 195 | 205 | 220 | 230 |
| 厚度 $t$/mm | 3.2 | 3.5 | 3.5 | 3.5 | 3.5 | 3.5 | 3.5 | 3.5 | 4 | 4 | 4 | 4 |
| $C=d/D$ | 0.687 | 0.694 | 0.700 | 0.667 | 0.620 | 0.589 | 0.583 | 0.585 | 0.557 | 0.540 | 0.543 | 0.535 |
| $1-C^2$ | 0.676 | 0.667 | 0.657 | 0.703 | 0.762 | 0.796 | 0.802 | 0.800 | 0.827 | 0.843 | 0.840 | 0.847 |
| 单位面积 | 106 | 132 | 160 | 221 | 302 | 402 | 466 | 546 | 678 | 729 | 908 | 1 037 |

### 5. 确定摩擦片单位压力 $p_0$

单位压力 $p_0$ 决定摩擦表面的耐磨性,对离合器工作性能和使用寿命有很大影响,对于离合器使用频繁、发动机后备系数较小、载重大的车辆,$p_0$ 应该取小一些;当后备系数较大时,$p_0$ 取大一点。

当摩擦片采用不同材料时,$p_0$ 取值范围见表 11-7

表 11-7　摩擦片单位压力 $p_0$ 取值范围

| 摩擦片材料 | | 单位压力 $p_0$/MPa |
| --- | --- | --- |
| 石棉基材料 | 模压 | 0.15~0.25 |
| | 编织 | 0.25~0.35 |
| 粉末冶金材料 | 铜基 | 0.35~0.50 |
| | 铁基 | |
| 金属陶瓷材料 | | 0.70~1.50 |

## 实训十四　联轴器及离合器的拆装

【任务】　完成联轴器及离合器的拆装,联轴器和离合器可参照图 11-17 所示图片选择实物。

（a）联轴器　　　　　　　　　　　　（b）离合器

图 11-17　联轴器、离合器实物图

 **知识梳理与总结**

（1）联轴器和离合器都是用来连接两轴,使两轴一同回转并传递转矩的部件。联轴器连接的两轴,只有在机器停车后用拆卸方法才能使两轴分离。而离合器连接的两轴,在机器工作时就能使两轴接合或分离。制动器的主要功用是降低机械的运转速度或使其停止转动。

（2）联轴器和离合器的结构特点及其选用。

## 同 步 练 习

**简答题**

11-1 什么是刚性联轴器？什么是弹性联轴器？两者有什么区别？

11-2 联轴器、离合器的主要参数有哪些？其作用如何？

11-3 电动机与离心泵之间用联轴器相连，已知电动机功率 $P = 22$ kW，转速 $n = 970$ r/min，电动机外伸轴的轴径 $d = 50$ mm，水泵外伸轴轴径 $d = 48$ mm，试选择合适的联轴器型号。

# 第 12 章　机械平衡与调速

📖 **本章知识导读**

**【知识目标】**

1. 掌握机械产生周期性速度波动的原因及调节方法；

2. 理解飞轮调速的基本原理；

3. 掌握回转构件的动平衡和静平衡原理。

**【能力目标】**

1. 能正确认识机械平衡的意义；

2. 能初步设计机械平衡的试验。

**【重点、难点】：**

1. 机械平衡的试验方法；

2. 机械调速的作用。

机械动力学中的两个重要的问题是机械的平衡和调速。质心不在转动轴线上，转动时回转件会产生离心惯性力或惯性力偶矩，引起附加动压力，引发周期性振动。

在机械的运转过程中，只要不是等速直线运动或是惯性主轴与回转轴线时刻都会重合的等角速度的转动，都将不同程度地产生惯性力（或惯性力矩）；随着运转过程中的动能变化，还将引起运转速度的波动。机械的平衡与调速技术就是用于解决这些问题的，本章将介绍机械平衡与调速的问题。

机械运动时，各运动构件由于制造、装配误差、材质不均匀等因素造成质量分布不均匀，质心和回转中心不重合，将产生大小及方向呈周期性变化的惯性力。这些周期性变化的惯性力会使得机械构件和基础产生振动，从而降低机器的工作精度、机械效率及可靠性，缩短机器的使用寿命，当振动频率接近系统的共振频率时，将会产生共振破坏整个系统。

消除惯性力和惯性力矩的影响，改善机构工作性能，尽可能减少或消除机器各个运动构件的惯性力，避免其引起不良后果，提高机械运行质量和使用寿命，就是研究机械平衡的目的。

机械平衡通常分为转子的平衡和机构的平衡。

**1. 转子的平衡**

机械中绕某一轴线回转的构件称为转子。这类转子分为刚性转子和挠性转子。

（1）刚性转子的平衡。在机械中，转子的速度较低、共振转速较高且其刚性较好，运转过程中转子弹性变形很小，这种转子称为刚性转子。当其使用惯性力得到平衡时，称为静平衡。若不仅使惯性力得到平衡，还使其惯性力引起的力矩也得到平衡，则称为动平衡。

（2）挠性转子的平衡。在机械中，对工作转速很高、质量和跨度很大、径向尺寸较小、运动过程中在离心惯性力的作用下产生明显的弯曲变形的转子，称为挠性转子。如航空发动机、汽轮机、发动机等大型高速转子。这类转子应根据弹性梁（轴）的横向振动理论进行平衡，问题比较复杂,本章不做介绍。

**2. 机构的平衡**

机械中做往复移动和平面运动的构件,其所产生的惯性力无法通过调整其质量的大小或改变质量分布状态的方法得到平衡。但所有活动构件的惯性力和惯性力矩可以合成一个总惯性力和惯性力矩作用在机构的机座上。设法平衡或部分平衡这个总惯性力和惯性力矩对机座产生的附加动压力,消除或降低机座上的振动,这种平衡称为机构在机座上的平衡,或简称为机构的平衡。

## 12.1 回转件的平衡

### 12.1.1 回转件的平衡

**1. 回转件的静平衡计算**

对于轴向宽度小(轴向长度与外径的比值 $L/D \leq 0.2$)的回转件,例如砂轮、飞轮、盘形凸轮等,可以将偏心质量看作分布在同一回转面内,当回转件以角速度 $\omega$ 回转时,各质量产生的离心惯性力构成一个平面汇交力系,如该力系的合力不等于零,则该回转件不平衡,此时在同一回转面内增加或减少一个平衡质量,使平衡质量产生离心惯性力 $F$ 与原有各偏心质量产生的离心惯性力的矢量和 $\sum F_i$ 相平衡,即

$$F = \sum F_i + F_b$$

即

$$me\omega^2 = \sum m_i r_i \omega^2 + m_b r_b \omega^2 = 0 \tag{12-1}$$

化简后得

$$\sum m_i r_i + m_b r_b = 0$$

式中  $m_i, r_i$ ——回转平面内各偏心质量及其向径;

   $m_b, r_b$ ——平衡质量及其向径;

   $m, e$ ——构件的总质量及其向径;

   $mr$ ——质径积。

当 $e=0$,即是总质量的质心与回转轴线重合,构件对回转轴线的静力矩为 0,此时的状态称为平衡。那么,可以得出,机械静平衡的条件是质径积的矢量和等于 0。

如图 12-1(a)所示,该盘形回转件平衡的条件是:

$$m_1 r_1 + m_2 r_2 + m_3 r_3 + m_4 r_4 + m_b r_b = 0$$

$m_i r_i$ 矢量($W$)平衡如图 12-1(b)所示。可以使用向量的方法进行求解,根据结构特点选定合适的 $r_b$,即可以求出 $m_b$。如图 12-1(c)所示,$m_c r_c + m_b r_b = 0$,采用了对称分布方向相反的方式进行平衡。如果结构上允许,可以尽量将 $r_b$ 选择大一些以减小 $m_b$,避免总质量增加过多。

**2. 回转件的平衡试验**

由于转子的质量分布情况是很难知道的,通过常用静平衡试验来确定所要求的平衡质量的大小和方位。

图 12-2 所示为一试验方法,将互相平行的钢制刀口导轨水平放置,将需要平衡的转子支

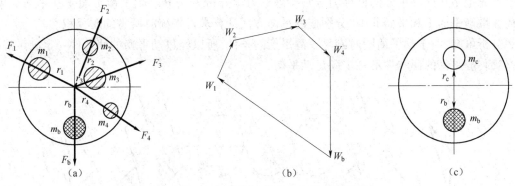

图 12-1　回转件的静平衡计算示意图

承在预先调好水平的导轨上,转子不平衡时其质心须在重力作用下偏离绘制轴线,转子将在导轨上滚动直到铅坠下方。显然应将平衡质量至于转子质心相反的方向,不断调整平衡质量的大小和径向距离,直到转子在任何位置均可静止不动。

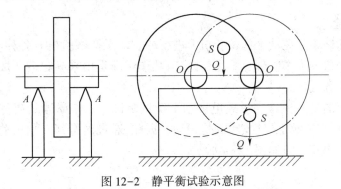

图 12-2　静平衡试验示意图

此方法简单可靠,精度也可以满足一般生产要求,但是,效率太低。

## 12.1.2　回转件的动平衡

### 1. 动平衡原理

当回转件的轴向尺寸较大,即宽径比 $L/D$ 大于 0.2 时,其质量就不能再视为分布在同一平面内了。此时,偏心质量可以看成分布在几个不同的回转平面内。即使回转件的质心位于转轴上,也将产生不可忽略的惯性力矩,这种状态只有在回转件转动时才能显示出来,故称为动不平衡。动平衡不仅要平衡各偏心质量产生的惯性力,而且还要平衡这些惯性力所产生的惯性力矩。

动平衡技术方程为

$$\sum F_i = 0 \quad \sum M_i = 0$$

如图 12-3 所示,设不在同一平面的三个偏心质量分别为 $m_1$、$m_2$、$m_3$,分别分布于 1、2、3 三个回转平面内,它们的回转半径分别为 $r_1$、$r_2$、$r_3$,方向如图 12-3 所示。当回转件以角速度 $\omega$ 回转时,它们产生的惯性力 $F_1$、$F_2$、$F_3$,将形成一个空间力系。为了平衡惯性力偶矩,必须选取两个适当平面,如平面 Ⅰ 和平面 Ⅱ。具体技术方法如下:

　　首先把不在同一平面的惯性力分别按理论力学分析方法分解到平衡平面Ⅰ和平面Ⅱ中，然后在平衡平面Ⅰ和平面Ⅱ中，分别按静平衡方法计算求得平衡时所需的质径积。

　　分析可知，由于动平衡同时满足了静平衡的条件，所以经过动平衡的回转件一定满足静平衡；然而，静平衡的回转件不一定满足动平衡。

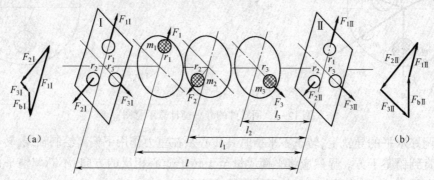

图 12-3　不在同一回转面内的平衡分析图

### 2. 动平衡试验

　　回转件动平衡试验是在动平衡试验机上进行的。动平衡试验机有各种不同的形式，各种动平衡试验机的构造即工作原理也不尽相同，但其作用都是用来确定需要加于两个平衡平面的平衡质量的大小和方位。

　　当下普遍采用的是一种软支承式电测动平衡试验机。工作原理是当不平衡回转件回转时，离心惯性力作用在支承上，使支承受迫振动。据此，通过测量其支承振动参数转换成回转件的不平衡量的大小和方向如图 12-4 所示。

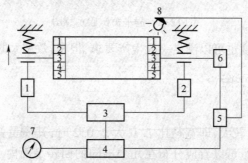

图 12-4　电测动平衡试验机工作原理图
1、2—传感器；3—解算电路；4—选频器；5—鉴相器；
6—信号发生器；7—指示表；8—闪光灯

## 12.2　平面机构的平衡简介

　　回转件在运动中所产生的惯性力可以在构件本身加以平衡，而对于机构中做往复运动或平面复合运动的构件，其在运动中产生的惯性力则不可能在构件本身上予以平衡，必须就整个机构设法加以平衡。

### 12.2.1　完全平衡法

#### 1. 采用对称机构平衡法

图 12-5 所示分别为对称曲轴滑块机构和对称曲柄摇杆机构。由于机构各构件尺寸对称布置,在运动过程中机构的总质心位置保持不变。因此,机构的总惯性力为零。利用对称布置可得到很好的平衡效果,但是这种方法将使机构体积增大。

#### 2. 利用平衡质量平衡

如图 12-6 所示的铰链四连杆机构中,$S_1$、$S_2$、$S_3$、$S_4$ 为各杆质心位置。利用恰当技术方法,将 $AB$、$BC$、$CD$ 各杆质量假想分配到 $A$、$B$、$C$、$D$ 四个点上,并用该四点的假想集中质量代替原构件 $AB$、$BC$、$CD$ 各杆的真实质量,由于 $A$、$D$ 固定不变,可分配到 $A$、$D$ 两点的假想质量惯性力为零,进而只需考虑 $B$、$C$ 两点分配的假想质量惯性力的影响。若在 $BA$ 方向延长线上加一定质量 $m_{B'}$,并使 $B$ 点、$B'$ 点两质量的质心位置位于 $A$,使 $C$、$C'$ 点两质心位置位于 $D$,那么两个质心落在固定点 $A$ 和 $D$,因此整个机械的质心不会运动,也就没有也不会产生惯性力,从而达到机构的平衡。

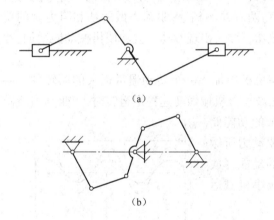

（a）

（b）

图 12-5　对称曲轴滑块机构和对称曲柄摇杆机构示意图

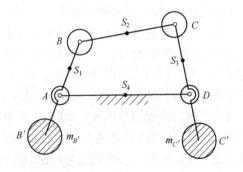

图 12-6　加装平衡质量平衡示意图

### 12.2.2　部分平衡法

#### 1. 利用非完全对称机构平衡

在图 12-7 所示机构中,当曲柄 $AB$ 转动时,滑块 $C$ 和 $C'$ 的加速度方向相反,它们的惯性力方向也相反,故可以相互抵消。但由于运动规律不完全相同,所以只能部分平衡。

#### 2. 利用平衡质量平衡

在图 12-8 所示的曲柄滑块机构 $ABC$ 中,当 $AB$ 以角速度 $\omega$ 转动时,滑块 $C$ 产生惯性力 $F_C$。在 $BA$ 方向延长线上加装一个平衡质量 $m_{B'}$,产生一定水平向左的惯性力分量质量 $F_{ex}$,以抵消滑块 $C$ 产生惯性力 $F_C$ 的一部分,故而称为部分平衡法。

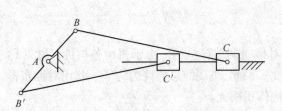

图 12-7　加装相似机构的部分平衡法示意图

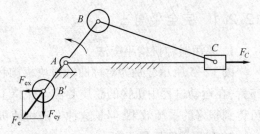

图 12-8　加装平衡质量的平衡法示意图

## 12.3　机械速度波动的调节

### 12.3.1　周期性速度波动调节

机械在稳定运转阶段内工作,其速度有两种情况:一是做等速度稳定运转;二是做周期性变速稳定运转。当机械做周期性变速稳定运动时,在一个周期内,驱动力所做的功等于阻力所做的功,但在周期的每一瞬间,驱动力功与阻力功两者并不相等;驱动力做的功和阻力做的功不等。驱动力做的功大于阻力做的功,则出现盈功;反之,出现亏功。盈功使机械动能增加,亏功使动能减少,从而引起速度波动。

对于周期性速度波动,调节的主要方法是在机械中加入一个转动惯量很大的回转件——飞轮,以增加系统的转动惯量来减小速度的变化波动。机械做变速稳定运转时,当驱动力所做的功大于阻力所做的功出现盈功时,飞轮将多余的动能储存起来,以免原动件的转速增大太多;反之,当驱动力所做的功小于阻力所做的功出现亏功时,飞轮储存的动能释放出来,以使原动件的转速降低不大,这样可以减小机械运转速度变化的幅度。这就是飞轮调速的原理。

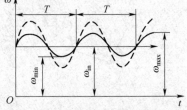

如图 12-9 所示,虚线为未安装飞轮时的速度波动情况,实线为安装飞轮后的速度波动。

图 12-9　安装飞轮前后速度波动示意图

### 12.3.2　非周期性速度波动的调节

内燃机、水轮机、汽轮机和燃气轮机等与电动机不同,其输出的力矩不能自动适应本身的载荷变化,因而当载荷波动时,有它们的机组就会失去稳定。这类机组必须设置调速器,使其能随着载荷等调节变化,随时建立载荷与能源供给量直接的适应关系,以保证机组正常运转。

当外力的变化是随机或不规律的,机械运转的速度就会呈现出非周期性波动。当出现盈功时,速度可能变得太快;当出现亏功时,速度可能会变得很慢。因此,必须调节驱动力和阻力做功的比值,这种情况下,飞轮已经不能满足要求,需要采用特殊的装置使驱动力所做的功随阻力做功的变化而变化,从而使得驱动力所做的功等于阻力所做的功,即达到平衡,这种特殊的装置称为调速器。

调速器的理论和设计问题是机械动力学研究的重要内容。调速器的种类繁多,其中应用最为广泛的是机械式离心调速器,如图 12-10 所示。

 **知识梳理与总结**

(1)机械平衡通常分为转子的平衡和机构的平衡。

(2)机械中绕某一轴线回转的构件称为转子。转子分为刚性转子和挠性转子。

(3)在机械中,转子的速度较低、共振转速较高且其刚性较好,运转过程中转子弹性变形很小时,这种转子称为刚性转子。

(4)当使惯性力得到平衡时,称为静平衡。若不仅使惯性力得到平衡,还使其惯性力引起的力矩也得到平衡,称为动平衡。

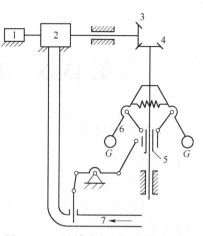

图 12-10　机械式离心调速器示意图

(5)在机械中,对工作转速很高、质量和跨度很大、径向尺寸较小、运动过程中在离心惯性力的作用下产生明显的弯曲变形的转子,称为挠性转子。

(6)机械中做往复移动和平面运动的构件,其所产生的惯性力无法通过调整其质量的大小或改变质量分布状态的方法得到平衡。但所有活动构件的惯性力和惯性力矩可以合成一个总惯性力和惯性力矩作用在机构的机座上。设法平衡或部分平衡这个总惯性力和惯性力矩对机座产生的附加动压力,消除或降低机座上的振动,这种平衡称为机构在机座上的平衡,或简称为机构的平衡。

(7)机械在稳定运转阶段内工作,其速度有两种情况:一是做等速度稳定运转;二是做周期性变速稳定运转。

---

## 同 步 练 习

---

**简答题**

12-1　机械平衡的目的是什么?

12-2　为什么要进行平衡试验?

12-3　什么是速度波动? 为什么机械运转会产生速度波动?

12-4　为什么是回转件的静平衡与动平衡? 其平衡方法的原理是什么? 分别适用于什么情况?

12-5　飞轮的作用是什么? 为什么飞轮要尽量安装在高速轴上?

# 第 13 章　机械创新设计理论及方法

## 本章知识导读

【知识目标】

1. 认识基本创新原理；

2. 了解创新设计方法。

【能力目标】

1. 能将创新方法和意识运用到实践中；

2. 具备初步的创新技能。

【重点、难点】

1. 机械创新寻找课题的方法；

2. 结构技术的创新方法。

创新是技术的发展和市场的原动力，是国民经济发展的重要支柱。随着科学技术的发展和市场经济体制的建立，机械产品的商业寿命正在逐渐缩短，需求则越来越多元化，这就使产品的生产要从传统的单一品种、大批量生产逐渐向多品种、小批量柔性生产过渡，这样的形势下，设计的产品要在国际上具有竞争力，就需要制造出大量种类繁多、性能优越的新产品。完成这样的任务就需要掌握相应的现代机械创新设计理论及方法。

## 13.1　基本创新原理

创新和创造是人类一种有目的的探索活动，创新原理是人们对长期创造实践活动的理论归纳，同时它指导着人们开展新的创新实践。对创新原理的学习，可为创新设计实践提供理论指导和基本途径。

### 13.1.1　综合创新原理

综合是个体到总体的思维过程，综合创新原理是综合法则的应用，其基本模式如图 13-1 所示。

机械设计过程中，综合创新原理的应用很多，主要包括：①先进技术成果综合；②多学科技术综合；③新技术与传统技术综合；④自然科学与社会科学综合。

图 13-1　综合创新原理模式示意图

### 13.1.2　分离创新原理

分离是与综合相对应的、思路相反的一种创新原理，它是把某个创造对象分解或离散为有限个简单的局部,把问题分解,使主要矛盾从复杂现象中分离出来解决的思维方法。分离创新模式如图 13-2 所示。

图 13-2　分离创新模式示意图

在机械设计过程中,往往要将一个复杂的问题分解为许多子系统或单元,然后对每个子系统或单元进行分析和设计,最后综合。组合机床、模块化机床、组合夹具都是分离创新原理在机床设计中的应用。

### 13.1.3　移植创新原理

移植是将一个研究对象的概念、原理和方法等运用到其他研究对象并取得成果的认识方法。移植创新方法在科学技术的发展中主要有以下四种类型:

(1)把某一学科领域中的某一项新发现移植到另一学科领域中,使学科的研究工作取得新的突破;

(2)把某一学科领域中的某一基本原理或概念移植到另一学科领域中,促进学科发展;

(3)把某一学科领域的新技术移植到另一学科领域中,为另一学科提供有力的技术推进力,推动学科技术发展;

(4)将一门或几门学科的理论和研究方法综合、系统地移植到其他学科,促使新的边缘学科的创立,推动学科的发展。

### 13.1.4　逆向创新原理

逆向创新原理是突破思维定式,从反面、从构成要素中对立的另一面思考,将通常思考问题的思路反转过来,寻找解决问题的新途径、新方法。逆向创新法亦称为反向探索法。

逆向创新一般有三个主要途径:功能性反向探求、结构性反向探求和因果关系反向探求。

### 13.1.5　还原创新原理

还原创新是指任务发明和革新都有创造的起点和创造的原点,创造的原点是唯一的,创造的起点是无穷的。延续已有事物的创造起点,并深入到它的创造原点,在创造原点另辟蹊径,用新的想法、新的技术重新创造该事物或从原点解决问题。实质是抽象出已有事物的功能,在新的基础上重新集中研究实现其功能的手段和方法,以达到突破。

### 13.1.6　价值优化原理

在设计、研制产品时,产品的价值 $V$、成本 $C$ 和所具有的功能 $F$ 之间的内在关系为 $V=F/C$。

设计创新具有更高价值的产品是人们生产实践活动的重要目标。价值优化或提高价值的指导思想,就是创新活动应遵守的理念。

优化设计的途径:

(1)保持产品功能不变,通过降低成本,达到提高价值的目的;

(2)在不增加成本的前提下,提高产品的功能质量,以实现价值的提高;

（3）虽然成本有所增加，但却使功能大幅度提高，使价值提高；

（4）虽然功能有所降低，成本却能大幅度下降，使价值提高；

（5）不但使功能增加，同时也使成本下降，从而使价值大幅度提高。

另外，优化设计没有绝对的最优，总是局部最优但整体相对最优。

以上介绍的创新设计的基本理论，学习中要注重创造性地运用，如果陷入了理论的条条框框里面，那么创新理论只会束缚创新思想，因此无论何时，打破各种思维定式，以新的视角、新的态度对待事物才能创新。

## 13.2 机械创新寻找课题的方法

工业产品的设计需要经历四个阶段：初期规划设计阶段、总体方案设计阶段、结构计算设计阶段、生产施工阶段。而产品的创新性在很大程度体现在前面三个阶段。初期规划设计的主要任务是提出设计任务，这正是发明创造的关键，那么到何处去寻找创新题材呢？

### 13.2.1 寻找创新题材

1）向生活索取

世界上不存在完美的事物，人们的衣、食、住、行、用等方面的物品总有一些不合理、不完整、不方便、不如意、不科学之处，许多发明的题材就存在于其中。

2）到各自的工作领域中发掘

绝大多数人对自己的工作领域的了解都会比对其他领域的了解充分，也较为容易接触到本领域中的问题，只要善于观察，积极发现问题，就可以从中找到改善和创新的目标。

### 13.2.2 寻找创新题材常用的方法

#### 1. 缺点列举法

事物的缺点往往是人们进行创新的突破点，可以将自己熟悉的事物的缺点列举出来，从中选择自己感受最深、急需解决同时又具有解决能力的点，将其作为创新的题目，这便是缺点列举法。

#### 2. 希望点列举法

社会物质文明的进步，使人们的希望不断得到实现，生活水平不断提高，但同时也促使新的希望点不断地产生。这些希望点中隐藏着新的矛盾和问题，是创新的重要动力。如果将这些希望点列举出来，进行分析、概括，经过鉴别和评价，从中寻找具有实现可能的希望点，便可以获得很好的创新课题。此方法既可以用于对已有事物的改造，也可以用于前所未有的发明。

#### 3. 属性列举法

任何事物都有若干个方面的属性，如材料、结构、功能、原理、颜色等，如果设计一个产品总是从各个方面考虑，往往因难以抓住主要矛盾而无从下手。因此，可以采取化整为零的方法，将产品的属性列举出来，并根据特征进行分类、整理，然后对每个属性进行分析研究，找出不足，提出问题，从而确定创新目标。然后，用取代、简化、复杂、组合等方法加以改进，使产品产生质的提升。属性列举法一般用于对已有事物的改进。

**4. 信息列举法**

信息列举法是以信息检索和列举为基础,通过分析、研究所检索的信息,获得创新课题的方法。信息是重要的资源,必须收集信息、利用信息。通过对收集的信息的筛选、分析,可以找到一个领域的发展状况、发展方向以及发展急需解决的问题,从而得到创新素材。

信息列举法的主要途径有以下三种:

(1)综合信息创新。即通过分析相关的创新发明成果,开拓思路。

(2)阅读专利文献。通过查阅专利文献,了解最新的发明成果,开拓思路。同时任何创新成果都受到现实条件的约束,存在不完善的部分,针对这些不完善,可以提炼出创新课题。另外,在发明中还存在一些超前的创造成果,但因条件制约,不能实施,以这些创新为基础,往往可以寻找到新的发明课题。

(3)集思广益。开讨论会,与会人员畅所欲言;悉心听取他人发言;欢迎天马行空的发言;禁止批评他人的发言。会后对会上的各种想法进行整理评价,选择最优设想付诸实践。这即是头脑风暴法。

通过以上的方法,通常可以找到创新课题。题材选定后,还要通过艰苦的努力,才能将创造思想转化为创新成果。

## 13.3 总体方案设计阶段的创新方法

### 13.3.1 总体方案设计常用创新设计方法

设计任务确定后,需要对设计课题进行详细的功能分析,通过构思、优化、评价,构造和筛选出较为理想的工作原理,此过程称为原理方案设计。原理方案设计过程是一个富有创造性的过程,机械产品设计的创新性很大一部分体现在这里。常用的创新方法如下:

**1. 类比法**

类比法是将其他功能相近或运动类似的机器的工作原理移植到当前设计产品的方案中的方法,是移植创新原理在总体方案设计中的运用。常用的类比方法如下:

(1)直接类比。对功能相似的机械产品的工作原理进行研究,并与被设计的产品进行比较分析,从中得到启发,并加以应用。

(2)象征类比。将其具体设计问题扩展为一种抽象的问题,这个问题处于所设计的问题的上方,然后从上往下看,以更开阔的视角,寻找类似问题和方案,进而从中找到更理想的方案。

类比法还有因果类比、幻想类比等,在应用中,虽然类比是在相似的事物中寻找方案,但更重要的是寻找类似事物之间的区别和差距,这样的设计的方案才更具有创新性。

**2. 形态综合法**

创新并不意味着创造一个全新的东西,对已有的对象进行新的组合也是创新。根据这样思路,在确定方案时首先对设计对象进行特性分析,然后找出实现各特性的新手段,从中进行不同的组合会得到不同的方案,通过对各个方案进行评价,筛选出合理的新方案。形态分析步骤如下:

（1）因素分析。确定对象的构成因素。

（2）形态分析。按照因素的功能属性，尽量多地列举出实现相应功能的手段。

（3）方案综合。将实现不同属性的手段进行组合，得到若干种系统方案，从中确定最优方案。

**3."黑箱"分析法**

黑箱分析法是指将要设计的系统方案作为一个黑箱，其左侧为输入端，输入相关的已知条件，右侧为输出端，即要解决的问题或要得到的功能，黑箱上方为外部的约束条件，下方为系统对外部得到影响，设计者从输入和输出两个方面进行全面、随意的思考，设想各种方案，经过评价，最终将两端连接起来形成完整方案。

**4. 设问法**

问题往往是创新的开始，好的问题是创新的一半，只要能在局部找到问题、提出问题，就可以针对问题提出新的解决方案，进行创新，这就是设问法。常常可以从以下几个问题着手：

（1）现有方案是否有新的适用场合或者稍加改动后能否用于其他场合？

（2）是否有类似方案可以借鉴和模仿？

（3）能否通过改变现有方案的某些属性升级或改变方案？

（4）能否通过读现有方案减少、减小、简化和分割来改变方案？

（5）能否通过对现有方案中的局部用新的工艺、元件、机构等进行取代，获得更好的方案？

（6）能否颠倒方案，获得新的方案？

（7）能否组合？

（8）能否改变元件的型号？改变顺序或结构？

好的设计方案必须依靠设计者的知识、经验、灵感和智慧。因此，设计者除了要不断培养自己的创新意识，掌握对创新方法的应用外，应主动积极参与各种创新实践活动，经常抱着创新的冲动，在实践中积累经验，培养自己捕捉新事物的敏锐洞察力。

## 13.3.2 机构创新设计常用方法

**1. 机构组合法**

机构组合创新是指将几个基本机构按一定的原则或规律组合成一个复杂的机构。这包括两种情况，一种是集中基本机构融合形成性能更加完善、运动形式更加多样化或功能更多的新机构，被称为组合机构；另一种是几种基本机构组合在一起，组合后的基本机构还保持各自特性，但需要各个机构的运动或动作协调配合，以实现组合的目的，这种形式被称为机构的组合。

机构的组合方式有以下几种。

（1）通过串联组合机构。若干个机构一次连接，构成新的机构的方法。

（2）通过并联组合机构。若干个几个并联布置，形成新机构的方法。

（3）复合式机构组合。复合式机构组合创新，通常以一个机构作为基础机构，其他机构作为附加机构进行组合，基础机构通常为双自由的机构，如五杆机构、差动轮系等，常用的附加机构有齿轮机构、凸轮机构、单自由度连杆机构等。

（4）通过叠加组合机构。将一个机构安装在另一个机构的某个运动构件上的组合创新形式，其输出是若干个机构输出运动的合成。叠加式组合主要用于实现特定的输出、完成发展的工艺动作。

**2. 机构演绎法**

机构演绎法是指机构通过变换机架、改变运动副的形式、改变构件尺寸、改变多副杆(一杆上具有 3 个或 3 个以上运动副)的连接关系等方法,从已有机构演绎出具有新运动特性和功能的机构。

常用创新方法有通过运动副变异创造新机构、通过构件变异创造新机构、机构的倒置等。

1)机构的运动副演化

演化机构运动副的主要目的如下:

(1)增强运动副的接触强度、提高运动副的耐磨性、提高承载能力;

(2)改变机构的运动和动力效果;

(3)开发机构的新功能;

(4)寻求演化新机构的途径。

机构运动副演化的主要方法有改变运动副的尺寸、改变运动副的接触性质、改变运动副的形状。

2)构件变异

构件变异法是指通过改变构件的结构形式,在构件上增加辅助结构,改变构件的结构形状和尺寸等对现有机构进行演化,获得新机构的方法。利用构件变异可以改善原有机构中的一些问题,如运动不确定性,改善机构的受力状态,提高构件强度或刚度,形成新的功能等。

3)机构的倒置演化

机构的倒置演化,即是不改变各运动构件之间的相对运动关系,改变构件在机构中的作用,以获得更多的输出运动,从而展开机构的应用范围。不仅可以用于连杆机构的演化,同样可以用于齿轮机构、凸轮机构、间歇运动机构等,如普通齿轮机构的机架更改为其中一个齿轮为机架时,原机架转换为系杆,另一齿轮转换为行星轮,即构造了周转轮系传动的机构。

**3. 还原法**

任何机械产品都有涉及的初始原点,这就是功能,用还原法创新机构,首先要回到涉及的原点,从最初的功能着手,综合运用机、光、电、磁、热等各种物理效应,寻求实现功能的原理,突破现有方法和原理的束缚,有利于开拓思路,创造出新的机构。

## 13.4　结构计算设计阶段的创新方法

结构技术设计阶段的最终目的是将产品的结构设计出来,即原理方案结构化。即主要任务是要解决机械产品中材料选择、形状及尺寸、工艺方法、装配方案、维修、润滑和密封等问题。这个阶段具有实践性强、细节多、多解等特点,因此具有广阔的创新空间。

### 13.4.1　利用变异原理创新

变异也称为变性,是指通过改变产品的某些属性来进行创新的方法。常用的变异创新方法有以下几种。

(1)数量变异是通过改变产品结构中线、面、零(部)件等基本元素的数量,形成多种创新方案。

（2）形状变异是改变零件的轮廓、表面或整体形状及改变零件的类型和规格，以得到不同的创新方案。

（3）位置变异是通过改变产品结构中元素布置方式，构造不同的结构方案。连接变异是通过采用不同的连接方式或不同的连接结构，获得不同的结构方案。

（4）尺寸变异是通过是通过改变结构尺寸，包括长度、距离、角度等，改变产品性能，形成新的结构方案。

## 13.4.2 利用组合原理创新

组合的过程就是一个创新的过程，在结构设计中合理的利用组合创新原理可以改善零件的结构工艺性、工作中的受力状态和获得新的功能。

## 13.4.3 利用完满原理创新

任何机器设备都具有多种属性，人们希望充分利用这些属性，若某些属性并未充分利用，就可以对这个属性的连接或机器设备进行创新，这就是完满原理在结构设计中的应用。如零件的强度，设计时要求危险截面上产生的应力必须小于或等于材料的许用应力，但设计时应该注意到，非危险截面由于载荷较小或截面积较大而可能造成不能充分利用材料的力学性能。这时，可以通过机构创新，来调整各部分的结构尺寸，已充分利用材料的性能。如阶梯轴的产生，阶梯轴从结构上不仅满足了等强度要求，还容易定位，保证零件的安装。

## 13.4.4 利用逆向创新原理创新

机械零件有很多属性，如果设计者可以逆向思维，将某些属性向其相反的方向改变，往往会得到不一样的创新成果。如工厂里的起重机（俗称电葫芦），起重机被支承在横梁上，而横梁可以沿着厂房两边固定的轨道作纵向移动，起重机则可以沿着横梁作横向移动，这个横梁若做成水平的，在工作时必然会因为受力产生弯曲，这时打破通常的设计思路，将横梁制成向上弯曲的，这样就保证了起重机的工作可以顺利进行。

## 13.4.5 利用人机工程学创新

传统的机器零件设计主要目标是实现功能，随着社会进步以及人们认识的提高，在设计产品中越来越多的考虑到人的因素，将人便于和适于操作作为一个重要的设计目标。

除了考虑减少操作者疲劳强度以外，以下人机工程学因素也要考虑到设计中。

（1）符合人体力学结构。产品设计时必须考虑操作者的姿势和操作方式，人处于不同姿势和采用不同方式进行操作时，所能用的力量也不同，如拉力大于提力。

（2）避免操作失误。人对机器设备的操作过程中，往往很少用视觉或者不用视觉寻找操作手柄。如应在驾驶的选换挡机构，其控制手柄形状、操作排列顺序、添加顺序锁定、卡槽结构、定向结构、定位结构等方面加以考虑，保证操作者在使用过程中减少出错的概率。

（3）便于观察。人们对机器设备工作情况的获得是通过对各种仪表的读取来实现的，因此，在设计仪表位置时，必须考虑操作者的观察视角、最佳视距、刻度间的最小距离等，以尽量减少观察错误的发生。

（4）保护操作者。机器中不免会存在一些质量大或运动速度高的运动零件和一些锋利的零件,与这些零件意外接触的操作者很可能会被严重伤害,因此在结构设计中必须考虑对操作者的保护措施。如机床的传动带设计有防护罩。其他可能危害操作者的因素均要考虑如何避免操作者受到伤害,如利用隔音板或隔音棉阻断噪声传播,对机械进行平衡设计,避免设备的振动带来噪声等等。

## 知识梳理与总结

（1）创新和创造是人类一种有目的的探索活动,创新原理是人们对长期创造实践活动的理论归纳,同时它指导着人们开展新的创新实践。对创新原理的学习,可为创新设计实践提供理论指导和基本途径。

（2）基本创新原理有:综合创新原理、分离创新原理、移植创新原理、还原创新原理、价值优化创新原理。

（3）机械创新寻找课题的方法。

（4）总体方案设计阶段的创新方法。

## 同 步 练 习

**简答题**

13-1　试分析改变螺钉旋具(旧称螺丝刀)于螺钉之间作用面数目,形成了不同的螺钉头方案,适用于不同的场合,是运用了什么创新方法。

13-2　在生活中寻找一项选题,并对其进行研究,创造出新事物。

# 课后部分习题答案

第一章答案略。

第二章

2-1 BACAB B

2-2 √×××√ ××√

2-3 答案略

2-4 (1)解:$F$ 处为复合铰链,$D$(或 $J$)处为虚约束,则

$$n = 9, P_L = 13, P_H = 0$$

于是可得 $F = 3n - 2P_L - P_H = 3 \times 9 - 2 \times 13 - 0 = 1$

(2)解:$C$ 处为局部自由度,$H$ 处为复合铰链,则

$$n = 8, P_L = 11, P_H = 1$$

于是可得 $F = 3n - 2P_L - P_H = 3 \times 8 - 2 \times 11 - 1 = 1$

(3)解:$B$ 处为复合铰链,$D$ 处为局部自由度,$G$(或 $H$)处为虚约束,则

$$n = 6(AB \text{ 杆与凸轮组成一个构件}), P_L = 8, P_H = 1$$

于是可得 $F = 3n - 2P_L - P_H = 3 \times 6 - 2 \times 8 - 1 = 1$

(4)解:可以将简图看成右图

复合铰链 $C$:1 个,局部自由度

$F$:1 个,虚约束 $E-E'$:1 个筛

料机构中 $n = 7, P_L = 9, P_H = 1$,

于是可得:

$F = 3n - 2P_L - P_H = 3 \times 7 - 2 \times 9 - 1 = 2$

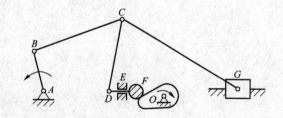

第三章

3-1 DAACC BCBBC

3-2 √√×××

3-3 答案略

3-4 答案略

第四章

4-1 CAABC AABDD AB

4-2 ×××√√ √×√×× ×√√√

4-3 答案略

4-4　答案略

第五章

5-1　DABCC　CAB

5-2　(1)大经、小径、中经、线数、螺距、导程、螺纹升角、牙型角、接触高度等。

　　(2)答案略。

　　(3)答案略。

第六章

6-1　DCCA

6-2　√×××

6-3　略

6-4　(1)确定链轮的齿数 $z_1$、$z_2$

链轮的传动比 $i = n_1/n_2 = 960/260 = 3.7$

(2)确定链节数

$$L_P = \frac{2a_0}{p} + \frac{z_1 + z_2}{2} + \left(\frac{z_2 - z_1}{2\pi}\right)^2 \frac{p}{a_0}$$

(3)根据额定功率曲线确定链型号

(4)验证链速

(5)计算中心距

(6)计算对链轮轴的压力 $F_Q$

(7)设计张紧、润滑等装置(略)

第七章

7-1　CAACD　BC

7-2　√√×　√√　　√×√××

7-3　(1)$z/\cos\beta_3$ (2)节点,一对 (3)模数,压力角 (4)不,不 (5)大,平直,厚 (6)大于,高 (7)蜗杆,蜗轮

7-4　略

7-5　(1)$z_1 = 18$、$z_2 = 54$、$r_1 = 36$ mm、$r_2 = 108$ mm、$r_{a1} = 40$ mm、$r_{a2} = 112$ mm、$r_{f1} = 31$ mm、$r_{f2} = 103$ mm、$r_b = 33.83$ mm、$r_b = 101.49$ mm

(2)答案略

第八章

8-1　(1)√ (2)×

8-2　略

8-3　传动比 $i_{16} = \dfrac{n_1}{n_6} = \dfrac{z_2 z_3 z_4 z_5 z_6}{z_1 z_{2'} z_{3'} z_{4'} z_{5'}} = \dfrac{60 \times 24 \times 24 \times 35 \times 135}{2 \times 20 \times 20 \times 30 \times 28} = 243$

转速　$n_6 = \dfrac{n_1}{i_{16}} = \dfrac{900}{243} = 3.7$ r/min

结合螺旋传动判别。

第九章

9-1 CCCAB

9-2 √ × √ √ √

9-3 略

9-4 （1）选择轴的材料并确定许用应力。

选用 45 钢,调质处理,查表取强度极限、取许用弯曲应力。

（2）按扭转强度估算轴径。

（3）轴的结构设计。

①轴上零件的定位和固定② 确定轴的各段直径和长度③ 绘制轴的结构草图。

（4）按弯扭组合强度校核轴的强度。

①绘制轴受力简图②绘制合成弯矩图③绘制扭矩图④绘制当量弯矩图⑤校核危险截面强度。

（5）绘制轴的工作图。

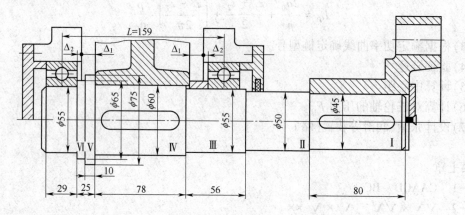

第十章至第十三章答案略。

# 参 考 文 献

[1]杨可桢,程光蕴,李仲生,等.机械设计基础[M].6版.北京:高等教育出版社,2013.

[2]王少岩,罗玉福.机械设计基础[M].5版.大连:大连理工大学出版社,2014.

[3]王宁侠,魏引焕.机械设计基础[M].2版.北京:机械工业出版社,2014.

[4]李文正,王超.机械设计基础[M].北京:电子工业出版社,2015.

[5]刘莹,艾红.创新设计思维与技法[M].北京:机械工业出版社,2004.

[6]申永胜.机械原理教程[M].北京:清华大学出版社,1999.

[7]孙靖民.现代机械设计方法[M].哈尔滨:哈尔滨工业大学出版社,2003.

[8]李立斌.机械创新设计基础[M].长沙:国防科技大学出版社,2002.

[9]濮良贵,纪名刚.机械设计[M].6版.北京:高等教育出版社,1997.

[10]陈长生,周纯江.机械创新设计实训教程[M].北京:机械工业出版社,2013.

[11]刘桂珍,于影.机械设计基础[M].北京:中国电力出版社,2015.

[12]李东和,丁韧.机械设计基础[M].北京:国防工业出版社,2015.

[13]徐锦康.机械设计[M].北京:高等教育出版社,2004.

[14]赵永刚.机械设计基础[M].北京:机械工业出版社,2014.